図説 わかる交通計画

森田哲夫・湯沢昭 編著
猪井博登・長田哲平・高柳百合子・柳原崇男 著

学芸出版社

はじめに

皆さんは、「交通計画」にどのようなイメージをもっていますか。自動車や鉄道、道路や橋を思い浮かべるのではないでしょうか。人が移動したりモノを輸送するためには、鉄道や自動車の車両、線路や道路などの交通ネットワーク、ガソリンや電気などのエネルギー、駐車場やターミナルなどの交通施設、交通管理・規制、交通安全などさまざまなことを考えなければなりません。このような一連の内容を扱うのが交通計画です。交通計画は施設をつくるだけではなく、環境や通信などの新しい技術、施設の使い方やルールまでを含んでいます。

人は生活をするために移動しています。働くための通勤、学ぶための通学、生活のための買物、高齢者の通院など、交通が生活を支えているのです。近年は、環境にやさしい交通、交通が不便な地域における対策、中心市街地活性化などがまちづくりの課題になっています。交通計画には、大量に早く運ぶことが求められていた高度経済成長期時代を経て、市民生活やまちづくりと一体で検討されることが求められています。したがって、交通計画に携わる人には広い知識や視野が必要になってきました。

本書の特徴は、次の3点です。

(1) 交通計画を学ぶ人にもっとも基礎的な内容を伝えていること

(2) 図表を多く用い、わかりやすく解説していること

(3) 授業と社会の関わりを理解してもらうため実際の交通計画事例を紹介していること

これにより、大学学部の専門基礎教育や、高等専門学校のモデルコアカリキュラムの学習範囲をカバーしています。

本書によって読者の皆さんが交通計画に興味をもち、交通計画について考え、取り組んでもらうきっかけになれば望外の幸せです。

編著者　森田 哲夫、湯沢 昭

本書は、土木・建設・環境都市分野の土木計画系テキストです。大学の学部や高等専門学校の土木計画系科目は、おおむね以下の3つに分類されます。

(1) 土木計画・計画数理等…交通計画、都市計画に関する分析、予測、評価技術を学ぶ。

(2) 交通計画・交通工学・交通システム等…交通に関する調査、都市交通の特性、交通需要予測、交通マスタープラン、交通施設計画、施設の有効利用について学ぶ。

(3) 都市計画・地域計画・まちづくり計画等…都市の成り立ち、都市計画の仕組み、市街地開発事業、地区計画、公園・緑地計画、防災都市計画、市民参加の都市計画等について学ぶ。

本書はこのうちの (2)交通計画・交通工学・交通システム等の科目に対応しています。(1)土木計画・計画数理等については、本シリーズの『図説 わかる土木計画』をご覧になってください。

先生方へ

近年、アクティブラーニング（active learning）の導入が進められています。本書は、他書に比べ、平易かつ丁寧に記述し、事例を多く掲載しましたので、学生が予習することも可能な内容となっています。アクティブラーニングには様々な形態がありますが、そのうちの1つ、「反転授業（flipped classroom）」にも使用できるように執筆しました。

本書には、次のような使用方法が考えられます。

・授業前に、学生が本書を読み、加えて、他の書籍、インターネット上の情報を調べながら章末の演習問題を解答してきます（予習）。授業時間内には、学生が演習問題の解答を発表し、学生どうしで議論したり、先生方が情報提供や助言をします。

・授業後は、議論の内容や新しい情報を加え、演習問題の解答を修正したり、レポートを作成します（復習）。

演習問題の答えは1つではありません。授業の際には、本書で紹介しきれていない交通計画の考え方や事例を、学生に紹介していただけますと幸いです。

もくじ

1章
交通の現状と交通計画プロセス

1 交通計画の考え方

「交通計画」は「都市計画」と密接に関係しています。私たちは生活するために移動しています。図1･1を使い、ある人の平日の生活を考えてみます。自宅で起床し、働くために通勤先に移動します。仕事を始めると、打ち合わせや配達のために業務先に移動し、帰社します。その日の仕事が終わると、買物や病院（私用先）に寄り、帰宅します。このように、生活するための移動が「交通」です。住宅地、業務地、商業地の計画は「都市計画」の領分ですが、都市計画がうまく機能するためには、しっかりした交通計画がないと成り立ちません。都市計画を策定するためには、交通計画も同時に考えなければならないのです。

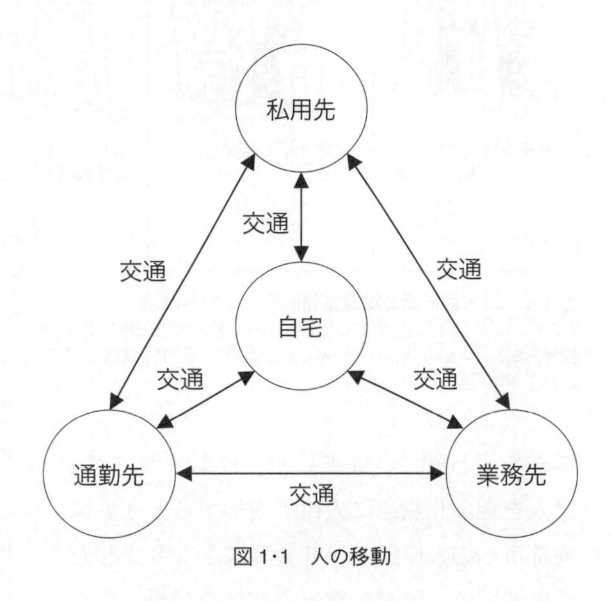

図1･1　人の移動

交通と都市については、次のような説明のしかたもあります。仕事をする、買物をする、病院で受診するというのは生活をするために必要な「本源的な需要」ととらえることができます。これに対し交通は、本源的な需要を満たすための「派生的な需要」と考えられます。私たちの生活は、少子高齢化やライフスタイルの変化などの社会状況によって変わります。変化した生活に合わせ、交通計画も変化していかなければならないのです。

このように、人の生活を扱う「都市計画」と、人の生活を成り立たせる「交通計画」には密接な関係があります。そして人の生活や移動は、少子高齢社会の到来などの社会状況の変化、情報化社会の進展やAI（人口知能）の進歩などにより変わります。交通計画を学ぶためには、社会に関する広い知識や視野が必要なのです。

2 これまでの交通問題

戦後の日本は、1970年代までの高度経済成長期に、鉄道の整備、国際的にみて遅れていた道路の整備を行いました。1962年の首都高速道路（京橋－芝浦）の供用、1963年の日本初の都市間高速道路である名神高速道路の供用（栗東IC－尼崎IC）、1964年の東海道新幹線の開業（東京駅－新大阪駅）が象徴的なできごとです。高度経済成長期には、カラーテレビ、クーラー、自動車（Color television、Cooler、Carの3Cを三種の神器と呼んでいました）が家庭に普及し、生活

混雑率の目安

100%	150%	180%	200%	250%

定員乗車（座席につくか、吊革につかまるか、ドア付近の柱につかまることができる）。	広げて楽に新聞を読める。	折りたたむなど無理をすれば新聞を読める。	体がふれあい相当圧迫感があるが、週刊誌程度なら何とか読める。	電車がゆれるたびに体が斜めになって身動きができず、手も動かせない。

図 1·2　三大都市圏の鉄道主要区間の平均混雑度
（出典：(上) 国土交通省『三大都市圏の主要区間の平均混雑率の推移』2018 年（下）(公社) 日本交通政策研究会『自動車交通研究 2019』2019 年）

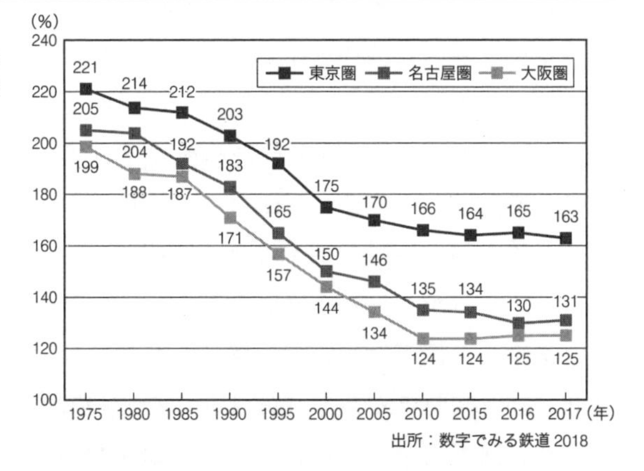

様式も変わっていきました。日本の人口が1億人を突破し急速に人口が増加するとともに、大都市への人口集中が社会問題となりました。この時期は、朝夕の鉄道やバスの混雑、都心部の道路混雑など、交通の需要（交通量）が供給（鉄道、道路）を上回ったことによる交通問題が生じました。また、整備が遅れていた道路に自動車があふれ、交通事故が増加しました。工場や自動車からの排煙による大気汚染などの公害問題が深刻になったのもこの時期です。

1980 年代からの安定成長期には、鉄道や道路の整備を進め、交通混雑や交通事故の問題に対処してきました。高度成長期には、大都市郊外から都心部に通勤すると「通勤地獄」に巻き込まれるといわれていましたが、鉄道の輸送力の増強により混雑率はだいぶ低下しました（図 1·2）。また、高度成長期には、家を一歩出ると自動車との戦場だという意味で「**交通戦争**」という言葉が使われました。戦争と同程度の人が交通事故で亡くなっているという意味が込められています。交通事故による死者数をみると、1970 年に死者数 1 万 6,765 人／年とピークを迎え（第一次交通戦争）、その後減少しま

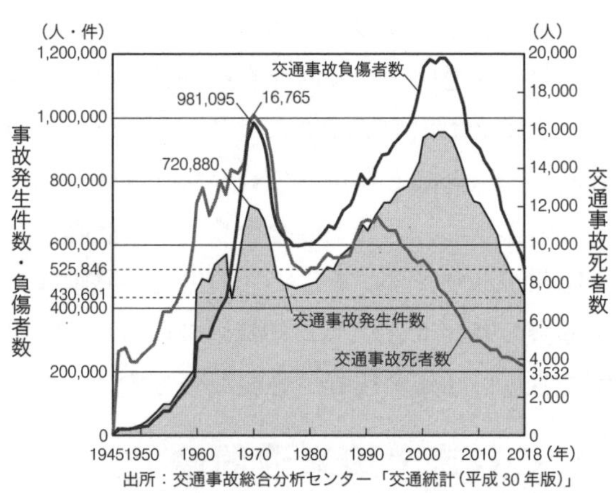

図 1·3　交通事故死者数、負傷者数、事故件数の経年変化
（出典：(公社) 日本交通政策研究会『自動車交通研究 2019』2019 年）

したが、1989年に再び1万人を超えました（第二次交通戦争）（図1･3）。その後は、シートベルト装着の義務化、飲酒運転の罰則強化、車両技術の向上などにより減少しています。

1980年代後半からのバブル景気とその崩壊を経て、1997年に京都市で開催された第3回気候変動枠組条約締約国会議（地球温暖化防止京都会議、COP3）で京都議定書が採択されました。これにより、交通計画における環境的な配慮は必須となり、わが国は二酸化炭素（CO_2）等の温室効果ガス排出量を、2008年度から2012年度の第一約束期間に、基準年（1990年度）から6%削減することを国際的に約束しました。2015年7月、わが国は、2030年度の削減目標を、2013年度比で26.0%減（2005年度比で25.4%減）とする「日本の約束草案」を決定し、条約事務局に提出しました。このように、地球環境を保全するために、わが国はエネルギー消費や温室効果ガスの削減に取り組んでいます。交通計画に関わる運輸部門のCO_2排出量の推移をみると、2005年度から2015年度の10年間で11.9%減となりました（図1･4）。削減目標を達成するためには、取り組みを加速する必要があります。

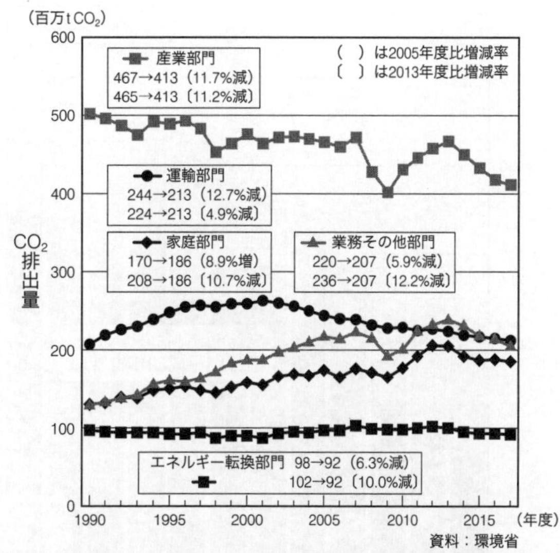

図1･4　部門別エネルギー起源二酸化炭素排出量の推移
（出典：環境省『令和元年版 環境・循環型社会・生物多様性白書』2019年）

このように、交通計画に関する課題は、社会状況により変化してきたことがわかります。また、地球温暖化や都市の環境問題に対処していくためには、交通計画だけではなく市民生活や都市計画の視点から検討していく必要があります。

3 これからの交通問題と課題

前節に示した交通問題は解決されたわけではなく、現在でも取り組みが続いています。また、2000年代以降も社会状況の変化により新たな交通問題や都市問題が生じています。ここでは、交通計画、都市計画で取り組むべき、近年の問題と課題をいくつか解説します。

1 少子高齢社会における交通計画

戦後、わが国の総人口は増加を続け、1967年にははじめて1億人を超えましたが、2008年の1億2808万人をピークに減少に転じました。国立社会保障・人口問題研究所の推計（平成29年推計、出生中位推計）によると、2053年に人口が1億人を下回り、2065年には8,808万人になるとしています（図1･5）。戦争中を除けばわが国史上初の人口減少時代を迎えます。

人口が減少すると、鉄道やバスの混雑、都心部の道路混雑が緩和され、地球環境への負荷が減少しますが、よいことばかりではありません。人口が減少すると就業者が減少し、その分国や自

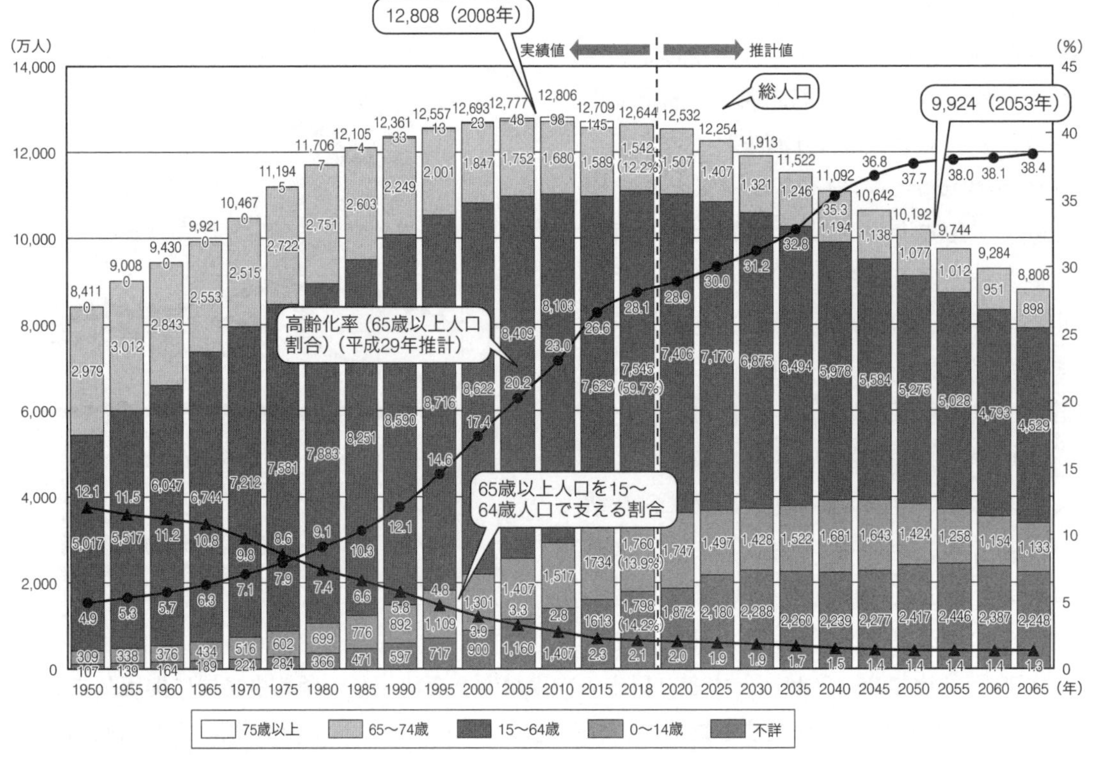

資料：棒グラフと実線の高齢化率については、2015年までは総務省「国勢調査」、2018年は総務省「人口推計」（平成30年10月1日確定値）、2020年以降は国立社会保障・人口問題研究所「日本の将来推計人口（平成29年推計）」の出生中位・死亡中位仮定による推計結果。

（注1）2018年以降の年齢階級別人口は、総務省統計局「平成27年国勢調査　年齢・国籍不詳をあん分した人口（参考表）」による年齢不詳をあん分した人口に基づいて算出されていることから、年齢不詳は存在しない。なお、1950年～2015年の高齢化率の算出には分母から年齢不詳を除いている。

（注2）年齢別の結果からは、沖縄県の昭和25年70歳以上の外国人136人（男55人、女81人）及び昭和30年70歳以上23,328人（男8,090人、女15,238人）を除いている。

（注3）将来人口推計とは、基準時点までに得られた人口学的データに基づき、それまでの傾向、趨勢を将来に向けて投影するものである。基準時点以降の構造的な変化等により、推計以降に得られる実績や新たな将来推計との間には乖離が生じうるものであり、将来推計人口はこのような実績等を踏まえて定期的に見直すこととしている。

図1·5　わが国の人口推移と将来推計（出典：内閣府『令和元年版 高齢社会白書』(2019年)に2008年と2053年の値を著者が加筆）

治体に納める税金が減少します。新規の整備はおろか、これまで整備してきた道路などの社会基盤を維持していくことさえ困難になってきます。社会基盤の老朽化が急速に進むことが予想されるため、これまで以上に維持・管理費用が増加します。加えて、高齢者が増加すると、医療や福祉にかかる費用が増加し、社会基盤の維持・管理のための予算確保が困難になります。少子化に対して国は、結婚、妊娠・出産、子育ての各段階での対策を進めていますが、効果が出るまでには時間がかかるため、少子化が進行していくことは間違いないでしょう。

このような少子高齢化の問題に直面しているのは、日本とドイツです。少し遅れて中国や韓国が少子高齢社会を迎えると予想されています。人口が減少しても維持していけるような交通計画に変えていかなければなりません。高齢者の生活を支え、生きがいをもって働き、学ぶことができ、子育てしやすい都市にしていくため、交通計画が都市計画を支えていくことが求められています。

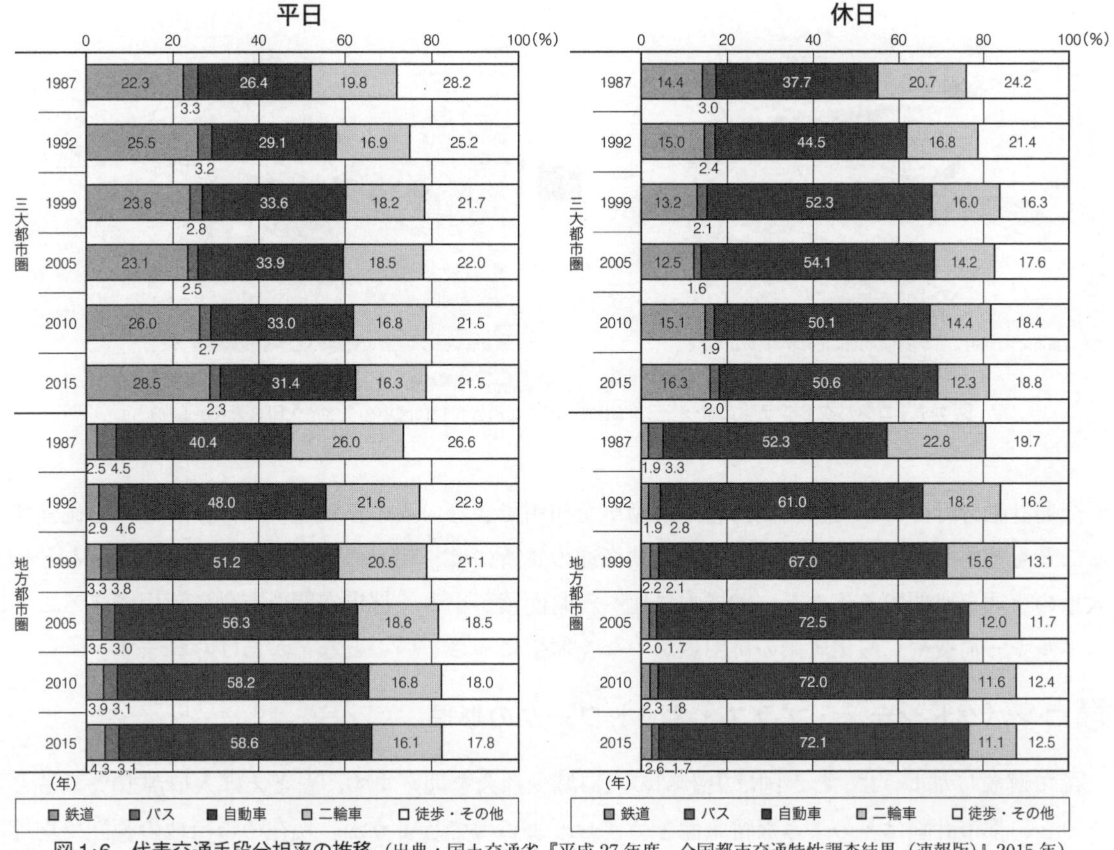

図1･6 代表交通手段分担率の推移（出典：国土交通省『平成27年度 全国都市交通特性調査結果（速報版）』2015年）

2 公共交通の有効活用

東京や大阪などの大都市圏の鉄道混雑は緩和されているとはいえ、改善の余地はまだまだあります。地方都市圏では、過度な自動車依存社会となり、公共交通が衰退しています。図1･6は、国土交通省が実施している全国都市交通特性調査（調査対象は5歳以上）の結果であり、大都市圏と地方都市圏の都市の代表交通手段分担率（利用率）の推移を示しています。大都市圏の分担率をみると、平日、休日とも、2005年までは自動車では上昇し、鉄道はやや低下してきましたが、その後、自動車は低下、鉄道は上昇に転じました。地方都市圏をみると自動車分担率は上昇を続け、二輪車、徒歩の分担率は低下しています。大都市圏の鉄道利用率の上昇は、鉄道新線の整備やサービス向上、環境に対する市民の意識変化などが原因と考えられます。

地方都市圏においては、自動車利用が増加することにより道路渋滞が深刻になり、バスの速度低下による利用者の減少を招きました。公共交通の利用者が減少すると、鉄道やバス事業者の収入が減少するため、減便などのサービス低下を招き、それがまた公共交通利用者の減少につながっていきます。これを「負のスパイラル（下りのらせん階段、悪循環）」といいます。地方都市では、小中学生や高校生の通学交通、サラリーマンの通勤交通、高齢者の通院など一部の交通を除くと、ほとんどが自動車により移動している過度な自動車社会となっています。

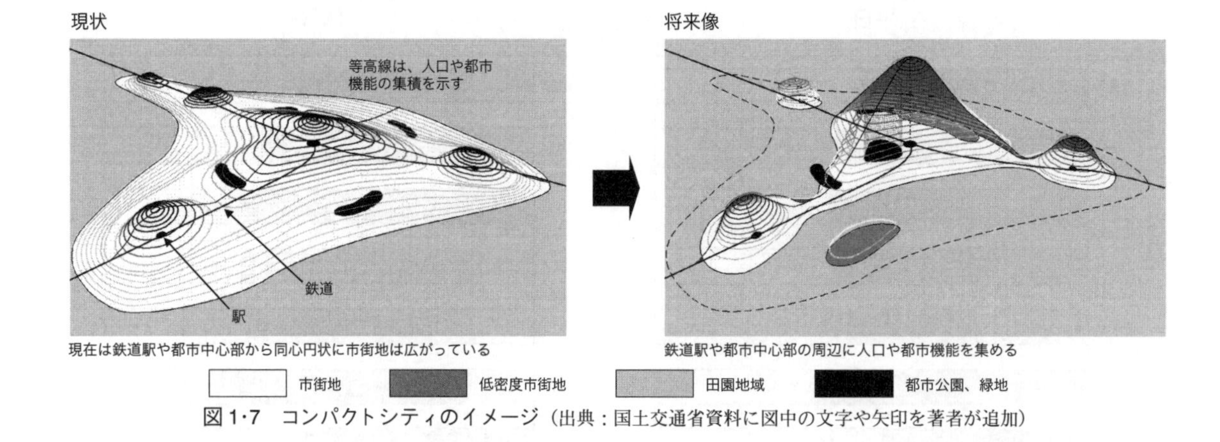
現状
等高線は、人口や都市
機能の集積を示す
鉄道
駅
現在は鉄道駅や都市中心部から同心円状に市街地は広がっている
将来像
鉄道駅や都市中心部の周辺に人口や都市機能を集める
市街地
低密度市街地
田園地域
都市公園、緑地
図1·7　コンパクトシティのイメージ（出典：国土交通省資料に図中の文字や矢印を著者が追加）

交通計画分野においては、高齢者や自動車を利用できない人の移動性（モビリティ）を確保することも重要な課題となっています。公共交通の長所には、朝夕のピーク時やイベント時などに大量の交通を処理できること、輸送力に比べ占有面積が小さく都市空間を有効に活用できること、エネルギー消費や二酸化炭素の排出量が少なく環境にやさしいことなどがあげられます。

3 コンパクトシティ・プラス・ネットワークの形成

1 で解説したように、わが国は史上初の人口減少社会を迎えます。たとえば人口が10%減るとすると、都市計画はどのような将来像をめざせばよいのでしょうか。現在の市街地の範囲で均等に人口が減少すると（人口密度が10%低下）、道路や上下水道はこれまでのように維持していかなければなりません。高齢化の影響で就業者は人口以上に減少し、税収は10%以上減少します。通勤・通学者が減少するため鉄道やバスの利用者も10%以上減少するかもしれません。大都市圏、地方都市圏ともに顕在化している空き家問題はより深刻化します。

このような状況が予想されるなか、「**コンパクトシティ**」という考え方が提起されています。コンパクトシティとは、鉄道駅や都市中心部の周辺に人口や都市機能を集めた都市のことで、すでに国や自治体の都市計画報告書の多くには、「コンパクトなまちづくり」「集約型の都市形成」などがみられます（図1·7）。

図1·8は、全国都市交通特性調査による都市の人口密度と自動車分担率（利用率）の関係です。都市の人口密度が高いほど自動車分担率が低くなっています。都市の人口密度が高く保たれていると、公共交通の経営が成り立つために鉄道やバスが整備され、自動車利用が減少するのです。実際に東京23区、大阪市、横浜市、川崎市などの大都市では人口密度が高くなり自動車分担率が低下しています。一方、地方都市は人口密度が低いため公共交通の経営が成り立ちにくく、加えて、人口減少が始まっているため鉄道やバスの運行本数が減るなどのサービス水準の低下が起きています。そのため、ますます自動車分担率が上昇している状況です。

コンパクトシティは、自動車交通に過度に依存せず、公共交通によるモビリティが確保された環境負荷が小さい都市モデルです。加えて、魅力ある中心市街地が形成されることによる賑わい

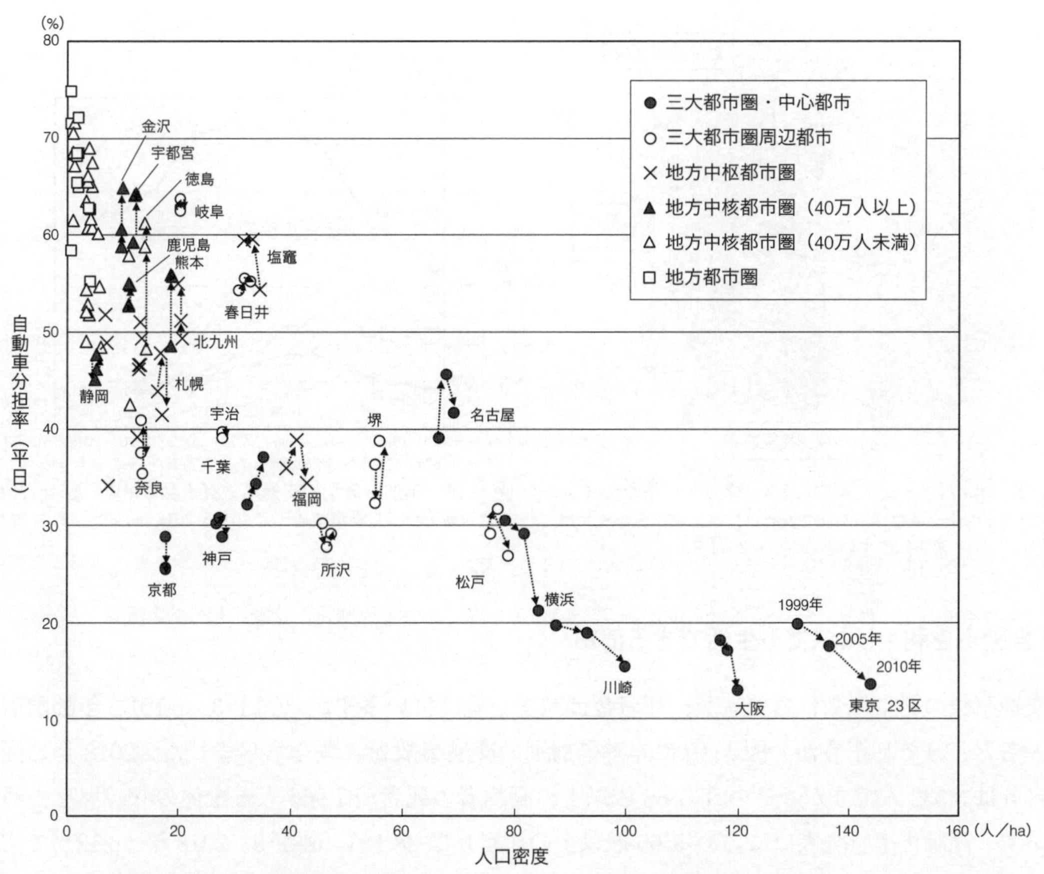

図 1･8　人口密度と自動車分担率の関係（出典：国土交通省『平成 22 年度　全国都市交通特性調査―調査結果まとめ』2010 年）

創出、良好な生活空間の形成が期待されています。また、市街地がコンパクトになることにより、社会基盤の維持・管理にかかる予算を削減できる可能性があります。

国、自治体では、公共交通ネットワークと都市計画の一体化をより強調した「コンパクトシティ・プラス・ネットワーク」を推進しています（図 1･9）。ここでは、都市機能と人口をコンパクトに配置する区域として**都市機能誘導区域**と**居住誘導区域**を定めます。都市機能誘導区域では、医療・福祉・商業等の都市機能を都市の中心拠点や生活拠点に誘導し集約することにより、各種サービスの効率的な提供を図ります。居住誘導区域は、人口減少社会にあっても一定エリアにおいて人口密度を維持することにより、生活サービスやコミュニティが持続的に確保されるよう、居住を誘導すべき区域です。都市機能誘導区域と居住誘導区域における基本的な都市活動を支えるために、誘導区域と一体となった鉄道やバスによる公共交通ネットワークを計画します。居住誘導区域に住み、公共交通によるスムーズな移動で、都市機能誘導区域で働いたり、買物ができる都市です。このように都市をコンパクトにすることで、人口が減少しても将来にわたり持続可能な都市をめざしています。そのためには、公共交通ネットワークの再編成および都市機能と人口の誘導が大きな課題となります。

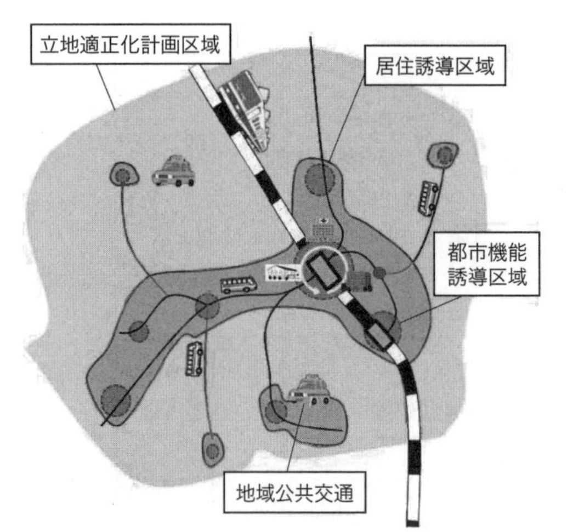

図1·9　コンパクトシティ・プラス・ネットワークのイメージ（出典：国土交通省『みんなで進める、コンパクトなまちづくり　～いつでも暮らしやすいまちへ～』2014年）

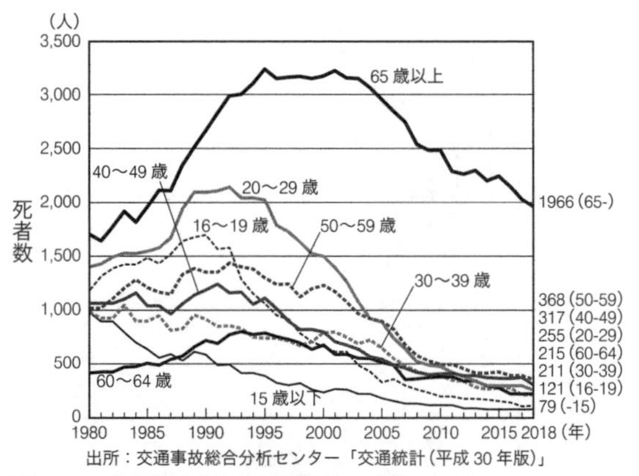

図1·10　年齢階層別の交通事故死者数（出典：（公社）日本交通政策研究会『自動車交通研究2019』2019年）

4 自動車を利用しなくても生活できる都市

交通事故の発生件数、負傷者数、死者数は減少を続けていますが（図1·3、p.10）、年齢階層別にみるとどうでしょうか。図1·10に年齢階層別の交通事故死者数を示しました。2018年の死者の合計は3,532人ですが、そのうち65歳以上の高齢者の死者が1,966人と全体の55.7%を占めています。高齢化率（全人口に占める65歳以上の比率）は28.1%（図1·5、2018年、p.12）ですので、高齢者の交通事故死者数の割合は他の年齢階層よりもとても高いことがわかります。

近年、高齢者が関係する悲惨な交通事故が相次いでいます。スクールバスを待つ児童の列に自動車が突っ込む、自動車ごと崖から転落する、自動車で家族を轢いてしまうなど痛ましい事故が発生しています。原因は、高齢者のブレーキやハンドル操作の反応速度の低下、ブレーキとアクセルペダルの踏み間違いなどの自動車の操作ミスがあげられます。そのため、1998年に、運転免許が不要になった人や、加齢に伴う身体機能の低下等のため運転に不安を感じるようになった高齢者が、自主的に運転免許証を返納する制度ができました。2002年には、自主返納をすると身分証明書がなくなってしまうなどの懸念を払拭するため、「運転経歴証明書」の発行が始まりました。また、自主返納をしやすい環境整備として、返納者に、バス、タクシー、鉄道運賃の割引、交通系ICカードの交付などを行っている自治体もあります。返納者は年々増加していますが、前述のように悲惨な交通事故の発生は続いており、十分とはいえません。高齢者は、「自分は大丈夫」「公共交通が不便」といった理由で運転を継続しているようです。運転免許を返納できるよう、公共交通によるモビリティの確保、公共交通の経営が成立し、公共交通沿線に住んでいれば安心して生活することができる都市、すなわちコンパクトシティ・プラス・ネットワークの形成が必要です。

5 新しい技術の活用

自動車は便利な乗り物であり、さまざまな技術開発が進められています。ITS（Intelligent

Transport Systems：高度道路交通システム）とは、道路交通の安全性、輸送効率、快適性の向上を目的に、最先端の情報通信技術を用い、人と道路と車両とを一体のシステムとして構築する新しい道路交通システムの総称です。ITS により、交通事故や渋滞の削減、自動走行システムの実現、高齢者や交通制約者にやさしい先進的な公共交通システムの実現が期待されています。

図 1・11　自動運転バスの実証実験（2018 年 12 月 12 日）

群馬県前橋市では、上毛電鉄中央前橋駅とJR 前橋駅を結ぶシャトルバスの自動運転実証実験を実施しました（図 1・11、2018 年 12 月～ 2019 年 3 月）。営業路線において運賃収受する実証実験は全国初でした。自動運転技術は、交通事故の削減、高齢者のモビリティ確保、交通不便地域での公共交通の維持に貢献していくことになるでしょう。

4　交通計画のプロセス

対象とする都市の立地、規模などの特性により交通問題は異なります。その都市の交通問題を的確にとらえた計画案を検討し、その計画案の効果を定量的に検証したうえで交通計画は策定されます。図 1・12 に標準的な交通計画の策定プロセスを示します。各段階において都市計画との整合を図りながら作業を進めます。

（1）交通実態調査の実施

公共交通や道路に関する交通問題を把握するために実態調査を実施します。2 章で解説するパーソントリップ調査、交通量調査などにより、問題の生じている地区や区間、時間帯などを定量的に把握します。

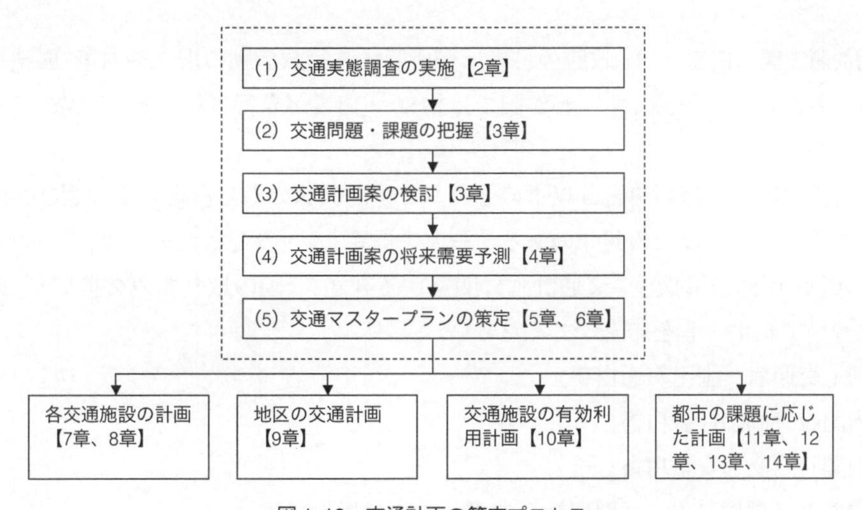

図 1・12　交通計画の策定プロセス

(2) 交通問題・課題の把握

交通実態調査で得られたデータを用い、交通特性を分析します。3章で解説するように、公共交通や自動車交通、徒歩や自転車交通などについて問題を定量的に分析し、交通計画で取り組む方向（＝課題）を明らかにします。たとえば、都心部の道路渋滞が問題である場合、道路整備により解決することが課題なのか、公共交通整備により自動車交通を減らすことが課題なのかなどを検討し整理します。

(3) 交通計画案の検討

交通問題・課題に対応し、交通計画案を検討します。たとえば、都心部の道路渋滞が問題であり、道路整備が課題であるならば、都心部の道路拡幅案やバイパス案、各案のルート案など複数の計画案（代替案、alternatives）を検討します。道路渋滞を公共交通の整備により解決しようとするならば、公共交通システムの種類、ルート案などを検討します。交通計画案の検討にあたっては、都市計画における都市構造、土地利用計画との整合を図ります。

(4) 交通計画案の将来需要予測

交通実態データをもとに、4章で解説する4段階推計法によって交通計画案を実施した場合の将来需要を、定量的に予測します。将来需要予測は、都市の将来人口や都市構造を前提とし、都市計画との整合を図りながら行います。検討した道路ネットワーク案の区間別の交通量、公共交通計画ネットワーク案の路線別の利用者数などを予測します。

(5) 交通計画の策定

交通計画を実施した場合に、交通計画や都市計画の目標を達成できるかを検証します。将来交通需要予測においてもっとも効果の高い計画案を基本に、最終的な交通計画を策定します。

都市全体を対象とする公共交通マスタープランの策定については5章、道路ネットワークについては6章で解説します。7章と8章では都市内の個別の交通施設計画、9章では地区の交通計画、10章では交通施設の有効利用をめざした計画について解説します。11章から14章では、高齢社会や環境問題などの課題に対応した交通計画について解説します。

▩演習問題1▩ 白書とは、政府の各省庁が所管する行政活動の現状や対策･展望などを国民に知らせるための報告書です。わが国では約50の白書が発行されており、Webページで公開されています。

交通計画に関連が深い白書は以下のとおりです。興味のある白書を1つ選び、内容に目をとおしたうえで、あなたの興味のあるテーマを設定し、「設定したテーマ」「そのテーマに関するわが国の現状と問題」「交通計画に関連する課題」「国の取り組みの概要」「あなたの考え」についてレポートを作成してください。

(1) 国土交通省『国土交通白書』

(2) 内閣府『高齢社会白書』

(3) 内閣府『交通安全白書』

(4) 環境省『環境白書・循環型社会白書・生物多様性白書』

2章
交通実態調査

1 交通計画と交通実態調査

1 都市計画マスタープランと都市交通マスタープラン

日本の都市計画法制度は、戦後の復興から経済成長期にかけて、急激な都市への人口集中を受けとめる市街地を整備すること、増え続ける人や物の移動を効率的に処理するため、道路や鉄道、下水道や公園などの各種インフラを整備することを主な目的としてきました。このため、都市計画法では、おおむね5年ごとに、都市計画区域内における土地利用、建物、各種都市施設、市街地整備の状況等について実態を調査することが規定されており、これを、都市計画基礎調査と呼びます。都道府県が中心となって市町村とともに実施し、**都市計画マスタープラン**の検討などに活用されています（表2･1）。

一方で、都市計画施設である交通施設について、総合的な**都市交通マスタープラン**を検討する場合に、この都市計画基礎調査による実態調査だけでは、計画の検討に必要な項目を把握することができません。冒頭に述べたように、都市計画基礎調査は「都市施設の整備状況」に着目した調査であって、都市施設の上に発現している「人や物の移動状況」を把握するための調査項目は含まれていません。そのため、都市交通に関する実態調査が実施されています。

2 都市交通マスタープランの検討に必要な実態調査

総合的な都市交通マスタープランとは、都市計画マスタープランの交通分野を構成する計画です。将来の望ましい都市像を実現する都市交通のあり方を検討するためには、総合的に都市の人や物の動きを把握しながら、その動向を推測することにより、望ましい都市像と現況とのギャップを的確に評価しなければなりません。

また、都市の交通を総合的に扱う場合には、道路や鉄道といった個々の交通施設の計画を立案する場合に比べ、多くの要素が複雑に関係しながら変化するため、検討の枠組み設定などに技術的な工夫が必要になります。

総合的な都市交通計画を検討する際の3つの大きな視点を以下に例示します。

1) 道路、鉄道、軌道、バス、二輪車（オートバイや自転車）、徒歩などの各種交通手段別の分担の現況と、それら相互の役割分担が将来に向けてどのように変化していくか。

2) 都市の人口分布や、人や物の移動の目的となる各種施設の立地分布、そこに発生している交通OD（移動の出発地と到着地の組み合わせ）の現況と、それらが連動しながら将来に向けてどのように変化していくか。

3) 情報インフラによって人の移動と物の移動との代替性が高まっている現況と、情報化の進展により将来に向けて人の外出行動の目的（理由）そのものがどのように変化していくか。

表 2･1　都市計画、都市交通計画と実態調査の関係

計画名	都市計画マスタープラン	都市交通マスタープラン
実態調査	都市計画基礎調査	パーソントリップ調査
調査頻度	おおむね 5 年に 1 度	おおむね 10 年に 1 度
調査対象	すべての都市計画区域	30 万人以上の都市圏
調査内容	都市施設の整備状況	人や物の移動状況

表 2･2　都市交通計画の立案に関係する主な都市交通実態調査の種類

人の動き	全交通手段による移動を対象とする調査（パーソントリップ調査）
	鉄道とバスによる移動を対象とする調査（大都市交通センサス）
	自動車による移動を対象とする調査　（道路交通センサス）
物の動き	貨物の内容と移動を対象とする調査　（都市圏物資流動調査）

このような実態を把握するため、都市交通計画の立案に関係する交通実態調査には、表 2･1 にあげた「パーソントリップ調査」以外にも表 2･2 のような調査があり、調査を実施する地域の特性に応じて使い分けられています。

「**大都市交通センサス**」は、公共交通の実態を把握するために調査を行うことで、定期券利用者が多数を占める三大都市圏（東京都市圏、京阪神都市圏、中京都市圏）のみで実施されます。一方、公共交通が都市内移動手段として存在しない、あるいは存在してもその交通手段分担率（利用率）が極めて低いような都市においては、自動車による移動を対象とする「道路交通センサス」が実施され、これが実質的にすべての都市内移動を把握する調査となります。そして、鉄軌道やバスなどの公共交通と自動車による移動が役割分担しながら機能しているような都市においては、公共交通だけ、自動車だけの調査では不十分なので、すべての交通手段をカバーする「パーソントリップ調査」の実施が適切です。また、人だけではなく物も移動するので、物の移動量が特に多い大都市圏においては、物流施設の適正な配置や大型の貨物車による輸送の円滑化等を検討するために、物の移動を把握する「物資流動調査」も行われています。本章では、表 2･2 に示した調査について概要を紹介します。

わが国では、表 2･2 に示した各種調査全体を国土交通省が担当しています。たとえば、パーソントリップ調査は、国が実施するものと、地方自治体が調査主体となって実施するものがあります。その場合、国は全国の交通計画の事例を集めたり、実態調査の実施費用を補助したり、調査手順や調査項目に関する情報を提供することによって、自治体が地域課題に即した実態調査を実施できるように支援をしています。本章の内容についてより詳しいことが知りたい場合には、国土交通省や各自治体の公表資料を参照するとよいでしょう。

2 パーソントリップ調査

1 パーソントリップ調査とは

パーソントリップ調査（略称：PT 調査）とは、人（Person）の移動（Trip）を把握するための調査であり、都市交通に関するもっとも基本的な実態調査の 1 つです。一定の調査対象地域内に

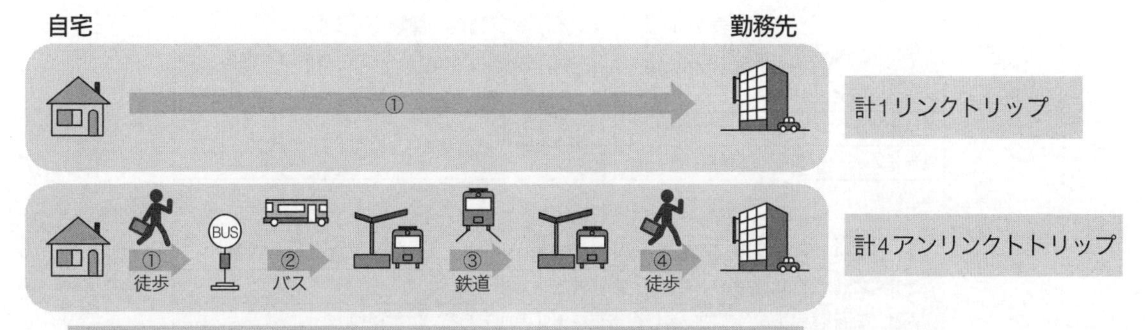

図2･1　パーソントリップ調査の基本単位である「トリップ」の考え方（出典：国土交通省『パーソントリップ調査』（https://www.mlit.go.jp/toshi/tosiko/toshi_tosiko_tk_000031.html））

おいて、どのような人が、いつ、何の目的で、どこからどこまで、どのような交通手段を用いて移動したのか、1日すべての詳細な動きをとらえます。調査対象地域に居住する人全体の移動量、地域間の交通量、地域別の発生・集中交通量、地域別や目的別の代表交通手段の構成比等を知ることができます。パーソントリップ調査は、通勤や買物など、人がある目的をもってある地点（起点、出発地：Origin）からある地点（終点、到着地：Destination）へ移動した行動を「トリップ」という単位で集計します。この調査方法を**OD調査**といいます。

トリップには、大きく分けて2種類あります（図2･1）。たとえば、自宅から勤務先に「通勤する」という1つの目的を果たすための移動行動について、目的が同じならば複数の交通手段を乗り換えたとしても1つと数える方法が「**リンクトトリップ**（Linked Trip）」です。一方、1回の移動を交通手段別に区切って数える方法が「**アンリンクトトリップ**（Unlinked Trip）」です。

表2･2に示した調査の内、パーソントリップ調査以外の人の動きに関する交通調査では、いずれもアンリンクトトリップが把握されます。たとえば大都市交通センサスならば図2･1の③が交通量としてカウントされますが、通勤するという1つの目的を達成するために行われた①、②、④とのつながりは把握されません。パーソントリップ調査は、アンリンクトトリップだけでなく、①から④までの一連の動きのつながり、リンクトトリップを把握できる点に特徴があります。

1つの交通手段ではなく、移動の目的（なぜその移動が生じるのか）に着目した一連の移動を、つながりを保ったデータとして把握することにより、はじめて地域内における複雑で多様な交通の実態を把握することができます。また、トリップの起点となる居住地の配置、終点となる建物等の立地、道路や公共交通ネットワークの配置、乗り換えを含めた交通手段の分担率等に関し、都市計画や都市政策の観点から、さまざまな政策や施策の選択肢を検討することが可能になります。

2 パーソントリップ調査の種類と概要

パーソントリップ調査は、大きく分けて表2･3に示す3種類があります。このうち、国土交通省が実施主体ないし実施主体の構成員となる「**全国都市交通特性調査**」と「三大都市圏パーソントリップ調査」は、統計法に基づく一般統計調査です。公的な研究などの目的に利用する場合に

表 2·3　パーソントリップ調査の種類

<table>
<tr><th>調査の種類</th><th colspan="2">実施主体</th><th>実施の頻度</th></tr>
<tr><td>全国都市交通特性調査</td><td rowspan="2">国</td><td></td><td>5 年に 1 度</td></tr>
<tr><td>三大都市圏パーソントリップ調査</td><td rowspan="2">地方自治体</td><td rowspan="2">おおむね 10 年に 1 度</td></tr>
<tr><td>都市圏パーソントリップ調査</td><td></td></tr>
</table>

表 2·4　全国都市交通特性調査（全国都市パーソントリップ調査）の概要

調査方法	〈配布〉郵送　〈回収〉郵送または Web 回収
抽出方法	住民基本台帳抽出より世帯を抽出（手抽出あるいは電算抽出）
対象都市	全国　70 都市、60 町村
サンプル数	1 都市あたり 500 世帯（有効回収） 1 町村あたり 300 世帯（有効回収）
調査対象者	調査対象世帯の 5 歳以上の全員
調査対象日	10 ～ 11 月の平日・休日　各 1 日
調査内容	世帯票：住所、世帯構成員の属性、自動車保有状況　等 個人票：出発地・到着地、出発時刻・到着時刻、移動目的、利用交通手段、出発地から到着地までの距離、自動車乗車人数　等 付帯票：都市交通に関する意識・意向（都市調査のみ）

（出典：国土交通省都市局都市交通調査室、都市計画調査室資料）

は、統計法に規定された手続きにより、調査結果（調査票情報、マスターデータ）を活用することが可能です。首都圏以外の多くの地方都市圏においてもパーソントリップ調査が実施されています。

(1) 全国都市交通特性調査

全国の都市交通の基礎的な特性と、交通計画課題に対する全国の人々の意識・意向を把握することを目的として国土交通省が実施する調査です。地方の小規模な都市を含む全国の都市の交通特性、特に同一年における平日・休日両方の交通特性と、経年的な交通手段分担の特性を把握することができる唯一の調査です（表 2·4）。全国から都市圏規模ごとに抽出された都市を対象とし、2020 年 3 月までに、1987 年、1992 年、1999 年、2005 年、2010 年、2015 年の計 6 回実施されました。

(2) 三大都市圏パーソントリップ調査、都市圏パーソントリップ調査

東京都市圏、京阪神都市圏、中京都市圏の 3 つの都市圏については、国と地方公共団体が協力しながら、都市圏を対象とするパーソントリップ調査を実施しており、2020 年 3 月までに 5 回（東京都市圏では 6 回）実施されました。三大都市圏以外の地方の都市圏パーソントリップ調査は、1967 年に広島都市圏で大規模に実施されて以来、60 以上の都市圏で延べ 143 回（2018 年 4 月時点、図 2·2）の調査が実施されてきました。ただし、地方の都市圏パーソントリップ調査は、実施主体に国が含まれず、都市計画基礎調査のように都市計画法で実施が規定されたものではないため、1 回だけ実施して 2 回目以降は継続していない都市圏が 30 近くあるなど、すべての都市圏で必ず継続的に実施されているものではありません。調査内容は、全国都市交通特性調査と基本的に同様です（図 2·3）。

本章の冒頭で述べたように、国の人口が増加し都市に人口が集中する時代における都市交通計

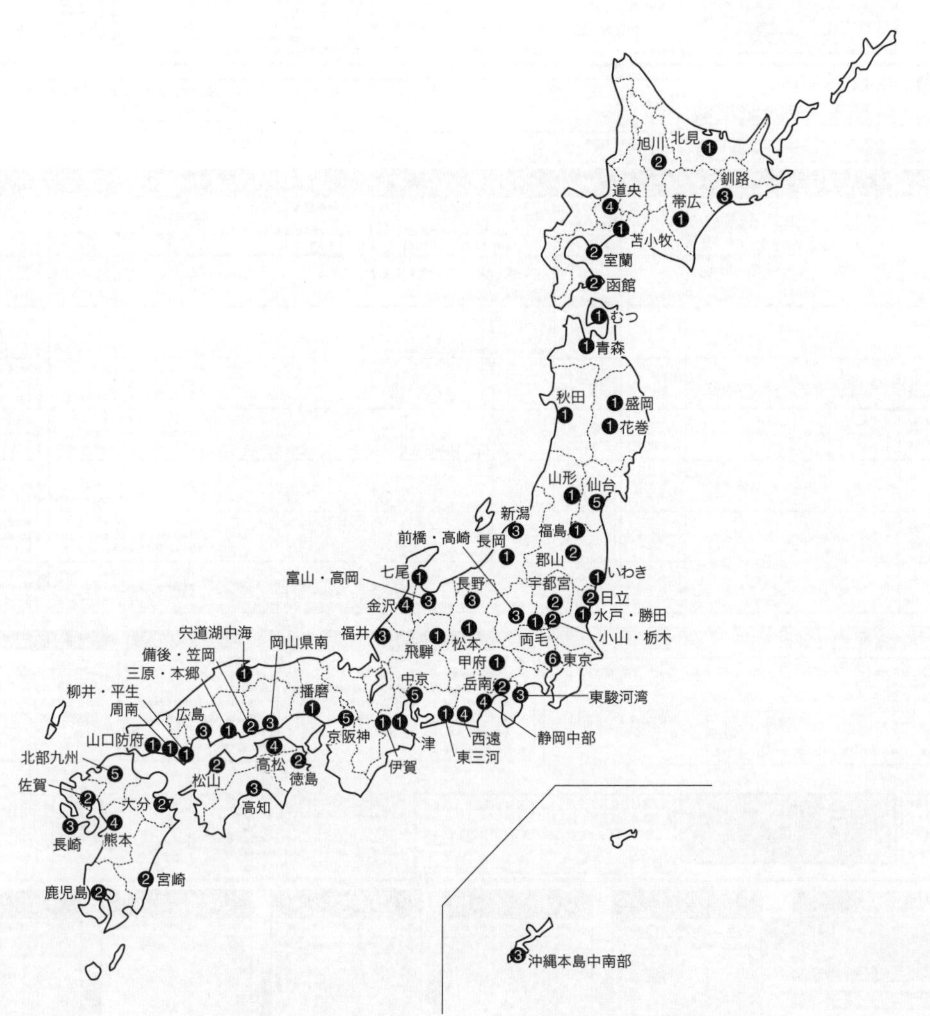

図2･2　三大都市圏パーソントリップ調査、都市圏パーソントリップ調査の実施都市圏別実施回数（出典：国土交通省『パーソントリップ調査－パーソントリップ調査の実施状況（2019年4月時点）』）

画の主たる課題は、都市の骨格を形成する交通ネットワークを計画的に整備することだったので、個々の自治体の行政界を超えた広域的な視点からの交通計画を立案する必要があり、10年に1回という間隔で都市圏パーソントリップ調査が実施されました。こうした時代には、都市交通計画（人の移動と、それを支える都市交通ネットワーク）の立案において、土地利用（居住地の分布、都市的サービス提供施設の立地など）は所与の条件とされていました。

一方、現在の人口減少時代の地方都市においては、人口増加の時代に薄く広がった市街地をどのように維持・更新し、活力を保っていくのかが喫緊の課題となっています。この時代には、土地利用の条件も政策変数として、動的な都市交通計画を立案することが求められます。このため、都市圏パーソントリップ調査が実施されてきた時代とは異なる背景に基づいて、都市計画の立案プロセスと密接に連携した形で都市交通実態調査を実施することが重要になってきています。

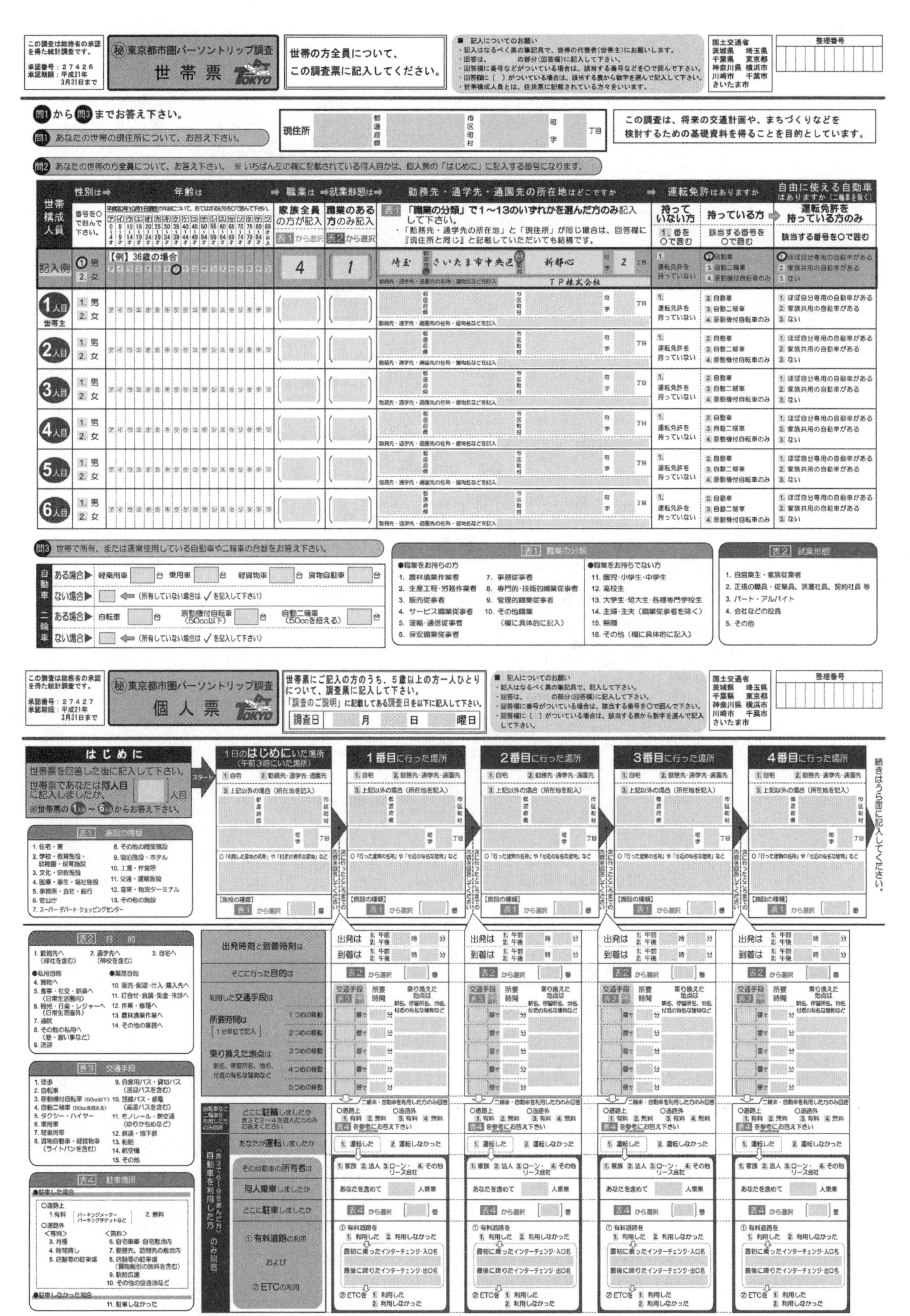

この調査は総務省の承認を得た統計調査です。
承認番号：27426
承認期限：平成21年3月31日まで

㊙東京都市圏パーソントリップ調査
世帯票

世帯の方全員について、この調査票に記入してください。

■ 記入についてのお願い
・記入はなるべく黒の筆記具で、世帯の代表者（世帯主）にお願いします。
・回答は、　　の部分（回答欄）に記入して下さい。
・回答欄に番号などがついている場合は、該当する番号などを○で囲んで下さい。
・回答欄に〔　〕がついている場合は、該当する表から数字を選んで記入して下さい。
・世帯構成人員とは、住民票に記載されている方々をいいます。

国土交通省
茨城県　埼玉県
千葉県　東京都
神奈川県　横浜市
川崎市　千葉市
さいたま市

整理番号

問1から問3までお答え下さい。

問1 あなたの世帯の現住所について、お答え下さい。

現住所　都道府県　市区町村　町字　丁目

この調査は、将来の交通計画や、まちづくりなどを検討するための基礎資料を得ることを目的としています。

問2 あなたの世帯の方全員について、お答え下さい。※いちばん左の欄に記載されている何人目かは、個人票の「はじめに」に記入する番号になります。

世帯構成人員	性別は⇒ 番号を○で囲んで下さい。	年齢は 平成20年10月1日現在の年齢について、あてはまる記号を○で囲んで下さい。 ア 0〜4才 イ 5〜9才 ウ 10〜14才 エ 15〜19才 オ 20〜24才 カ 25〜29才 キ 30〜34才 ク 35〜39才 ケ 40〜44才 コ 45〜49才 サ 50〜54才 シ 55〜59才 ス 60〜64才 セ 65〜69才 ソ 70〜74才 タ 75〜79才 チ 80〜84才 ツ 85才以上	⇒職業は 家族全員の方が記入 表1から選択	⇒就業形態は 職業のある方のみ記入 表2から選択	勤務先・通学先・通園先の所在地はどこですか 表1「職業の分類」で1〜13のいずれかを選んだ方のみ記入して下さい。・「勤務先・通学先の所在地」と「現住所」が同じ場合は、回答欄に『現住所と同じ』と記載していただいても結構です。	⇒運転免許はありますか 持っていない方 1. 番を○で囲む	持っている方 該当する番号を○で囲む	自由に使える自動車はありますか（二輪車を除く） 運転免許を持っている方のみ 該当する番号を○で囲む
記入例	①男 2. 女	【例】36歳の場合 ア イ ウ エ オ カ キ ㋗ ケ コ サ シ ス セ ソ タ チ ツ	4	1	埼玉 都道府県 さいたま市中央区 市区町村 新都心 町字 2 丁目 勤務先・通学先・通園先の名称・建物名などを記入 TP株式会社	1. 運転免許を持っていない	②自動車 3. 自動二輪車 4. 原動機付自転車のみ	①ほぼ自分専用の自動車がある 2. 家族共用の自動車がある 3. ない
1人目 世帯主	1. 男 2. 女	ア イ ウ エ オ カ キ ク ケ コ サ シ ス セ ソ タ チ ツ	〔　〕	〔　〕	都道府県 市区町村 町字 丁目 勤務先・通学先・通園先の名称・建物名などを記入	1. 運転免許を持っていない	2. 自動車 3. 自動二輪車 4. 原動機付自転車のみ	1. ほぼ自分専用の自動車がある 2. 家族共用の自動車がある 3. ない
2人目	1. 男 2. 女	ア イ ウ エ オ カ キ ク ケ コ サ シ ス セ ソ タ チ ツ	〔　〕	〔　〕	都道府県 市区町村 町字 丁目 勤務先・通学先・通園先の名称・建物名などを記入	1. 運転免許を持っていない	2. 自動車 3. 自動二輪車 4. 原動機付自転車のみ	1. ほぼ自分専用の自動車がある 2. 家族共用の自動車がある 3. ない
3人目	1. 男 2. 女	ア イ ウ エ オ カ キ ク ケ コ サ シ ス セ ソ タ チ ツ	〔　〕	〔　〕	都道府県 市区町村 町字 丁目 勤務先・通学先・通園先の名称・建物名などを記入	1. 運転免許を持っていない	2. 自動車 3. 自動二輪車 4. 原動機付自転車のみ	1. ほぼ自分専用の自動車がある 2. 家族共用の自動車がある 3. ない
4人目	1. 男 2. 女	ア イ ウ エ オ カ キ ク ケ コ サ シ ス セ ソ タ チ ツ	〔　〕	〔　〕	都道府県 市区町村 町字 丁目 勤務先・通学先・通園先の名称・建物名などを記入	1. 運転免許を持っていない	2. 自動車 3. 自動二輪車 4. 原動機付自転車のみ	1. ほぼ自分専用の自動車がある 2. 家族共用の自動車がある 3. ない
5人目	1. 男 2. 女	ア イ ウ エ オ カ キ ク ケ コ サ シ ス セ ソ タ チ ツ	〔　〕	〔　〕	都道府県 市区町村 町字 丁目 勤務先・通学先・通園先の名称・建物名などを記入	1. 運転免許を持っていない	2. 自動車 3. 自動二輪車 4. 原動機付自転車のみ	1. ほぼ自分専用の自動車がある 2. 家族共用の自動車がある 3. ない
6人目	1. 男 2. 女	ア イ ウ エ オ カ キ ク ケ コ サ シ ス セ ソ タ チ ツ	〔　〕	〔　〕	都道府県 市区町村 町字 丁目 勤務先・通学先・通園先の名称・建物名などを記入	1. 運転免許を持っていない	2. 自動車 3. 自動二輪車 4. 原動機付自転車のみ	1. ほぼ自分専用の自動車がある 2. 家族共用の自動車がある 3. ない

問3 世帯で所有、または通常使用している自動車や二輪車の台数をお答え下さい。

自動車	ある場合▶	軽乗用車　台　乗用車　台　軽貨物車　台　貨物自動車　台
	ない場合▶	⇐（所有していない場合は ✓ を記入して下さい）
二輪車	ある場合▶	自転車　台　原動機付自転車（50cc以下）　台　自動二輪車（50ccを超える）　台
	ない場合▶	⇐（所有していない場合は ✓ を記入して下さい）

表1 職業の分類

●職業をお持ちの方
1. 農林漁業作業者
2. 生産工程・労務作業者
3. 販売従事者
4. サービス職業従事者
5. 運輸・通信従事者
6. 保安職業従事者
7. 事務従事者
8. 専門的・技術的職業従事者
9. 管理的職業従事者
10. その他職業（欄に具体的に記入）

●職業をお持ちでない方
11. 園児・小学生・中学生
12. 高校生
13. 大学生・短大生・各種専門学校生
14. 主婦・主夫（職業従事者を除く）
15. 無職
16. その他（欄に具体的に記入）

表2 就業形態

1. 自営業主・家族従業者
2. 正規の職員・従業員、派遣社員、契約社員 等
3. パート・アルバイト
4. 会社などの役員
5. その他

この調査は総務省の承認を得た統計調査です。
承認番号：27427
承認期限：平成21年3月31日まで

㊙東京都市圏パーソントリップ調査
個人票

世帯票にご記入の方のうち、5歳以上の方一人ひとりについて、調査票に記入して下さい。
「調査のご説明」に記載してある調査日を以下に記入して下さい。
調査日　月　日　曜日

■ 記入についてのお願い
・記入はなるべく黒の筆記具で、記入して下さい。
・回答は、　　の部分（回答欄）に記入して下さい。
・回答欄に番号がついている場合は、該当する番号を○で囲んで下さい。
・回答欄に〔　〕がついている場合は、該当する表から数字を選んで記入して下さい。

国土交通省
茨城県　埼玉県
千葉県　東京都
神奈川県　横浜市
川崎市　千葉市
さいたま市

整理番号

はじめに

世帯票を回答した後に記入して下さい。
世帯票であなたは何人目に記入しましたか。〔　〕人目
※世帯票の1人目〜6人目からお答え下さい。

スタート→

表1 施設の種類

1. 住宅・寮
2. 学校・教育施設・幼稚園・保育施設
3. 文化・宗教施設
4. 医療・厚生・福祉施設
5. 事務所・会社・銀行
6. 官公庁
7. スーパー・デパート・ショッピングセンター
8. その他の商業施設
9. 宿泊施設・ホテル
10. 工場・作業所
11. 交通・運輸施設
12. 倉庫・物流ターミナル
13. その他の施設

1日のはじめにいた場所（午前3時にいた場所）	1番目に行った場所	2番目に行った場所	3番目に行った場所	4番目に行った場所
1. 自宅　2. 勤務先・通学先・通園先	1. 自宅　2. 勤務先・通学先・通園先	1. 自宅　2. 勤務先・通学先・通園先	1. 自宅　2. 勤務先・通学先・通園先	1. 自宅　2. 勤務先・通学先・通園先
3. 上記以外の場合（所在地を記入） 都道府県 市区町村 町字 丁目	3. 上記以外の場合（所在地を記入） 都道府県 市区町村 町字 丁目	3. 上記以外の場合（所在地を記入） 都道府県 市区町村 町字 丁目	3. 上記以外の場合（所在地を記入） 都道府県 市区町村 町字 丁目	3. 上記以外の場合（所在地を記入） 都道府県 市区町村 町字 丁目
○「利用した建物の名称」や「付近の有名な建物」など	○「行った建物の名称」や「付近の有名な建物」など	○「行った建物の名称」や「付近の有名な建物」など	○「行った建物の名称」や「付近の有名な建物」など	○「行った建物の名称」や「付近の有名な建物」など
【施設の種類】表1から選択〔　〕番	【施設の種類】表1から選択〔　〕番	【施設の種類】表1から選択〔　〕番	【施設の種類】表1から選択〔　〕番	【施設の種類】表1から選択〔　〕番

次に行ったところまでの内容を回答してください

続きはうら面に記入してください。

表2 目的

1. 勤務先へ（帰社を含む）
2. 通学先へ（帰校を含む）
3. 自宅へ

●私用目的
4. 買物へ
5. 食事・社交・娯楽へ（日常生活圏内）
6. 観光・行楽・レジャーへ（日常生活圏外）
7. 通院
8. その他の私用へ（塾・習い事など）
9. 送迎

●業務目的
10. 販売・配達・仕入・購入先へ
11. 打合せ・会議・集金・往診へ
12. 作業・修理へ
13. 農林漁業作業へ
14. その他の業務へ

表3 交通手段

1. 徒歩
2. 自転車
3. 原動機付自転車（50cc以下）
4. 自動二輪車（50ccを超える）
5. タクシー・ハイヤー
6. 乗用車
7. 軽乗用車
8. 貨物自動車・軽貨物車（ライトバンを含む）
9. 自家用バス・貸切バス（送迎バスを含む）
10. 路線バス・都電（高速バスを含む）
11. モノレール・新交通（ゆりかもめなど）
12. 鉄道・地下鉄
13. 船舶
14. 航空機
15. その他

表4 駐車場所

●駐車した場合
○道路上
1. 有料〔パーキングメーター　パーキングチケットなど〕
2. 無料
○道路外
<有料>
3. 月極
4. 時間貸し
5. 店舗等の駐車場
<無料>
6. 自宅車庫・自宅敷地内
7. 勤務先、訪問先の敷地内
8. 店舗等の駐車場（買物割引の無料を含む）
9. 駅前広場
10. その他の空き地など

●駐車しなかった場合
11. 駐車しなかった

	1番目〜4番目に行った場所（各欄共通）
出発時刻と到着時刻は	出発は 1. 午前 2. 午後　時　分 / 到着は 1. 午前 2. 午後　時　分
そこに行った目的は	表2から選択〔　〕番
利用した交通手段は / 所要時間は〔1分単位で記入〕/ 乗り換えた地点は 駅名、停留所名、地名、付近の有名な建物など	交通手段 表3から選択 / 所要時間 / 乗り換えた地点は 駅名、停留所名、地名、付近の有名な建物など
1つめの移動	〔　〕番で　分
2つめの移動	〔　〕番で　分
3つめの移動	〔　〕番で　分
4つめの移動	〔　〕番で　分
5つめの移動	〔　〕番で　分
自転車など二輪車を利用した方のみ回答：どこに駐輪しましたか 表3で2〜4を選んだ方のみお答えください	二輪車・自動車を利用した方のみ回答 ○道路上 1. 有料 2. 無料 ○道路外 3. 有料 4. 無料 表4を参考にお答え下さい
自動車を利用した方（表3で6〜9を選んだ方）のみ回答：あなたが運転しましたか	1. 運転した　2. 運転しなかった
その自動車の所有者は	1. 家族 2. 法人 3. ローン・リース会社 4. その他
何人乗車しましたか	あなたを含めて　人乗車
どこに駐車しましたか	表4から選択〔　〕番
①有料道路の利用 および ②ETCの利用	①有料道路を 1. 利用した 2. 利用しなかった / 最初に乗ったインターチェンジ・入口名 / 最後に降りたインターチェンジ・出口名 / ②ETCを 1. 利用した 2. 利用しなかった

図2･3　第5回東京都市圏パーソントリップ調査（2008年）の調査票（提供：国土交通省）

3 大都市交通センサス

大都市交通センサスは、三大都市圏（首都圏、中京圏、近畿圏）における公共交通機関（鉄道、軌道、乗合バス）の利用実態を把握することを目的とした実態調査です。1960年以来、国土交通省が5年ごとに実施しています。大都市圏では、複数の自治体にまたがって多数の交通事業者が一体的かつ広域的に公共交通網を形成しているため、国土交通省が交通事業者と自治体の協力を得て実施し、定量的な分析によって、広域的な公共交通ネットワークに関する政策立案のための客観的な情報として、広く活用されています。各都市圏における旅客流動量や鉄道、バスの利用状況（利用の経路、乗り換え、端末交通手段、利用時間帯分布等）、乗り換え施設の実態、人口の分布と輸送量との関係等を知ることができます。

調査は鉄道とバスの調査によって構成されています（図2·4）。通常は秋の平日に、駅の改札口等でアンケート調査票を配布し、郵送や駅等で回収する形で実施されています。調査項目は各種調査によって異なりますが、たとえば「鉄道利用者調査」では、

1) 個人属性および鉄道利用の基礎情報（性別、年齢、自宅住所など、保有する定期券の枚数、種類など）
2) 鉄道利用実態（鉄道利用時の目的、起点住所と出発時刻、起点から最初の駅までの交通手段と所要時間、乗車時刻、鉄道利用区間と列車の種別、混雑具合、利用した券の種類、最後の駅の降車時刻、最後の駅から目的地までの交通手段と所要時間、目的地住所と到着時刻など）

が調査項目に含まれています。

この鉄道利用者調査は、特定の駅で降車する鉄道利用者を対象に、つまり一般の人々に紙のアンケート票を渡して記入してもらう調査形式です。前述のパーソントリップ調査は居住地で対象者を選定していますが、一般の人々に回答を記入してもらうという点では同じ手法です。一方、

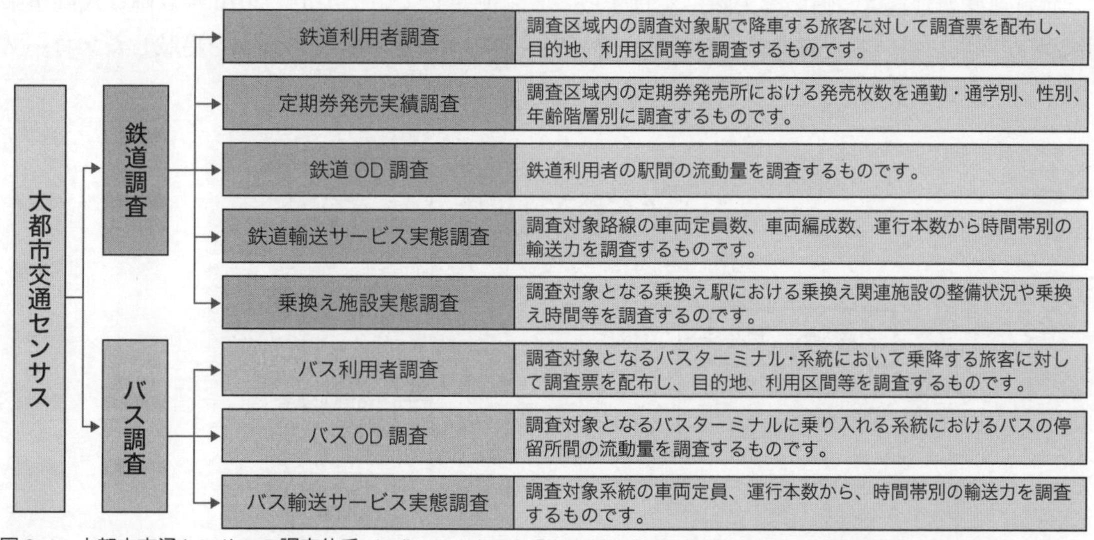

図2·4　大都市交通センサスの調査体系（出典：国土交通省『第12回大都市交通センサス調査〈調査結果の詳細分析〉』2018年）

「定期券発売実績調査」は発売所の販売枚数であり、「鉄道 OD 調査」は、自動改札機のデータから着時間帯別の駅間移動人員、駅間通過人員、駅別の発着人員を集計します。大都市交通センサスでは、このように入手方法が異なる複数の調査結果を組み合わせることで、限られた調査サンプルを拡大し、得られたデータを最大限に活用するような形でデータベースを構築しています。調査結果は、集計データまでは国土交通省の Web ページに Excel 形式で公表されており、利用申請手続きを行うことによりマスターデータのファイルも貸与を受けることができます。

4 道路交通センサス

道路交通センサスは、全国の道路（高速自動車国道、都市高速道路、一般国道、主要地方道である都道府県道、指定市の市道のうち一般都道府県道以上の道路と同等の機能を有する路線の一部）を調査の対象として、交通量、速度、自動車 OD、移動の目的等、道路利用の現況を把握する調査で、国土交通省をはじめとする各道路管理者が実施しています。1980 年以降は、おおむね 5 年に 1 回の頻度で、継続的に実施されてきました。

調査の内容は、一般交通量調査と自動車起終点調査に分けられます（図 2･5）。

「道路状況調査」は、車道や歩道の幅員とその構成、交差点、バス停、歩道の設置状況等の項目について、道路台帳、道路管理者用のデータ、その他の既存資料を利用しつつ、必要に応じて現地踏査によって整理するものです。

「交通量調査」は、秋の平日および休日における、調査対象として選定された道路のうち区間を代表する地点を通過する 12 時間または 24 時間交通量（方向別、小型車・大型車、歩行者、自転車、動力付き二輪車の別）を、1 時間ごとに観測し、計測するものです。交通量調査の目的は、道路ネットワーク全体の交通流の概況を把握することにあり、自動車 OD 調査の結果を照査する際にもこの結果を用います。ただし、人による観測はコストが大きくなることから、必要な箇所を絞って実測を行い、その他の区間については国土交通省が交通量を推定しています。

「旅行速度調査」は、道路を実際に走行することで測定していますが、2010 年以降は民間事業者などが収集している一般車プローブデータ（GPS 等のセンサー付きの端末を搭載したプローブ

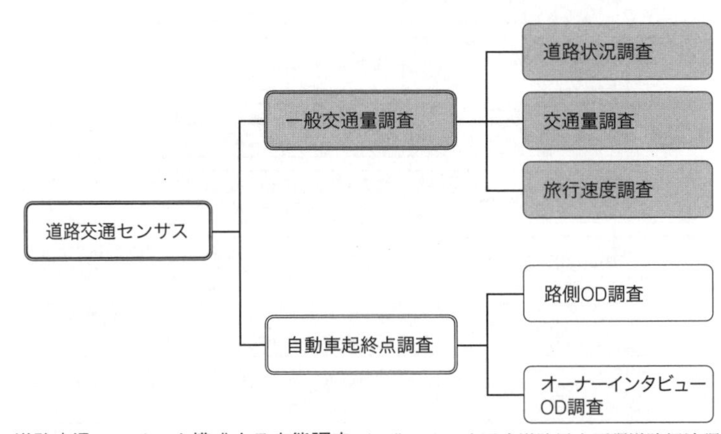

図 2･5　道路交通センサスを構成する実態調査（出典：国土交通省道路局企画課道路経済調査室資料）

カーと呼ばれる車両によって、速度などの走行情報を収集するシステムによって整備されるデータ）の活用が国土交通省によって進められるなど、調査の手法を効率化しながら実施されています。

「自動車起終点調査」の内容は、路上やフェリーで移動する自動車の運転者を対象とする「路側OD調査」と、自動車の保有者から無作為に抽出された方を対象とする「オーナーインタビューOD調査」の２種類です。路側OD調査は、平日の１日、一部の県境等を横切る道路で自動車を道路脇に停車してもらう、あるいはフェリー乗船時に聞き取り方式によって自動車の起点・終点等の運行状況を把握する調査です。

オーナーインタビューOD調査は、平日・休日のそれぞれ１日を対象に自動車の使用者や所有者に対して、１日の動き（利用の目的、いつ・どこからどこへ、駐車場所等）をアンケート方式で調査します。自家用車については世帯の単位で、貨物車については荷物の積載状況（品目や重量）も調査しています。

5 物資流動調査

1 物の動きに関する調査

「物」（小売の商品だけでなく、産業のための原料や部品など、あらゆる物）の動きと、それに関連する活動を総合して「物流」と呼びます（図2·6)。都市圏においては「人」だけでなく多種多様な「物」も移動しています。「物」は貨物車や船舶で輸送されますが、パーソントリップ調査では把握できません。そのため、広域的な都市計画および都市交通計画の基本的な情報を得るために、「人」に着目した都市圏パーソントリップ調査と合わせて、「物」に着目する調査として、「**都市圏物資流動調査**（物流調査)」が実施されてきました。物流調査は、三大都市圏では継続的に実施されているほか、地方都市圏でも、仙台都市圏、北部九州都市圏、道央都市圏において実施されています。近年では特に、災害時の物流計画はますます重要になってきました。

物流調査以外に、物資流動に関する調査としては、「**全国貨物純流動調査**（物流センサス)」があります。この調査は名前のとおり、貨物の出発点から到着地点までの流動（純流動）を把握するため、荷主側（鉱業、製造業、卸売業および倉庫業の４産業）からの貨物の動きを調査します。

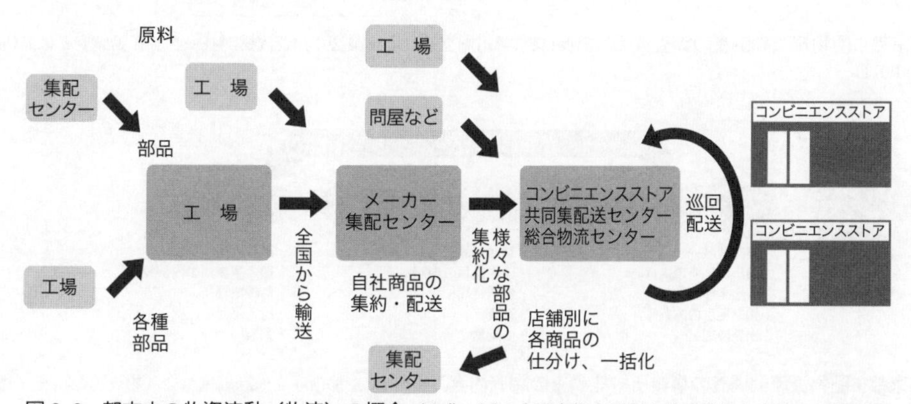

図2·6　都市内の物資流動（物流）の概念（出典：国土交通省都市局都市計画課都市計画調査室資料）

都市圏を対象とする物流調査では、調査対象業種に、運送業（道路貨物運送業、水運業、航空運輸業、運輸に付帯するサービス業）を含むことから、物資の純流動のみではなく、物流関係の施設間の流動も把握できます。

2 物資流動調査の概要

物資流動調査（物流調査）は、対象とする都市圏や調査時期により調査内容が異なります。たとえば2013年に実施された「第5回東京都市圏物資流動調査」の調査体系は図2･7のとおりです。

①の本体調査である「事業所機能調査」では、都市圏内に立地している製造業、卸売業、サービス業、運送業、倉庫業、小売業・飲食店の事業所を無作為抽出し調査票を配布します。図2･8に示すように、出発地域・到着地域、搬出事務所・搬入事務所、輸送目的、輸送品目、輸送時間、出発時刻・到着時刻を調査することにより、搬出、中継、搬入からなる輸送の流れを把握します。

②の補完調査は4つの調査から構成されています。「企業アンケート調査」「企業ヒアリング調査」は、都市圏内で「物流」に関係した活動を行う企業を対象に物流施設の立地、物資輸送に関する考え方や企業戦略について調査しています。「貨物車走行実態調査」は、物資を運ぶ大型の貨物車が走行する道路（走行経路）を調査しています。「端末物流調査」は、商店街やオフィス街などの中心市街地における荷捌きの状況について調査を行っています。

物流調査データを分析することにより、臨海部や郊外部の広域的な物流拠点の立地を支える基

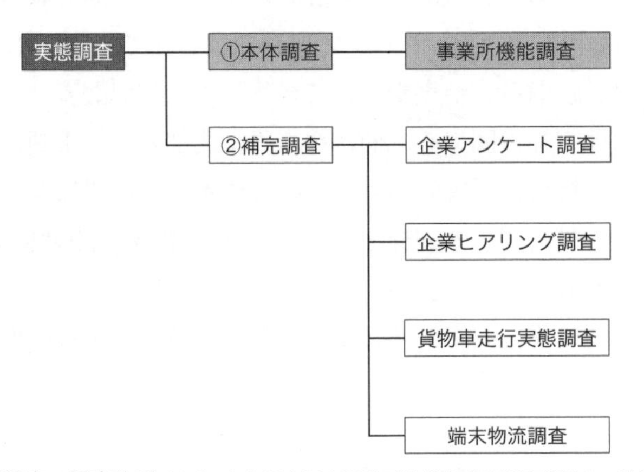

図2･7　東京都市圏物資流動調査の調査体系（出典：東京都市圏交通計画協議会『物資流動調査－物資流動調査とは』（https://www.tokyo-pt.jp/pd/01））

図2･8　東京都市圏物資流動調査の事業所機能調査の調査内容（出典：東京都市圏交通計画協議会『物資流動調査－物資流動調査とは』（https://www.tokyo-pt.jp/pd/01））

幹的な物流ネットワーク、物流拠点間の移動を担い生活環境に配慮した物流ネットワーク、都市内における荷捌き施設などに関する検討を行います。

6 新技術を活用した実態調査

都市の成熟期を迎えたわが国では、生産年齢人口の減少、高齢化による地方行財政の逼迫などを背景に、いまある都市交通施設を資産としてどのように維持・管理、活用していくのか、そして経営の視点から都市空間の積極的な活用をめざす新しい都市像の実現に資する都市交通計画の立案が求められています。

そのような新しい動きを踏まえて、2018年6月に、国土交通省都市局都市計画課からICT（Information and Communication Technology、情報通信技術）をはじめとする新技術を活用した歩行者量調査のガイドラインが公表されました（表2・5）。その背景には、都市構造の集約化や中心市街地の活性化策などの現況と計画の進捗状況を定量的に把握し、モニタリングしようという意図があります。集約化された都市構造の評価指標の1つとして、一定地区における居住人口と交流人口を合わせてみることができる地区内の歩行者量（通行量、密度、滞留時間等）の実態を把握するための調査の実施が推奨されています。

この他にも、Web調査、道路交通センサスで実施されているプローブカーによる調査など、新しい技術を活用した調査が実施されています（詳細は15章で解説します）。

表2・5 新技術を活用した歩行者交通量の計測手法

計測方法	概要	取得方法	主な特徴
(1) GPSデータ	・GPSを搭載した機器等により、継続的に位置情報（緯度経度）を取得	・GPS機器もしくはスマートフォンアプリ等を用いて調査を実施 ・データ保有主体からデータを入手	・位置情報により移動経路を詳細に把握できる ・屋内、地下では位置情報を把握できない場合がある ・絶対数の把握は困難である
(2) Wi-Fiデータ	・通過したWi-Fiアクセスポイントの位置情報を取得	・Wi-Fiセンサーを設置することにより調査を実施 ・データ保有主体からデータを入手	・通過したアクセスポイントの情報に基づき、移動経路を把握（GPSほど精度は高くない） ・屋内、地下でも位置情報を把握できる。また、建物内の階数別にも情報を取得できる ・絶対数の把握は困難である
(3) レーザーカウンター	・人やモノからのレーザーの反射状況から通過人員を計測	・レーザー機器を設置し、調査を実施	・システムが自動で人やモノを認識するため、個人は特定されない
(4) カメラ画像	・カメラ画像から識別処理等を行うことにより歩行者数を計測	・歩行者が写った画像等を撮影 ・既設のカメラの活用も可能	・画像を残さない場合は個人情報にならない。画像が残る場合は留意が必要である

（出典：国土交通省『まちの活性化を測る歩行者量調査のガイドライン』2019年3月改訂版）

■演習問題２■　パーソントリップ調査に関するWebページを検索し、調査票をダウンロードしてください。

(1) 近年のパーソントリップ調査では、調査票は世帯票と個人票に分かれています。調査内容、記入方法について確認してください。記入例も掲載されていれば、記入例も読んでください。通常は平日を対象とした調査ですが、休日を調査している都市圏もあります。

(2) 調査票をプリントし、世帯票、個人票に記入してみてください。個人票には、直近の平日の１日の動きを記入してください。

(3) 調査票を記入する立場から、調査票に関する問題点と改善点を整理してください。

3章
都市の交通特性

1 都市の交通特性を把握するためのデータ

本章では、主に2章で解説した**パーソントリップ調査**データを用い、都市の交通特性を解説します。パーソントリップ調査は1日の人の動きを把握する調査であり、他の調査データで得られないさまざまな交通特性を把握することができます（図3･1）。パーソントリップ調査の基本的な調査項目は表3･1のとおりです。また具体的な調査票の例は図2･3（p.24）を参照してください。他の交通実態調査データとの比較によるパーソントリップ調査データの特徴を次に示します。

以下のように交通に関する具体的な情報が得られるため、都市の交通特性を分析するための格好のデータとなります。

1）世帯・個人属性がわかる

例）免許をもたない人や、子育て世代の人の動き

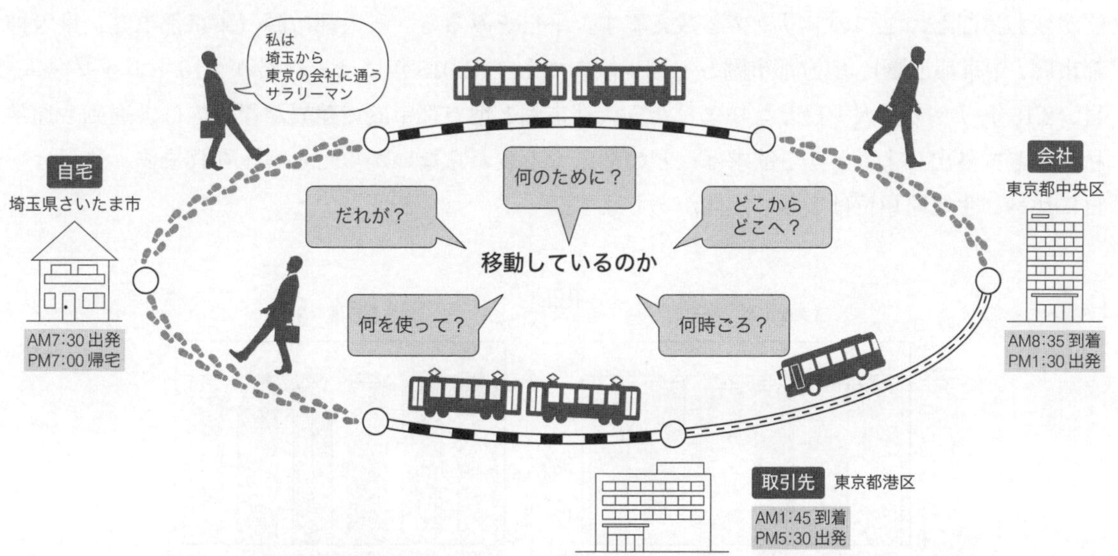

図3･1　パーソントリップ調査の調査内容（出典：新田保次 監修、松村暢彦 編著『図説わかる土木計画』学芸出版社、2013年）

表3･1　パーソントリップ調査の基本的な調査項目

世帯・個人属性 （世帯票）	・現住所 ・世帯構成員の年齢、続柄、運転免許保有状況 ・世帯における自動車等の保有状況 ・世帯構成員の就学、就業状況
交通特性 （個人票）	・出発地の住所、施設種類、出発時刻 ・到着地の住所、施設種類、到着時刻 ・移動目的 ・移動手段

2）移動目的別にわかる

例）国勢調査ではわからない買物、通院、送迎等の動き

3）交通手段別にわかる

例）移動目的別の交通手段（鉄道、バス、自動車、二輪車、徒歩）の選択状況

4）出発地と到着地がわかる

例）移動目的別、交通手段別の地域間トリップ数

5）出発・到着時刻がわかる

例）出発・到着時刻別のトリップ数、時刻別の滞在人口

6）出発・到着した施設種類がわかる

例）施設種類別のトリップ数、施設種類別の滞在人口

2 全国の都市交通特性

全国の都市交通特性を把握できる調査には、「全国都市交通特性調査（全国都市パーソントリップ調査）」があり、平日と休日ともに調査されています。まず基礎的な交通特性を紹介します。

図3･2は、1人1日当たりのトリップ数です（**生成原単位**と呼びます）。「トリップ」とは人がある目的をもって「ある地点」から「ある地点」に移動する時の1回の動きのことで、移動の目的が変わるごとに1つのトリップと数えます。平日をみると、三大都市圏（東京都市圏、京阪神都市圏、中京都市圏）、地方都市圏とも減少傾向であり、2015年にはそれぞれ2.16トリップ／人・日、2.18トリップ／人・日となりました。大都市圏と地方都市圏で差異がないのは、通勤や通学、私用などで外出しようとする欲求は、どの都市でも変わらないからだと考えられます。休日は平日に比べ、生成原単位は小さい傾向があります。

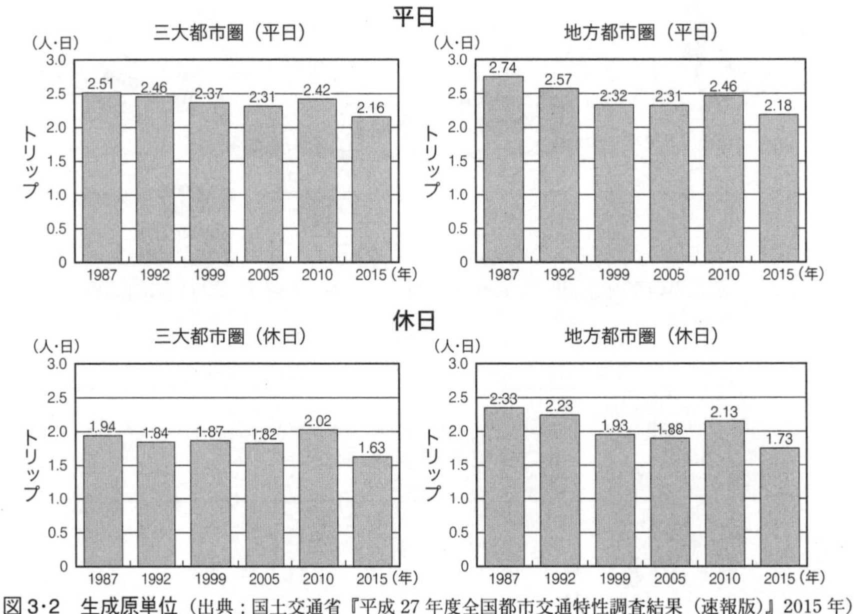

図3･2　生成原単位（出典：国土交通省『平成27年度全国都市交通特性調査結果（速報版）』2015年）

若者（20歳代）の生成原単位をみると、男性と比べて女性はあまり減少していません（図3･3）。また、平日は2005年から女性のほうが大きくなり、女性が活発に活動していることがわかります。

次に、代表交通手段分担率を紹介します。**代表交通手段**とは、複数のアンリンクトトリップ（手段トリップともいいます）で構成されるリンクトトリップ（目的トリップともいいます）の代表的な交通手段を定めたものです（p.21、図2･1参照）。交通手段には優先順位が設定されており、鉄道＞バス＞自動車＞二輪車＞徒歩です。集計上、優先順位の高い手段を代表交通手段とします。たとえば、リンクトトリップのなかに鉄道トリップがあれば、そのリンクトトリップの代表交通手段は鉄道です。鉄道もバスも利用せず、自動車と徒歩を利用したのであれば、代表交通手段は自動車となります。都市での移動は、鉄道、バス、自動車など複数の交通手段が分担し合っており、その割合を**交通手段分担率**といいます。

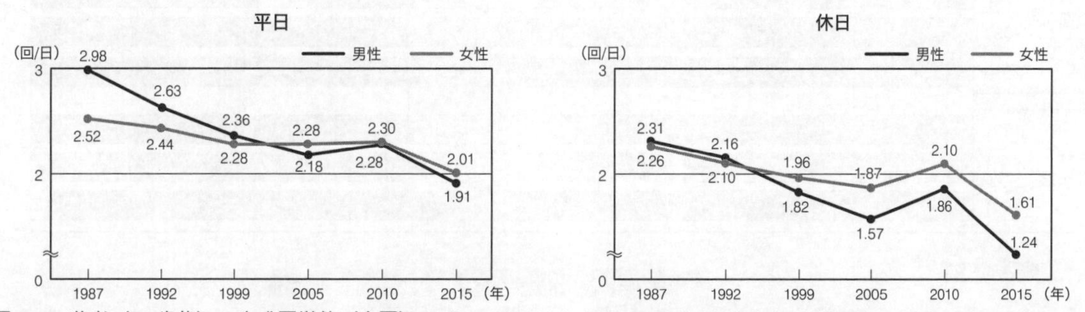

図3･3　若者（20歳代）の生成原単位（全国）（出典：国土交通省『平成27年度全国都市交通特性調査　別紙：全国の都市における人の動きとその変化』）

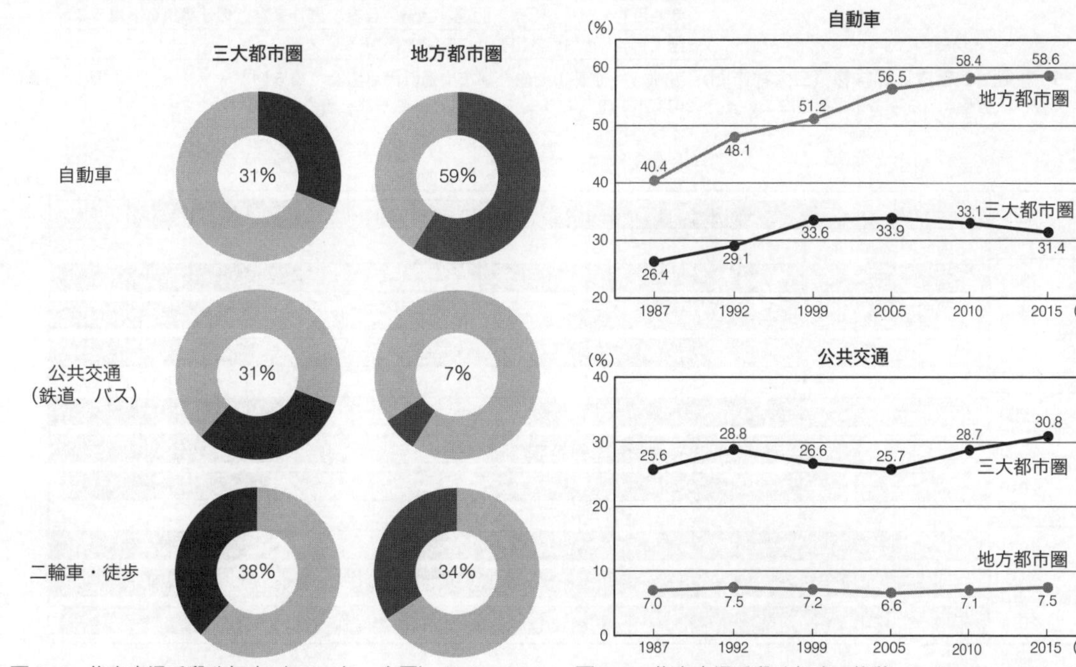

図3･4　代表交通手段分担率（2015年、全国）（出典：国土交通省『平成27年度全国都市交通特性調査　別紙：全国の都市における人の動きとその変化』）

図3･5　代表交通手段分担率の推移（出典：国土交通省『平成27年度全国都市交通特性調査　別紙：全国の都市における人の動きとその変化』）

図3･4をみると、三大都市圏は公共交通の分担率が高く、地方都市圏では自動車の分担率が高い傾向がはっきり出ています。また、経年的にみると、自動車の分担率は地方都市圏では上昇を続けていますが、三大都市圏では2005年から低下しています（図3･5）。三大都市圏の公共交通分担率は、自動車分担率が低下し始めた2005年以降上昇に転じました。

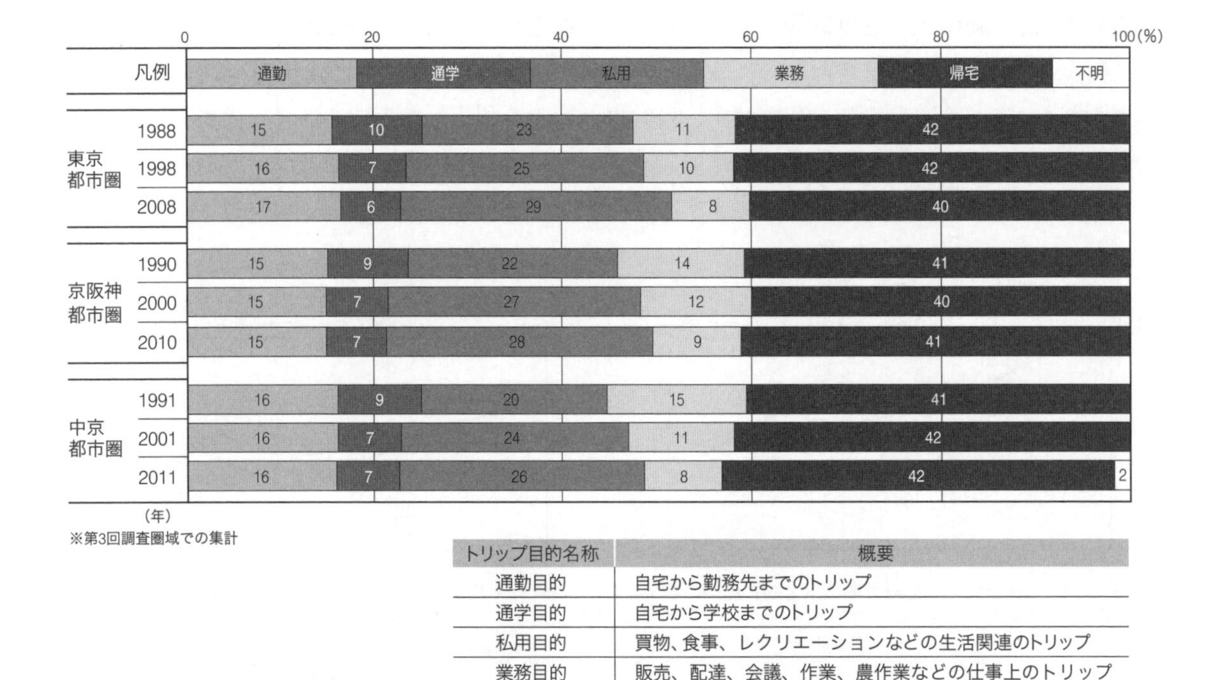

トリップ目的名称	概要
通勤目的	自宅から勤務先までのトリップ
通学目的	自宅から学校までのトリップ
私用目的	買物、食事、レクリエーションなどの生活関連のトリップ
業務目的	販売、配達、会議、作業、農作業などの仕事上のトリップ
帰宅目的	外出先から自宅までのトリップ

図3･6　移動目的構成比の推移（三大都市圏）（出典：中京都市圏総合都市交通計画協議会『第5回パーソントリップ調査（平成23年調査）人の動きからみる中京都市圏のいま』（2014年）の「トリップ目的名称」の一部を著者が変更※1）

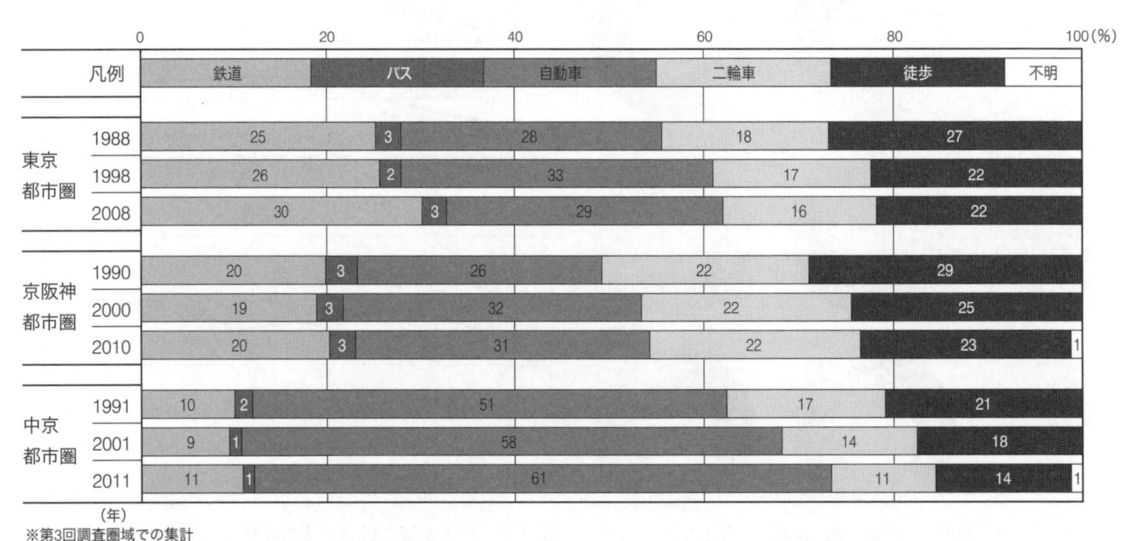

図3･7　代表交通手段分担率の推移（三大都市圏）（出典：中京都市圏総合都市交通計画協議会『第5回パーソントリップ調査（平成23年調査）人の動きからみる中京都市圏のいま』2014年）

3 大都市圏の交通特性

1 三大都市圏の交通特性

大都市圏の交通特性を東京都市圏、京阪神都市圏、中京都市圏のパーソントリップ調査データ(平日)でみてみましょう。図3·6は三大都市圏の移動目的構成比の推移です。どの都市圏においても通勤目的は約15%、通学目的は10%以下、私用目的は約30%、業務目的は約10%と大きな差異はありません。働く、学ぶ、買物をするための移動の必要性に都市圏による差異がないためです。経年的に目的構成比をみると、通学目的は低下、私用目的は上昇、業務目的は低下しています。これは、生徒・学生数の減少による通学トリップの減少、高齢化による買物や通院トリップの増加、通信技術の普及による業務トリップの減少が原因と考えられます。

図3·7は代表交通手段分担率の推移です。東京都市圏では、鉄道分担率が上昇し、自動車分担率は1998年から2008年の10年間で低下しました。京阪神都市圏では、2000年から2010年に鉄道分担率と、自動車分担率に大きな変化はみられません。中京都市圏においては、2001年から2011年に、鉄道分担率は上昇していますが、自動車分担率も上昇しています。なお、三大都市圏ともに二輪車分担率、徒歩分担率は低下傾向にあります。

2 東京都市圏の交通特性

東京都市圏の交通特性（平日）を紹介します。パーソントリップ調査では、地域別の特性や地域間の移動を分析できますが、その際参照するのが、地域別の自動車利用発生・集中交通量です。**発生交通量**とはある地域から出発したトリップの数、**集中交通量**とはその地域に到着したトリッ

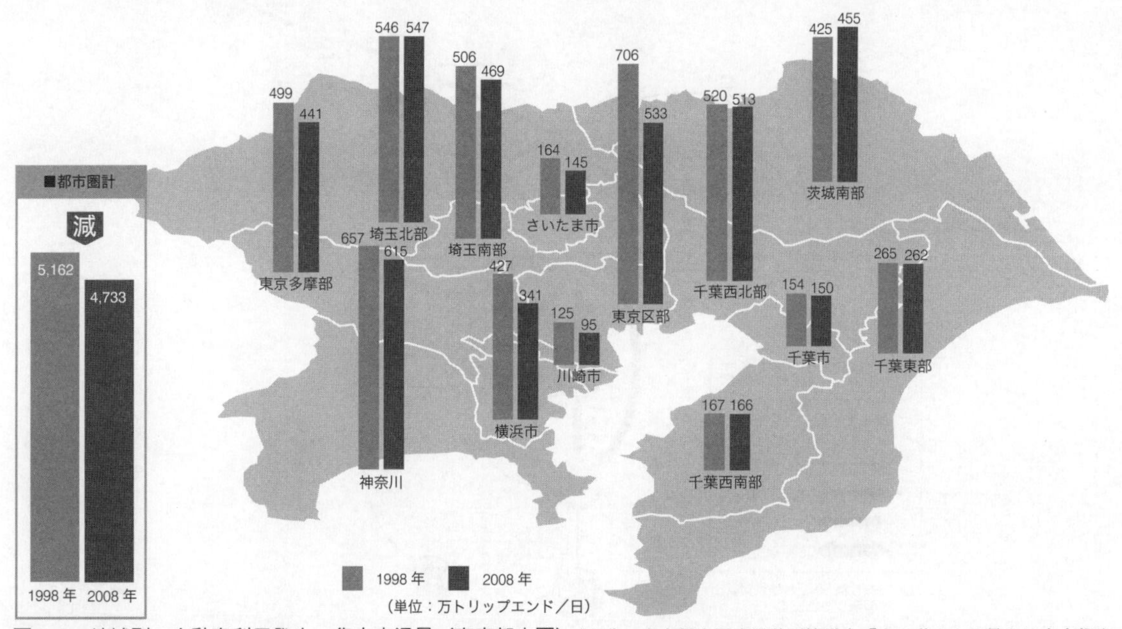

図3·8 地域別の自動車利用発生・集中交通量（東京都市圏）(出典：東京都市圏交通計画協議会『人の動きから見える東京都市圏』2010年)

プの数、**発生・集中交通量**とは発生交通量と集中交通量の合計です。トリップの端（エンド）を集計することから単位は「**トリップエンド**」を使います。図3･8をみると、茨城南部と埼玉北部を除く全域で自動車利用の発生・集中交通量が減少しており、自動車離れの傾向が読みとれます。

図3･9は**地域間トリップ数**です。東京区部を発着地とするトリップが多く、東京区部を中心と

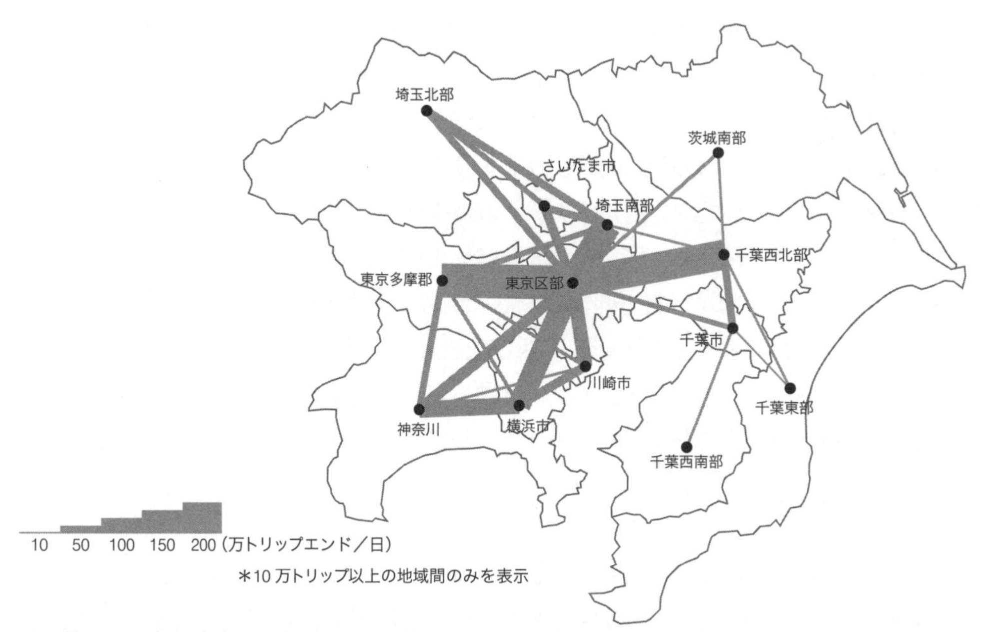

図3･9　地域間トリップ数（東京都市圏、2008年）（出典：東京都市圏交通計画協議会『人の動きから見える東京都市圏』2010年）

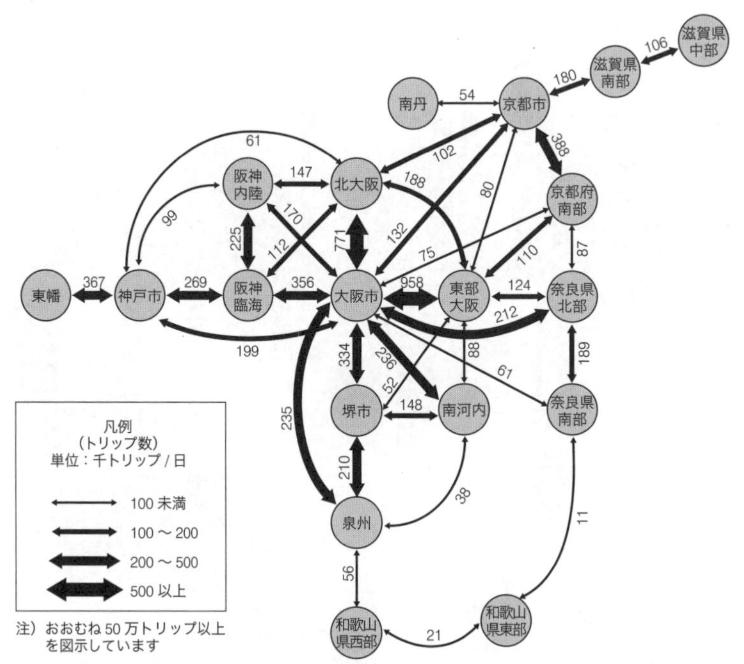

図3･10　地域間トリップ数（京阪神都市圏、2010年）（出典：京阪神都市圏交通計画協議会『平成22年の京阪神都市圏における人の動き～第5回近畿圏パーソントリップ調査結果から～』2012年）

した都市圏が構成されていることがわかります。その他にも、横浜市、さいたま市、千葉市などを中心とするトリップがみられます。

3 京阪神都市圏の交通特性

図3･10は京阪神都市圏の地域間トリップ数（平日）です。大阪市を中心とした移動、阪神間の移動が特に多いことがわかります。また、堺市、北大阪、京都市、奈良県北部の発着トリップも一定数あり、複数の拠点をもつ都市圏であることがわかります。

パーソントリップ調査では、トリップの出発時刻、到着時刻を調査していますので、移動時間が把握できます。図3･11は京阪神都市圏の目的別の平均移動時間（平日）で、いずれの目的でも平均移動時間が増加しています。都市開発や郊外化などによる土地利用の変化が一因と考えられます。

4 中京都市圏の交通特性

図3･12は中京都市圏の地域間トリップ数（平日）です。名古屋市を中心とする放射状の移動が多くみられ、なかでも名古屋市と豊田地域（日進市、豊田市、長久手市など）間の移動が多いことがわかります。事業所や郊外店舗が多い立地で通勤、業務、私用交通が要因と考えられます。

パーソントリップ調査では、出発地と到着地の施設種類も調査しています。図3･13は、私用目的自動車利用の到着施設別集中交通量（平日）です。大規模小売店舗（ショッピングセンター等）や病院などの医療・厚生・福祉施設への集中交通量が多いことがわかります。また、2001年から2011年の10年間で、医療・厚生・福祉施設や小規模小売店（コンビニエンスストア等）へのトリップが大幅に増加しています。このことから図3･7にみた中京都市圏の自動車利用の増加は、

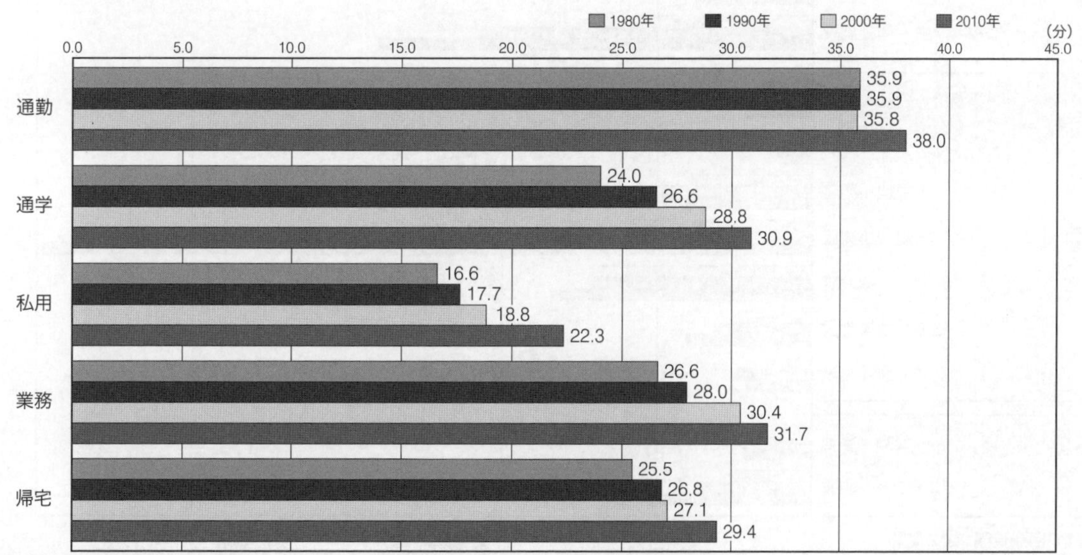

図3･11　目的別平均移動時間の推移（京阪神都市圏）（出典：京阪神都市圏交通計画協議会『平成22年の京阪神都市圏における人の動き～第5回近畿圏パーソントリップ調査結果から～』（2012年）の縦軸の項目名の一部を著者が変更※2）

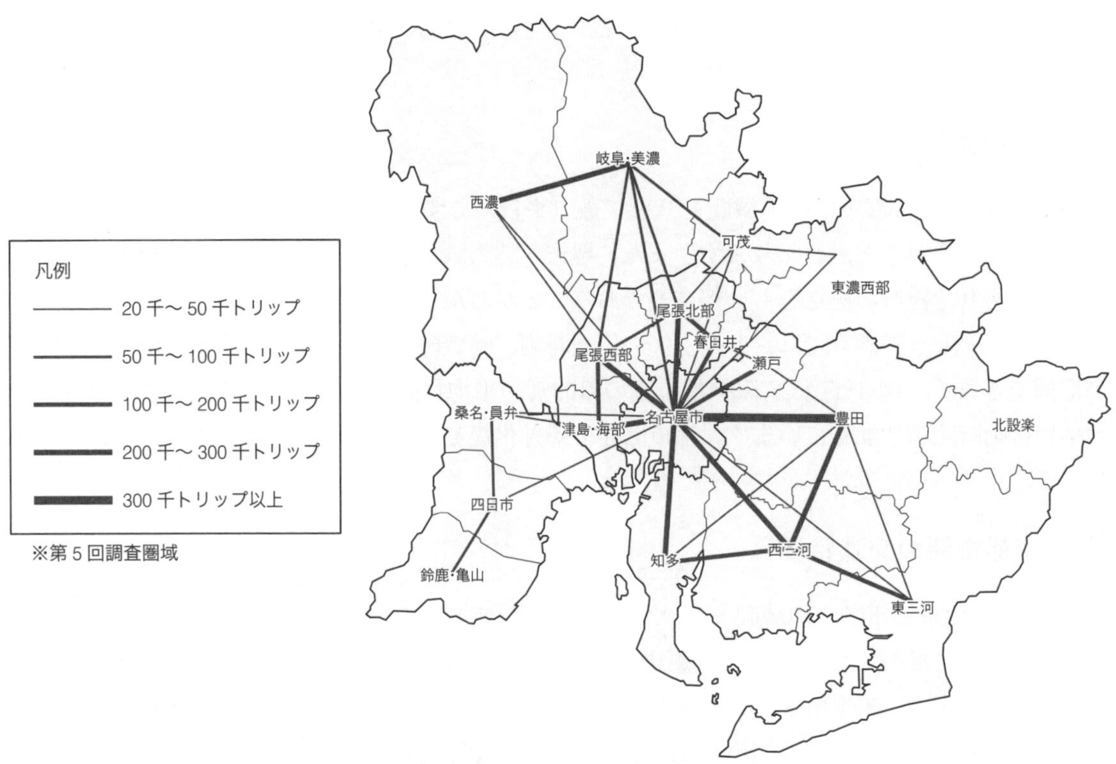

図 3・12　地域間トリップ数（中京都市圏、2011 年）（出典：中京都市圏総合都市交通計画協議会『第 5 回パーソントリップ調査（平成 23 年調査）人の動きからみる中京都市圏のいま』2014 年）

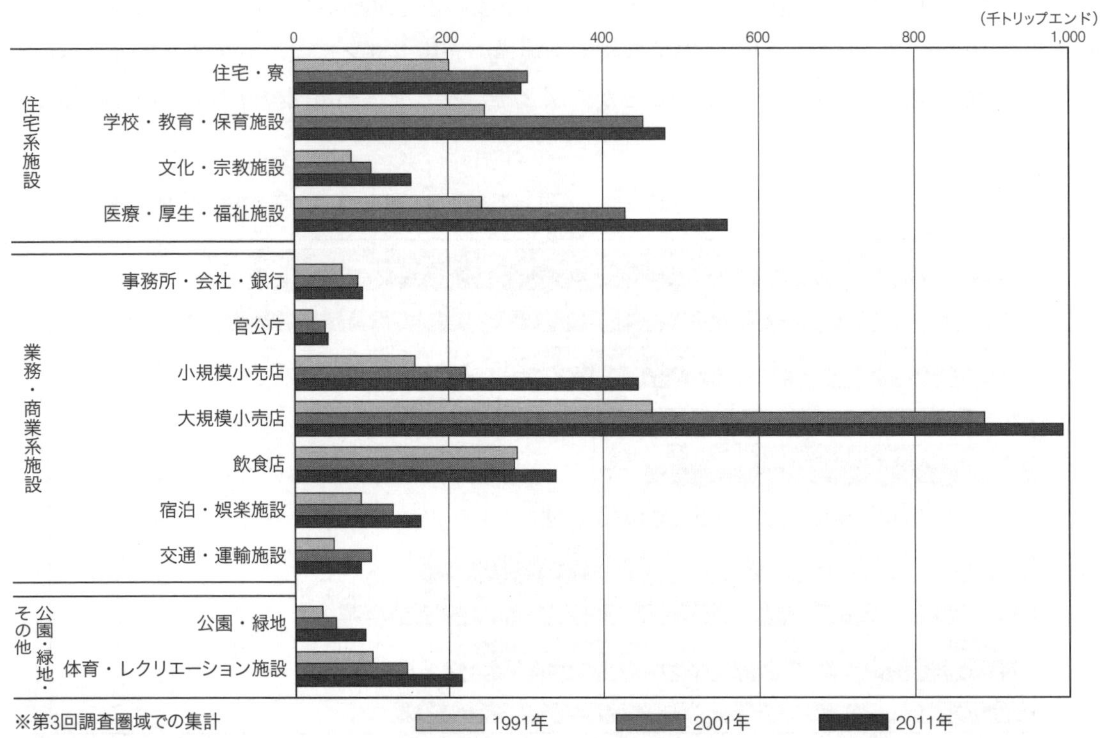

図 3・13　私用目的自動車利用の到着施設別集中交通量（中京都市圏、2011 年）（出典：中京都市圏総合都市交通計画協議会『第 5 回パーソントリップ調査（平成 23 年調査）人の動きからみる中京都市圏のいま』2014 年）

郊外大規模店舗での買物の増加、自動車での通院の増加、コンビニエンスストアへの足としての自動車利用の増加などが原因と考えられます。

4 地方都市圏の交通特性

1 地方中枢都市圏の交通特性

札幌市、仙台市、広島市、福岡市・北九州市を中心とする地方中枢都市圏は、人口や都市機能が集積するため公共交通需要が多く、地下鉄や新交通システムなどが整備されています。地方中枢都市圏のうち仙台都市圏をとりあげます。

まず、生成原単位に着目し、交通特性（平日）をみます。図3･14は性別・年齢階層別の生成原単位です。男性の生成原単位は、2002年から2017年の15年間に、15～64歳で低下、65歳以上の高齢者で大きく上昇しています。女性の生成原単位は15～49歳で低下、50歳以上で上昇しています。このような傾向は、全国の都市でみられます。

図3･15は、個人属性別・代表交通手段別の生成原単位です。個人属性とは、性別、年齢、職業などの個人の特性に関する情報です。ここでは、年齢階層と職業などを組み合わせ、交通特性

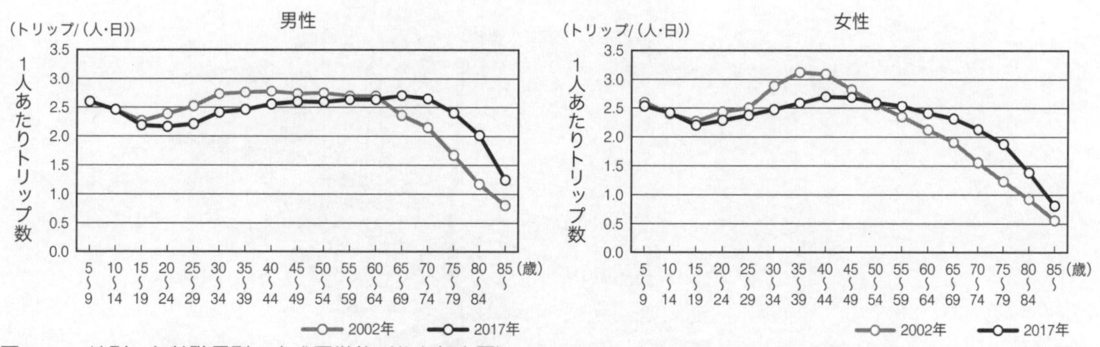

図3･14 性別・年齢階層別の生成原単位（仙台都市圏）（出典：宮城県・仙台市『第5回仙台都市圏パーソントリップ調査 現況集計結果』2019年）

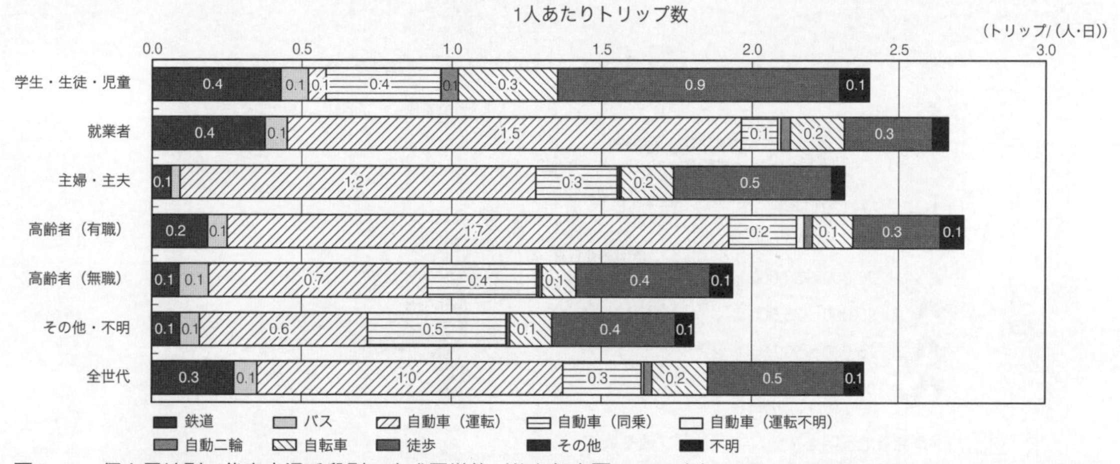

図3･15 個人属性別・代表交通手段別の生成原単位（仙台都市圏、2017年）（出典：宮城県・仙台市『第5回仙台都市圏パーソントリップ調査 現況集計結果』2019年）

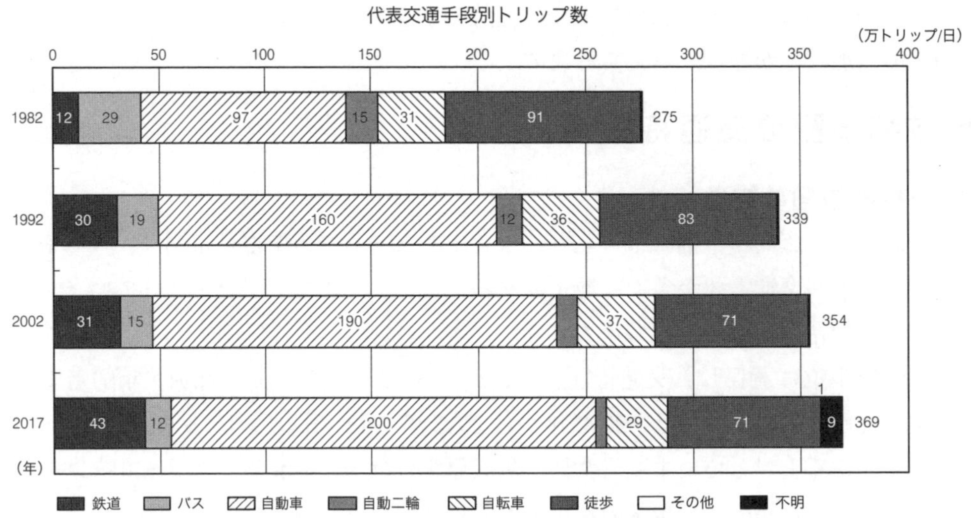

図 3･16　代表交通手段別トリップ数の推移（仙台都市圏）（出典：宮城県・仙台市『第 5 回仙台都市圏パーソントリップ調査 現況集計結果』2019 年）

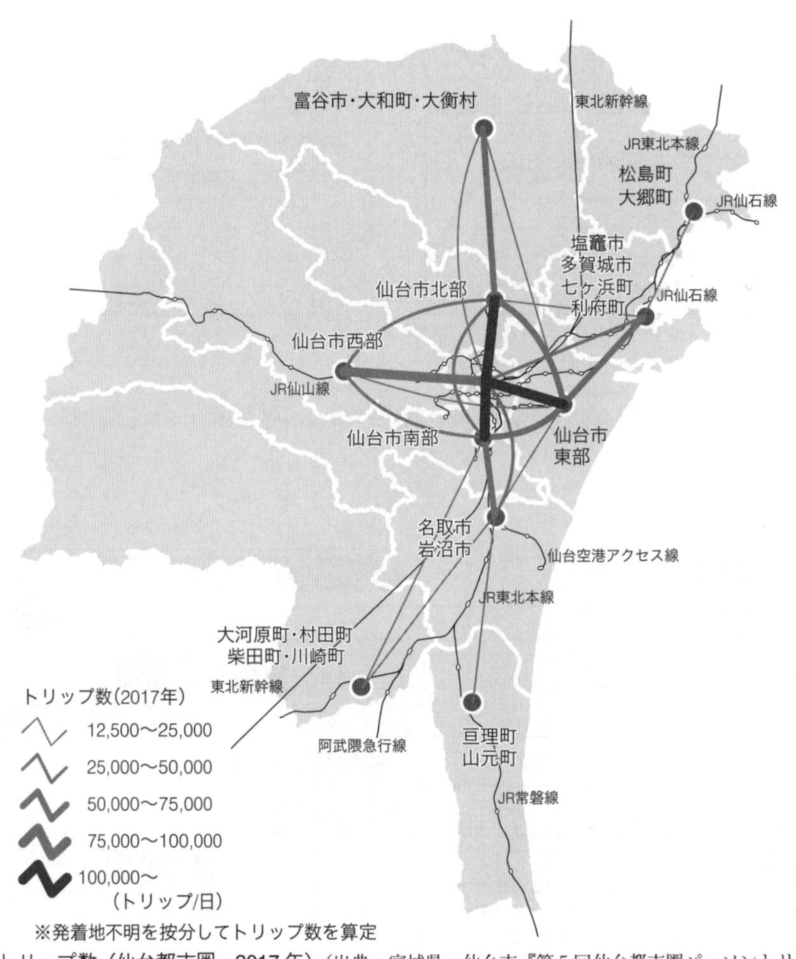

図 3･17　地域間トリップ数（仙台都市圏、2017 年）（出典：宮城県・仙台市『第 5 回仙台都市圏パーソントリップ調査 現況集計結果』2019 年）

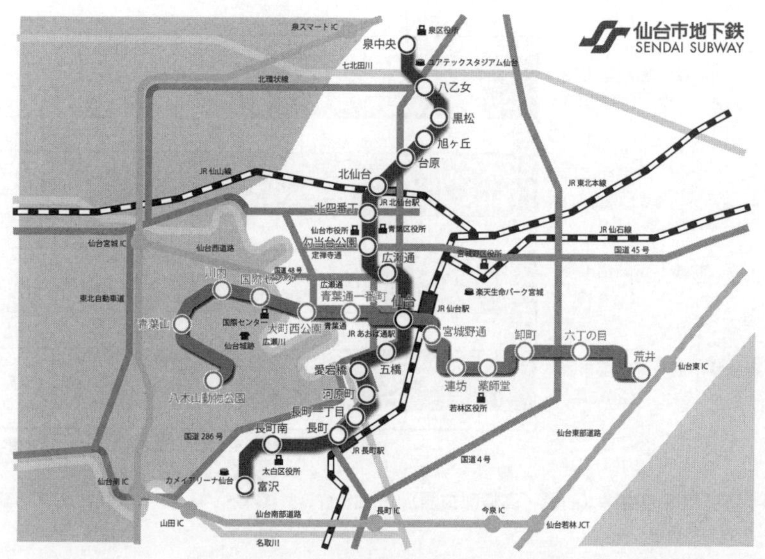

図3･18　仙台市地下鉄（出典：仙台市交通局）

に差異があると考えられる属性で分けています。鉄道トリップを生成しているのは、主に学生・生徒・児童、就業者、高齢者（有職）です。自動車トリップを生成しているのは、主に就業者、主婦・主夫、高齢者（有職）です。仙台都市圏は、鉄道、地下鉄、バスが整備されており、地方都市圏のなかでも公共交通利用が多い都市圏ですが、学生・生徒・児童と通勤者の一部を除くと、多くの属性で自動車を利用していることがわかります。

図3･16は代表交通手段別トリップ数の推移です。鉄道利用のトリップ数は1982年から1992年の10年間に18万トリップ／日、2002年から2017年の15年間で12万トリップ／日増加しています。2017年の地域間トリップ数をみると、仙台都心を中心に東西南北方向のトリップが多くみられます（図3･17）。仙台市では、地下鉄南北線が1987年に、東西線が2015年に開業しました（図3･18）。地下鉄の整備、バス路線の再編成を計画的に実施することにより、仙台市では公共交通による移動が確保されたと考えられます。

2 地方中核都市圏の交通特性

地方中枢都市圏以外の県庁所在都市等を中心とする地方中核都市圏として、全国的にみて自動車分担率が高い前橋・高崎都市圏（群馬県）をとりあげます。この都市圏は、人口が同程度の前橋市と高崎市の2市を中心としています。

代表交通手段分担率をみると、2015年の都市圏全体の割合は、鉄道2.5%、バス0.3%、自動車77.4%、二輪車（自転車、バイク）9.0%、徒歩10.8%です（図3･19）。自動車の分担率は年々高くなってきています。まさに、「群馬はクルマ社会」といってよいでしょう。

移動距離別に交通手段分担率をみると、100m未満の移動でも4人に1人は自動車を利用しています（図3･20）。ゴミ出しや回覧板を届けるのにも自動車を使っているのではないでしょうか。こうした状況を揶揄して「群馬の人は、冬でもコートが要らない」といわれています。家を出て

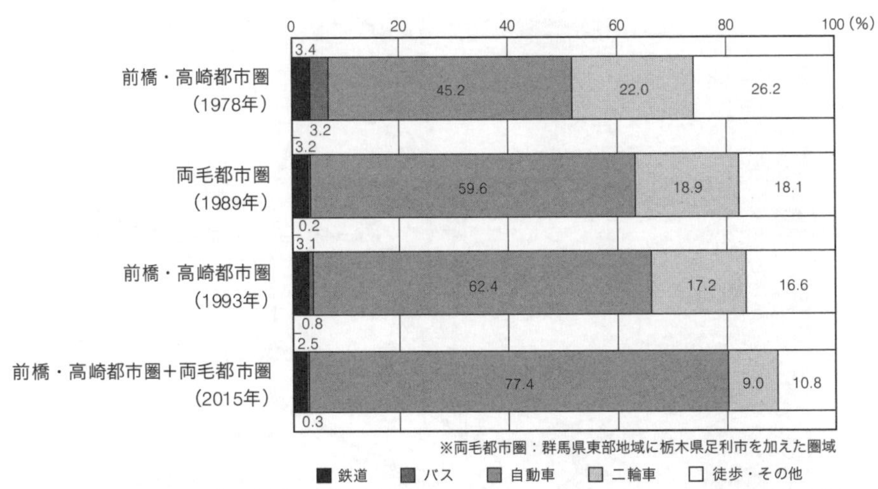

図 3・19　代表交通手段分担率の推移（前橋・高崎都市圏）（出典：群馬県『パーソントリップ調査（『人の動き』実態調査）調査結果（平成 27 年度実態調査速報版）』）

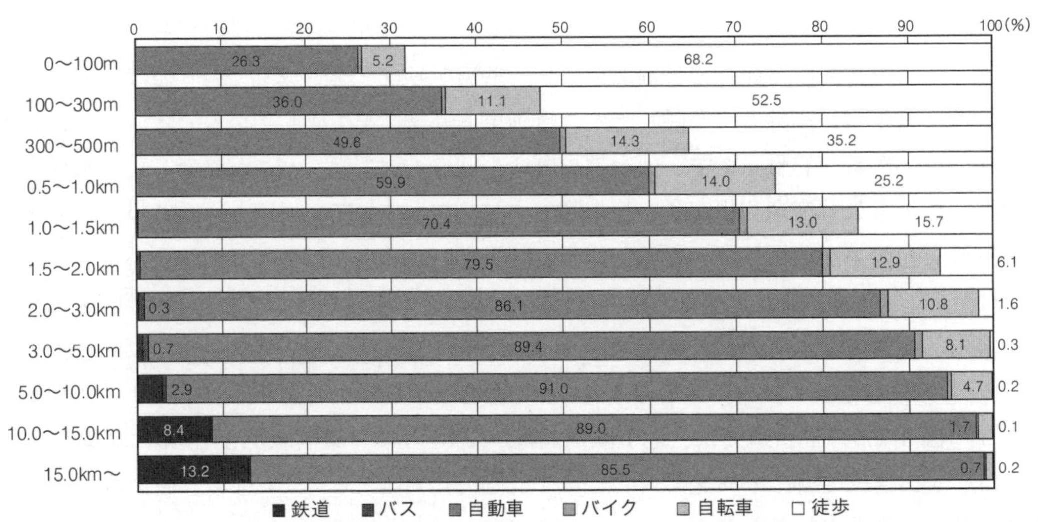

図 3・20　移動距離帯別の代表交通手段分担率（前橋・高崎都市圏、2015 年）（出典：群馬県『パーソントリップ調査（『人の動き』実態調査）調査結果（平成 27 年度実態調査速報版）』）

すぐ自動車に乗ってしまうので、自動車がコート代わりということでしょう。また、移動距離が 500m を超えると半分以上の人が自動車を利用し、5km までは公共交通利用がほとんどありません。公共交通は 5km 以上の移動に利用されています。

地域別の発生・集中交通量をみると、前橋市、高崎市が約 180 万トリップエンド／日、太田市、伊勢崎市が約 100 万トリップエンド／日、桐生市が約 50 万トリップエンド／日など、都市圏内の各地域に交通量が広がっています（図 3・21）。前橋・高崎都市圏には、中心的な都市が存在せず、中小規模の都市が連鎖している都市圏のため、公共交通よりも自動車が利用しやすい都市圏となっています（図 3・22）。

一方でこのまま自動車社会が続くと、エネルギー・環境問題、中心市街地の活性化、障害者な

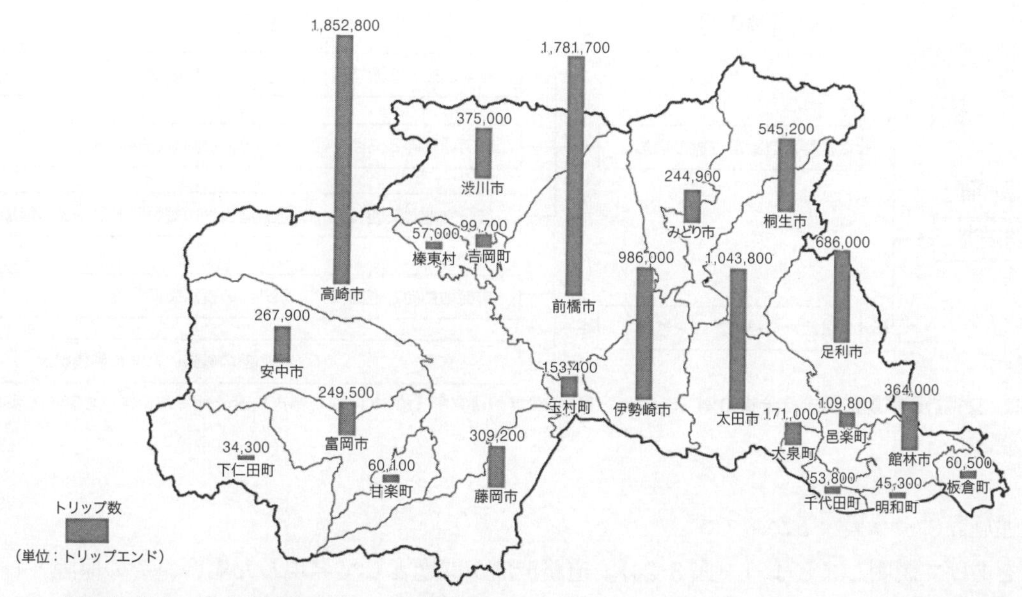

図3･21　地域別の発生・集中交通量（前橋・高崎都市圏、2015年）（出典：群馬県『パーソントリップ調査（『人の動き』実態調査）調査結果（平成27年度実態調査速報版）』）

ど移動不便者の移動性の確保、高齢者の重大な交通事故への不安は大きくなります。自動車は確かに便利な乗り物ですが、こうした課題に対しどう取り組んでいけばよいか、懸念されます。

5 交通計画の課題分析

都市の交通計画に関する課題を分析する時には、移動する「ひと」、移動の出発地と目的地である「まち」、移動のための施設や交通特性（「交通」）から分析する必要があります。また、これら3つの要素は、人口、経済などの「社会状況」の影響を受けます。本章では、紙面の都合上、パーソントリップ調査データによる基礎的な交通特性に絞ってみてきました。交通現象を分析するためには、図3･23に示すように、社会状況、ひと、まち、交通を関連させた分析が必要になります。交通特性は個人属性や世帯属性により異なり、市街地の動向や施設立地の影響を受け、整備されてい

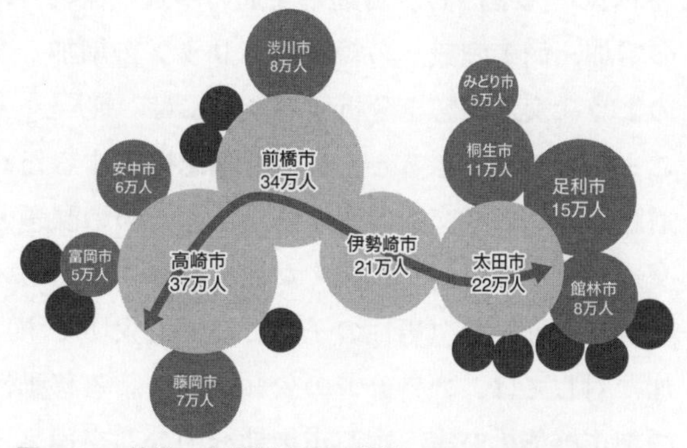

図3･22　前橋・高崎都市圏の構造（出典：群馬県『パーソントリップ調査（『人の動き』実態調査）調査結果（平成27年度実態調査速報版）』）

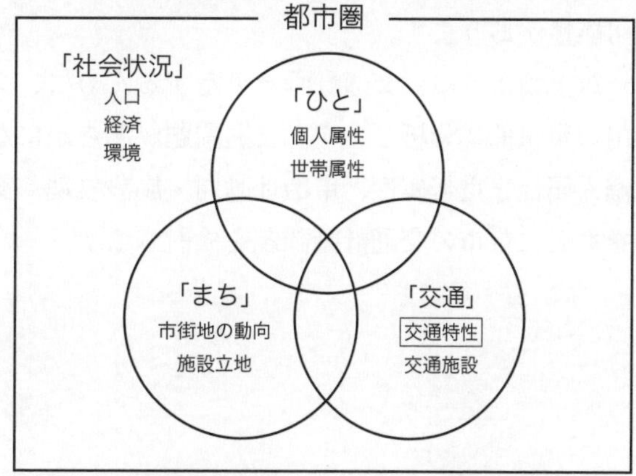

図3･23　交通計画課題に関する分析の枠組み（出典：(一財)計量計画研究所『第15回総合都市交通計画研修資料』を参考に著者が作成）

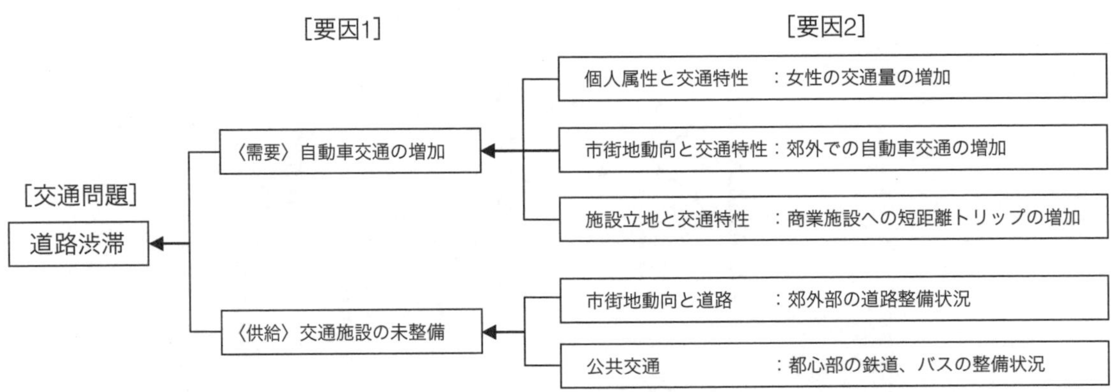

図3･24　交通計画課題に関する分析の例（出典：（一財）計量計画研究所『第15回総合都市交通計画研修資料』を参考に著者が作成）

る交通施設により異なるからです。

例をあげて説明しましょう（図3･24）。道路渋滞が問題として発現した場合、その原因として、自動車交通の増加と道路の未整備により需給バランスに不均衡が生じていることが考えられます（図中の［要因1］）。自動車交通の増加（需要）は、女性の交通量の増加、郊外部での自動車交通の増加、商業施設への短距離トリップの増加などが原因と考えられます（図中の［要因2］）。このように交通問題を分析するためには、「ひと」「まち」「交通」からの分析が必要になります。ここまで分析ができると、交通計画を検討するための課題が明らかになってきます。この事例では、道路渋滞という交通問題を解決するための課題として、要因2に着目すればよいのです。女性の交通量の増加に対し、働く女性が移動するための公共交通対策、女性の子育てのための移動を支援する交通対策（男性の子育て参加も大切です）などが考えられます。郊外での自動車交通の増加に対しては、郊外部での公共交通による移動性の向上、交通施設が整備されている中心市街地の都市機能の充実、中心市街地への公共交通ネットワークの形成などが考えられます。商業施設への短距離トリップの増加に対しては自転車の活用などの課題が考えられます。一方、交通施設の供給からみると、郊外部の道路の整備状況や都心部の公共交通の整備不足が原因になっている可能性があります。

以上のように、交通計画を策定するために、交通問題をパーソントリップ調査などのデータを用い定量的に分析します。交通問題が明らかになったら、問題を発生させる原因をさぐるために個人属性・世帯属性、市街地動向・施設立地、交通施設の整備状況との関係で分析し、その結果をもとに都市の交通計画課題を検討します。

■演習問題3■　本章で紹介したパーソントリップ調査について、調査の概要、分析結果、計画内容をWebページで調べましょう。

(1)　全国都市交通特性調査（全国都市パーソントリップ調査）

国土交通省の都市交通調査のWebページに掲載されています。この調査では計画は策定していません。

国土交通省 全国都市交通特性調査：

http://www.mlit.go.jp/toshi/tosiko/toshi_tosiko_tk_000033.html

(2)　三大都市圏のパーソントリップ調査（東京都市圏、京阪神都市圏、中京都市圏）

都市圏の協議会のWebページに掲載されています。たとえば、東京都市圏パーソントリップ調査は、東京都市圏交通計画協議会のWebページに掲載されています。

東京都市圏交通計画協議会：https://www.tokyo-pt.jp/

(3)　地方都市圏のパーソントリップ調査

県庁などのWebページに掲載されています。たとえば、仙台都市圏パーソントリップ調査は、宮城県のWebページに掲載されています。

参考文献

・(一財) 計量計画研究所『第15回総合都市交通計画研修資料』2018年10月

※1、2　「出勤」→「通勤」、「登校」→「通学」、「自由」→「私用」にそれぞれ変更した。

4章
将来交通需要予測－4段階推計法－

1 交通計画と交通需要予測

鉄道や道路などの計画が実現するまでには10～20年を要するため、交通計画では、公共交通や道路に関する将来計画を策定します。そのためには、3章で解説したパーソントリップ調査データを用いた現況の交通特性だけではなく、将来の交通量を知らなければなりません。本章では、交通計画を策定するための将来交通需要予測、「**4段階推計法**」について解説します。

交通に関する詳細なデータであるパーソントリップ調査データがあるのに、なぜ、将来交通需要を予測するのでしょうか。たとえば、将来に人口が5%増加するならパーソントリップ調査により把握されている交通量を5%増しすればよいのでは、という声を聞きます。しかし、将来には何が起きるのでしょうか。少子高齢化により人口の構成が変わります。都市計画により土地利用や都市構造が変わります。交通計画により交通サービスが変わります。したがって、このようなさまざまな変化を反映した将来交通需要予測が必要になるのです。

そもそも交通需要とは、交通主体である人の移動の欲求あるいは必要性の総量、すなわち交通量です。一方、供給とは交通需要に対して提供される交通サービス（鉄道や道路）の量や質のことを指します。需要が供給を上回ると鉄道の車内混雑や道路渋滞が発生します。

図4･1は将来交通需要予測の枠組みです。将来交通需要は、将来人口と都市計画案、交通計画案を入力データとします。将来人口予測と都市計画案は、対象とする都市の総合計画や都市計画マスタープランをもとに設定します。将来の交通計画案は、現況の交通問題・課題と将来の都市計画から設定します。交通行動モデルというのは、人の行動規則を数式化したものであり、パーソントリップ調査の現況データから推定します。

将来交通需要予測では、まず、将来人口予測と都市計画を前提とし、交通計画案を実施しない場合を予測します。これにより、少子高齢社会における交通需要や都市構造をコンパクトにした

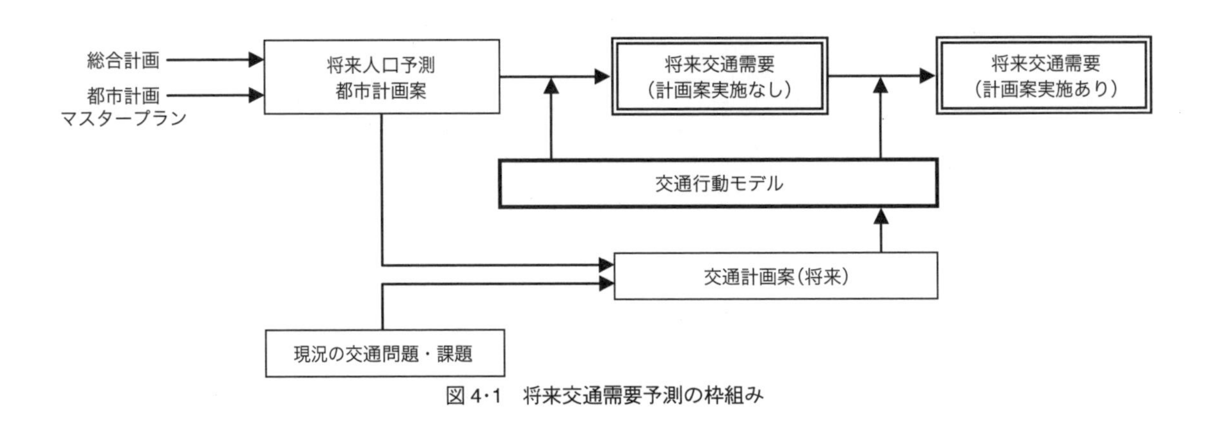

図4･1　将来交通需要予測の枠組み

場合の将来交通需要を予測できます。次に、交通計画案を実施して公共交通や道路などの交通サービスを変更した場合の将来交通需要を予測します。この時、交通計画案は複数案を設定します。交通計画案を実施した場合と実施しない場合とを比較することにより、それぞれの交通計画案を評価します。

2 4段階推計法の概要

1 交通需要予測の前に

将来交通需要予測の前に必要な知識について解説します。パーソントリップ調査では、生成原単位、発生・集中交通量などのさまざまな集計データが得られます。地域別の交通量を集計する場合には、地域のまとまり（ゾーン）別に集計します。このゾーンを使い、出発地（**Origin**）から到着地（**Destination**）への交通量（トリップ数）を、表4･1のようなOD表として集計しています。表4･1では、ゾーン1からゾーン2への**OD交通量**はt_{12}トリップ／日となります。また、ゾーン1からゾーン1へのゾーン内々の交通量はt_{11}で表せます。これらを図示した例が図4･2です。

実際の予測作業では、都市圏に数百から数千のゾーンを設定します。そのためトリップは、本来は地点から地点への移動ですが、データが大量になると扱いづらいために、ゾーンからゾーンへの移動として扱います。なお、パーソントリップ調査はサンプリング調査であり、一部の人を抽出しているため、サンプルデータに拡大係数（標本率の逆数）を乗じ集計しています。OD表はパーソントリップ調査で得られる重要な成果の1つです。

表4･1　OD表の例

O＼D	ゾーン1	ゾーン2	ゾーン3	合計
ゾーン1	t_{11}	t_{12}	t_{13}	T_1
ゾーン2	t_{21}	t_{22}	t_{23}	T_2
ゾーン3	t_{31}	t_{32}	t_{33}	T_3
合計	T'_1	T'_2	T'_3	T

単位:トリップ/日

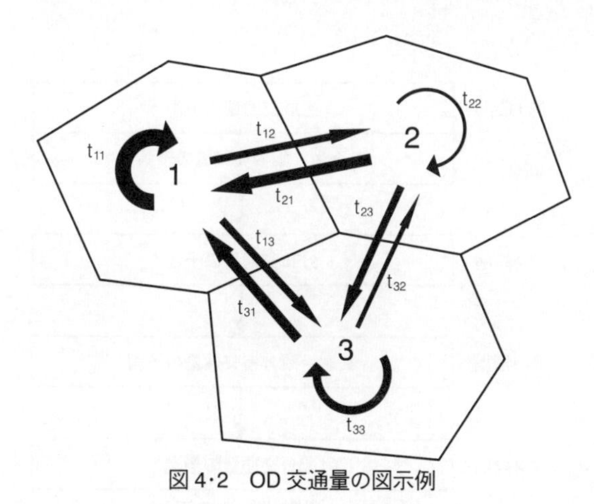

図4･2　OD交通量の図示例

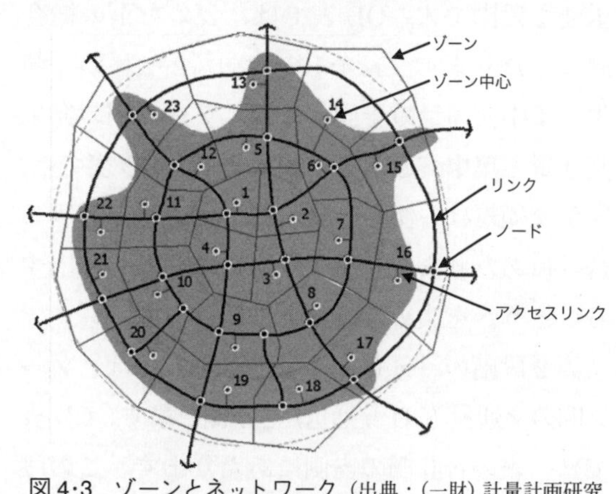

図4･3　ゾーンとネットワーク（出典：(一財) 計量計画研究所『第15回総合都市交通計画研修資料』）

次に説明する4段階推計法を用いる場合には、ゾーン間の交通サービス水準のデータを用意します。ゾーン図上に公共交通や道路を表現する交通ネットワークを張ります（図4･3）。交通ネットワークは、リンクとノードからなります。ゾーンにはゾーン中心（人口重心など）を設定し、ゾーン中心とネットワークをアクセスリンクで結びます。そして、コンピューターでゾーン間の交通サービスデータ（所要時間、費用等）を計算します。

2 4段階推計法の流れ

人の交通行動は、移動目的、交通手段、出発地・到着地、移動経路などが異なり、非常に複雑です。そこで、将来交通需要を予測するために、4つの段階に分けて詳細に推計する方法が開発されました。1950年代にアメリカで開発された「4段階推計法」と呼ばれる方法です（「4段階推定法」と呼ぶ場合もあります）。日本では、1967年に広島都市圏、1968年に東京都市圏のパーソントリップ調査で本格的に採用されました。現在は全国に普及し、さまざまな改良が加えられています。

図4･4は4段階推計法の流れです。4段階推計法は、人は4つの段階を踏んで交通行動を決めると仮定しています。第1段階は**生成交通量**と**発生・集中交通量**の予測、第2段階は**分布交通量**の予測、第3段階は**交通手段分担交通量**の予測、第4段階は**配分交通量**の予測です。各段階の内容は次項で解説します。第1段階には、生成交通量の予測と発生・集中交通量の予測の2つの内容が入っていますが、通常この2つの予測作業を1つの段階と考え、4段階推計法と呼んでいます。

わが国でパーソントリップ調査が始まった後、この4つの段階の順番を変更することが試みられましたが、近年は全国の都市圏でこの順番で適用されています。

3 各段階での予測内容

図4･5は4段階推計法の各段階における予測内容です。第1段階の「生成交通量の予測」では都市圏の総交通量を予測します。この段階で都市圏の将来の総トリップ数が定まるため、とても重要な段階です。OD表では、表の右下の総合計にあたります（表4･1の「T」）。2つ目の「発生・集中交通量の予測」では、ゾーン別の発生交通量と集中交通量を予測します。OD表では、発生交通量は右側の合計、集中交通量は下側の合計にあたります。第1段階では、人が外出するかどうかを決める行動を予測します。

第2段階の「分布交通量の予測」では、ゾーン間の交通量（OD交通量）を予測します。OD表では、表の合計欄の内側にあたります。この段階では、人の行き先を決める行動を予測します。

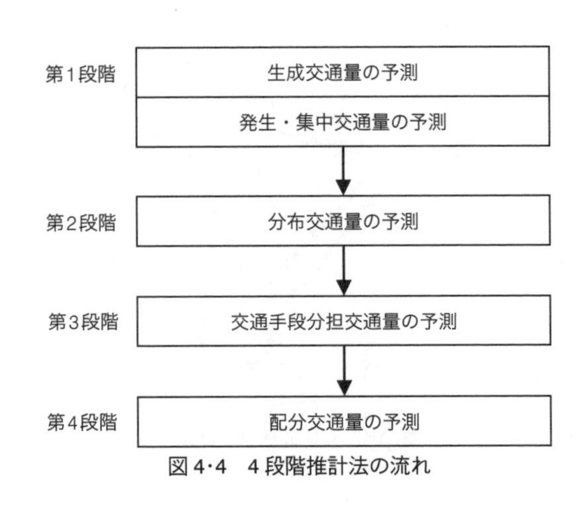

図4･4　4段階推計法の流れ

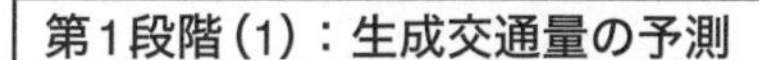

●都市圏の交通量の総量を推計する

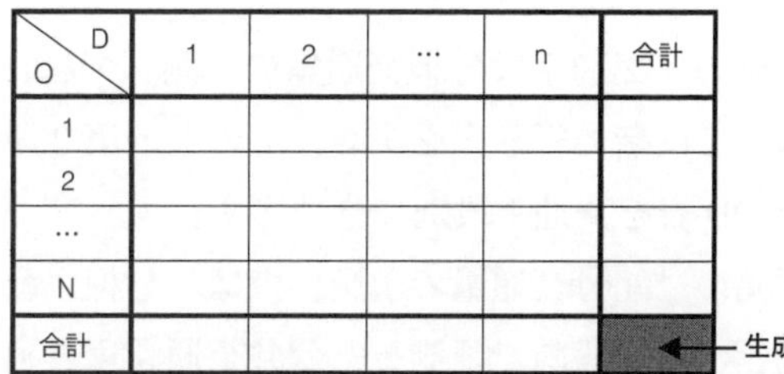

O D
1
2
…
n
合計
1
2
…
N
合計
生成交通量

第1段階(2)：発生・集中交通量の予測

●ゾーン別に出発する交通量、到着する交通量を推計する

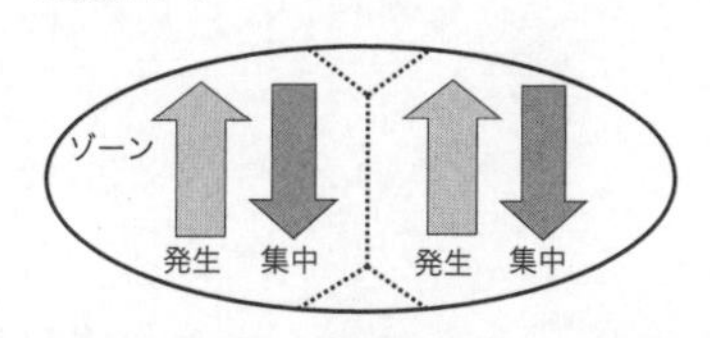

O＼D	1	2	…	n	合計
1					発生交通量
2					
…					
n					
合計	集中交通量				

第2段階：分布交通量の予測

●ゾーン間交通量（OD交通量）を推計する

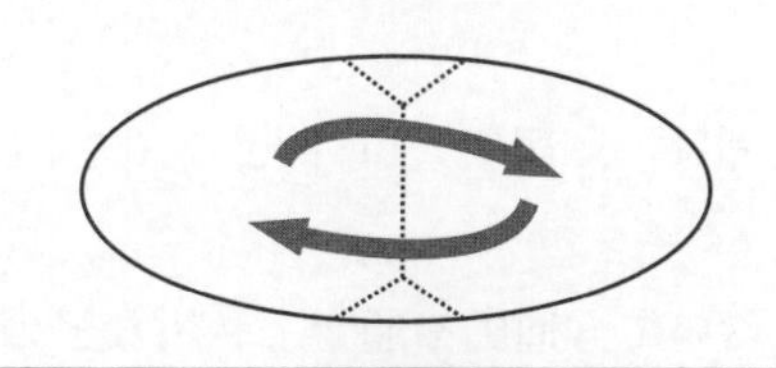

O＼D	1	2	…	n	合計
1	分布交通量				
2					
…					
n					
合計					

第3段階：交通手段分担交通量の予測

●OD交通量を交通手段に分担させる

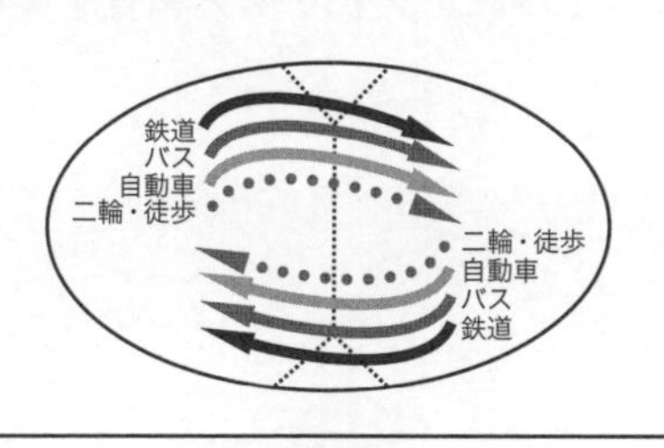

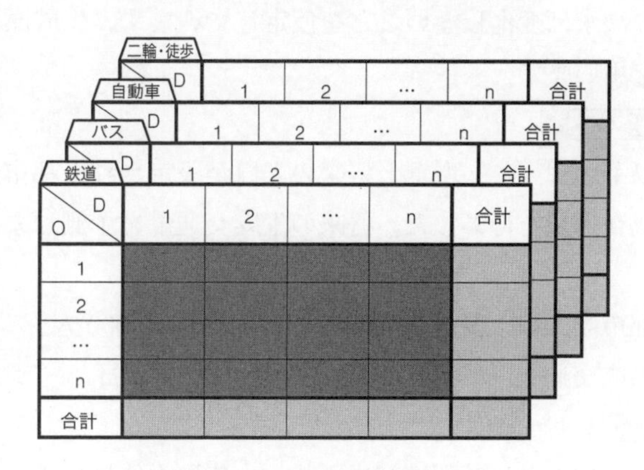

第4段階：配分交通量の予測

●交通手段別に経路に交通量を割り当てる

・公共交通（鉄道、バス）の利用経路

・自動車の走行経路

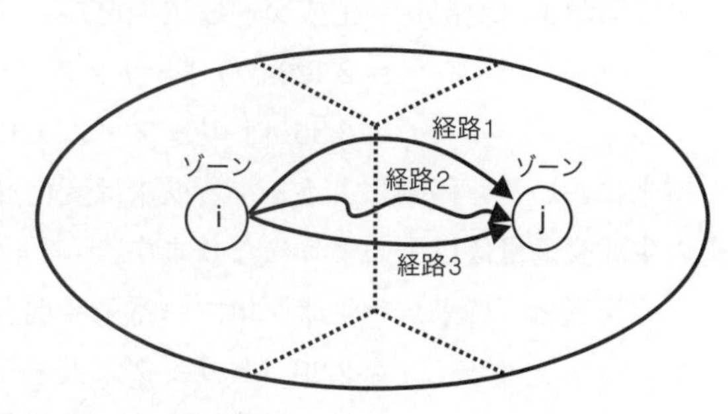

図4･5　4段階推計法の各段階での予測内容

4章　将来交通需要予測－4段階推計法－

第3段階の「交通手段分担交通量の予測」では、OD交通量の各交通手段への分担を予測します。人は第2段階で行き先を決め、その次の第3段階で交通手段を決めると仮定し、第2段階で予測したOD表を交通手段別に分けます。

第4段階の「配分交通量の予測」では、分担された交通手段ごとにトリップを経路に割り当てます。通常、第3段階で予測した公共交通利用と自動車利用について配分予測を行います。公共交通利用については鉄道、バスの利用経路別に予測します。自動車利用については高速道路や一般道路に交通量を配分します。

3 4段階推計法の各段階での予測方法

1 生成交通量の予測（第1段階（1））

生成交通量の予測は、わが国でパーソントリップ調査が実施されるようになってから成長率法、原単位法、関数モデル法などの方法が試行されましたが、近年では多くの都市圏で原単位法が用いられています。原単位法では、居住者1人1日当たりのトリップ数を原単位（＝生成原単位）とし、将来の生成交通量は、式4.1のモデル式で予測します。

生成交通量［トリップ／日］＝生成原単位［トリップ／人・日］×居住人口［人］　（式4.1）

とても簡単な式ですが、この式を用いる場合には、将来においても通勤や通学、私用などの移動の欲求は変化しないことを仮定しています。生成原単位は、パーソントリップ調査の現況データを用います。

例題4･1

以下のように、現況と将来の人口が設定された都市圏においてパーソントリップ調査を実施し生成交通量を得ました。将来の生成交通量を予測しましょう。

都市圏人口：現況900,000人、将来1,000,000人
生成交通量（現況）：2,120,000トリップ／日

解答例

パーソントリップ調査結果から、生成原単位は以下のようになります。

生成原単位（現況）＝生成交通量（現況）／都市圏人口（現況）
＝2,120,000［トリップ／日］／900,000［人］
＝2.36［トリップ／人・日］

将来においても移動しようとする欲求は変化せず、生成原単位は変わらないと仮定すると、将来の生成交通量は以下のようになります。

生成交通量（将来）＝生成原単位（将来＝現況）×都市圏人口（将来）
＝2.36［トリップ／人・日］×1,000,000［人］
＝2,360,000［トリップ／日］

例題では、都市圏人口は将来に増加するとしましたが、近年の交通計画の策定では、少子高齢化に伴い将来人口は減少するとしている都市圏が増えています。

例題の計算はとても簡単ですが、実際の将来予測では、移動目的別、個人属性別に計算しています。目的区分は通常、通勤、通学、私用、業務、帰宅としています。個人属性は、交通主体である人の特性値であり、性別、年齢階層、就業・非就業、自動車運転免許の有無などです。3章でみたように、目的区分、個人属性により生成原単位には差異があるために、区分して予測しています。交通計画を策定しようとしている都市圏の将来の社会状況を適切に反映できる個人属性別に予測することが重要です。また、個人属性別に将来人口を設定する必要があります。

2 発生・集中交通量の予測（第1段階（2））

発生・集中交通量の予測についても、パーソントリップ調査が実施されるようになってからいくつかの方法が試行されましたが、近年では多くの都市圏で回帰モデル法が用いられています。

ゾーン別の人口と交通量をXY平面上にプロットすると、図4･6のように人口が多いゾーンほど交通量が多い傾向がみられます。この傾向をよく表すように、現況値と推計値の差の平方和を最小にするような回帰直線を推定します。この方法は、土木計画・計画数理等の科目で学ぶ最小二乗法といいます。人口指標を説明変数とし交通量を推計します。この図の例では説明変数が1つですが、実際には複数の人口指標を説明変数とし、パーソントリップ調査の現況データを用いて式4.2、式4.3のような発生交通量、集中交通量の回帰モデル式を推定します。

ゾーン別発生交通量［トリップエンド／日］

$= a_0 + a_1 \times$ゾーン別人口指標1 $+ a_2 \times$ゾーン別人口指標2 $+ \cdots$

a_0、a_1、$a_2 \cdots$：係数　（式4.2）

ゾーン別集中交通量［トリップエンド／日］

$= b_0 + b_1 \times$ゾーン別人口指標1 $+ b_2 \times$ゾーン別人口指標2 $+ \cdots$

b_0、b_1、$b_2 \cdots$：係数　（式4.3）

実際に交通需要予測を行う場合には、移動目的別に推計します。人口指標は、居住人口、就業人口（居住地における就業人口）、従業人口（従業地による就業人口）、就学人口などを用います。ある都市圏の回帰モデルの推定例を示します。都市圏や計画課題により説明変数となる人口の種類は異なります。

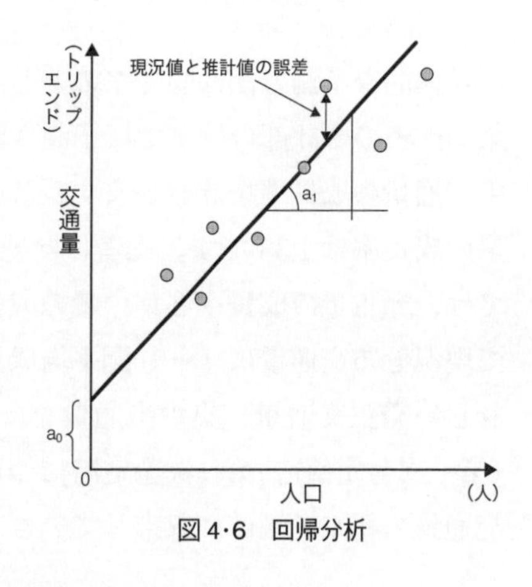

図4･6　回帰分析

通勤目的の発生交通量［トリップエンド／日］

$= -51 + 0.90 \times 2$次産業就業人口

$+ 0.78 \times 3$次産業就業人口

私用目的の発生交通量［トリップエンド／日］
　＝ 100 ＋ 0.58× 非就業人口＋ 0.46 × 3 次産業従業人口

これらのモデル式は人の現況の行動規則を数式化したものです。将来も行動規則が変わらないと仮定することで、将来のゾーン別人口指標を用いて将来の発生・集中交通量を予測することができます。

なお、生成交通量の予測結果と発生・集中交通量の予測結果が一致する保証はありませんので、生成交通量の予測結果に合わせ、発生・集中交通量を調整します。

3 分布交通量の予測（第 2 段階）

分布交通量（OD 交通量）の予測については、**現況パターン法**、グラビティモデル法などの方法が試行されましたが、近年では多くの都市圏で現況パターン法が用いられています。現況パターン法とは、パーソントリップ調査で把握した分布交通量のパターンが将来にわたり継続すると仮定した方法です。将来の分布交通量は次式で予測します。

将来分布交通量［トリップ／日］
　＝現況分布交通量［トリップ／日］×ゾーン間成長率　（式 4.4）

現況分布交通量はパーソントリップ調査でわかっていますから、成長率を設定すればよいわけです。成長率とは、人口や交通量が増加している時代から使っている用語ですので、人口減少の傾向の近年では変化率と考えてかまいません。成長率の設定方法は、平均成長率法、フレーター法、デトロイト法などがあります。ここでは、もっとも簡単な平均成長率法を解説します。平均成長率は、以下のように設定します。

ゾーン間平均成長率（i, j ゾーン間）
　＝（i ゾーンの発生交通量の成長率＋ j ゾーンの集中交通量の成長率）／ 2　（式 4.5）

具体的な予測方法は図 4･7 のとおりです。この段階では、発生・集中交通量の予測結果から将来 OD 表の合計部分はすでに予測されています。手順①で、ゾーン別の発生交通量の成長率、集中交通量の成長率を計算します。この例では、ゾーン 1 の発生交通量の成長率は 1.47、集中交通量の成長率は 1.33 です。両者には差があるため、平均的な成長率を暫定的に設定します。手順②では、発生量の成長率と集中量の成長率の平均を算出しゾーン間の平均成長率とします。手順③で現況分布交通量にゾーン間平均成長率を乗じ将来の分布交通量を計算します。分布交通量を合計し、発生交通量、集中交通量を計算すると、発生・集中交通量の将来予測値と差があります(第一次暫定値)。第一次暫定時について、再度このような計算を繰り返すと、徐々に発生・集中交通量の将来予測値に収束していきます。

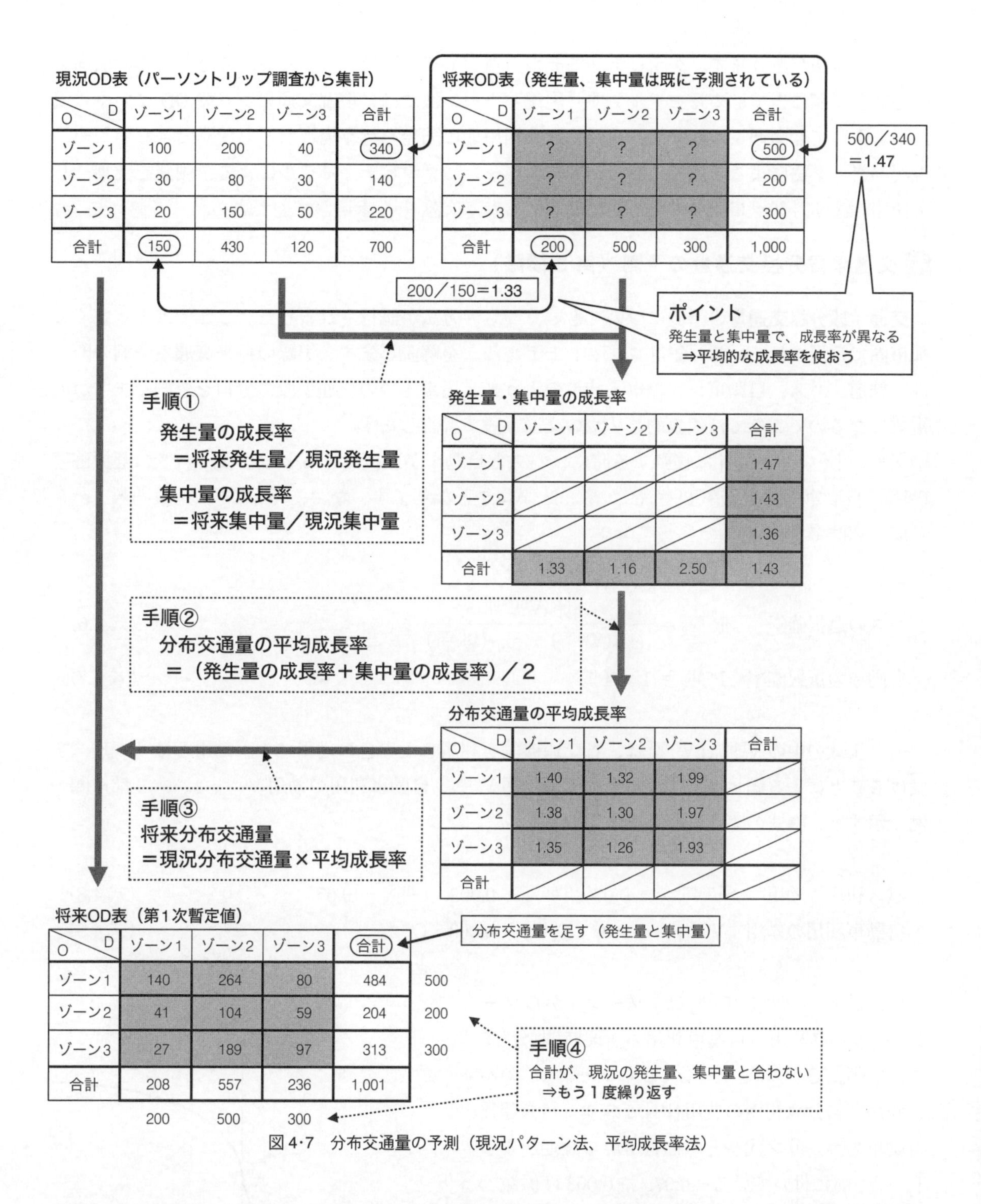

現況OD表（パーソントリップ調査から集計）
O D ゾーン1 ゾーン2 ゾーン3 合計
ゾーン1 100 200 40 340
ゾーン2 30 80 30 140
ゾーン3 20 150 50 220
合計 150 430 120 700
将来OD表（発生量、集中量は既に予測されている）
O D ゾーン1 ゾーン2 ゾーン3 合計
ゾーン1 ? ? ? 500
ゾーン2 ? ? ? 200
ゾーン3 ? ? ? 300
合計 200 500 300 1,000
500／340
＝1.47
200／150＝1.33
ポイント
発生量と集中量で、成長率が異なる
⇒平均的な成長率を使おう
手順①
発生量の成長率
＝将来発生量／現況発生量
集中量の成長率
＝将来集中量／現況集中量
発生量・集中量の成長率
O D ゾーン1 ゾーン2 ゾーン3 合計
ゾーン1 1.47
ゾーン2 1.43
ゾーン3 1.36
合計 1.33 1.16 2.50 1.43
手順②
分布交通量の平均成長率
＝（発生量の成長率＋集中量の成長率）／2
分布交通量の平均成長率
O D ゾーン1 ゾーン2 ゾーン3 合計
ゾーン1 1.40 1.32 1.99
ゾーン2 1.38 1.30 1.97
ゾーン3 1.35 1.26 1.93
合計
手順③
将来分布交通量
＝現況分布交通量×平均成長率
将来OD表（第1次暫定値）
O D ゾーン1 ゾーン2 ゾーン3 合計
ゾーン1 140 264 80 484 500
ゾーン2 41 104 59 204 200
ゾーン3 27 189 97 313 300
合計 208 557 236 1,001
200 500 300
分布交通量を足す（発生量と集中量）
手順④
合計が、現況の発生量、集中量と合わない
⇒もう１度繰り返す

図4·7　分布交通量の予測（現況パターン法、平均成長率法）

成長率の設定について、ここでは具体的に解説しやすい平均成長率法をとりあげました。その他のフレーター法、デトロイト法は計算が複雑ですが、コンピューターを使用すれば計算できます。詳しくは参考文献[1]を参照してください。

分布交通量の予測について、適用例の多い現況パターン法を解説しましたが、その他にグラビティモデル法があります。グラビティモデル（重力モデル）は、ニュートンの万有引力の法則を交通需要予測に当てはめたモデルです。現況パターン法では、現況交通量が0のODにいくら成長率を乗じても交通量は0です。それでは未利用地に開発を行う場合などを予測できないため、現況パターン法による予測値に加え、開発地ゾーンにグラビティモデルによる予測値を上乗せして使用します。グラビティモデル法に関しても参考文献[1]を参照してください。

4 交通手段分担交通量の予測（第3段階）

交通手段分担交通量の予測についてもいくつもの方法が試行されました。ここでは近年多くの都市圏で採用されている「集計ロジットモデル法」を解説します。実際の将来交通量予測の際には、鉄道、バス、自動車、二輪車・徒歩のように、通常4つの交通手段の分担を予測しますが、複雑になるのでここでは代表的な2つの交通手段で解説します。

ゾーンiからゾーンjに移動する時に、バスと自動車が選択できるとします。バスの選択確率P^{BUS}_{ij}、自動車の選択確率P^{CAR}_{ij}は、式4.6、式4.7となります。なお、「expV」は指数関数「e^V」と同じ意味です。

バスの選択確率　：$P^{BUS}_{ij} = \dfrac{\exp(V^{BUS}_{ij})}{\exp(V^{BUS}_{ij}) + \exp(V^{CAR}_{ij})}$　（式4.6）

自動車の選択確率：$P^{CAR}_{ij} = 1 - P^{BUS}_{ij}$　（式4.7）

モデル式の中のV^{BUS}_{ij}、V^{CAR}_{ij}は、各交通機関を利用した場合の効用です。効用とはサービスを受けることによる満足度です。バス利用の効用V^{BUS}_{ij}、自動車利用の効用V^{CAR}_{ij}は、ある都市圏の例で示すと、次式のようになります。

バス利用の効用　：$V^{BUS}_{ij} = -0.07 \cdot T^{BUS}_{ij} - 0.003 \cdot C^{BUS}_{ij} - 0.65$　（式4.8）

自動車利用の効用：$V^{CAR}_{ij} = -0.07 \cdot T^{CAR}_{ij} - 0.003 \cdot C^{CAR}_{ij}$　（式4.9）

この式で、T^{BUS}_{ij}、T^{CAR}_{ij}は、ゾーンiからゾーンjへのバス利用、自動車利用の所要時間[分]です。C^{BUS}_{ij}、C^{CAR}_{ij}は、ゾーンiからゾーンjへのバス利用、自動車利用の費用[円]であり、バス運賃、自動車のガソリン代やその他費用から設定します。T、Cの前に付いている−0.07、−0.003は係数、−0.65は定数項であり、パーソントリップ調査データで得られた選択確率とゾーン間交通サービス変数（T、C）を用い、回帰分析で推定します。これら係数が負であるのは、所要時間、費用がかか

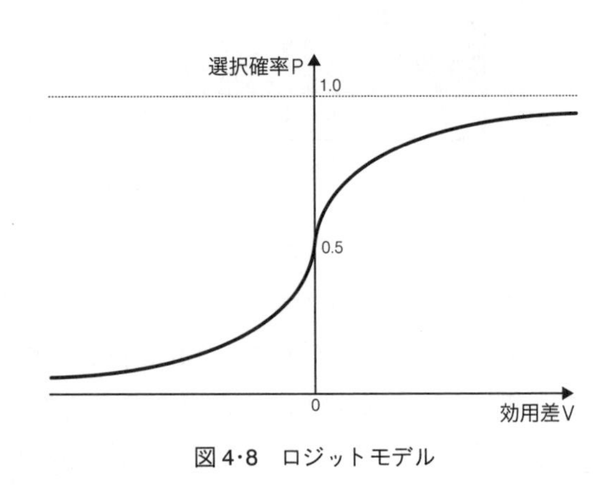

図4·8　ロジットモデル

ると効用が低下することを意味しています。また、バス利用の効用に－0.65の定数項がついているのは、バスは自動車利用に比べて負の効用がついてまわっていることを意味し、バス停に行かなければ乗れない、待たなければならない、車内が混雑するなどの状況を表しています。

バスの選択確率の式（式4.6)、自動車の選択確率の式（式4.7）は、人は効用の高い交通手段を選択することを表現しています。図4･8に、効用差Vと選択確率Pの関係を示しました。効用が等しく効用差が0の時には、選択確率は0.5となります。

例題4･2

表4･2のように、ゾーンiからゾーンjへの交通サービス水準が設定されているとします。バス利用の所要時間は大きいですが費用が小さく、自動車利用の所要時間は小さいですが費用は大きいです。

表4･2　ゾーンiからゾーンjへの交通サービス水準

	所要時間	費用
バス	T^{BUS}_{ij}＝40分	C^{BUS}_{ij}＝200円
自動車	T^{CAR}_{ij}＝20分	C^{CAR}_{ij}＝400円

※自動車利用の費用には購入、保有、使用にかかる費用を含みます。

(1) バス利用と自動車利用の効用を求めましょう。

(2) バスの選択確率、自動車の選択確率を求めましょう。

解答例

(1) 効用の式に、交通サービス水準を入力します。バス利用のほうが、効用が小さくなりました。

バス利用の効用　：$V^{BUS}_{ij} = -0.07 \times 40 - 0.003 \times 200 - 0.65$

$= -4.05$

自動車利用の効用：$V^{CAR}_{ij} = -0.07 \times 20 - 0.003 \times 400$

$= -2.60$

(2) 選択確率の式に、効用を代入します。バスの選択確率19%、自動車の選択確率81%となり、バスの効用が小さい分、バスの選択確率が小さくなりました。

バスの選択確率　：$P^{BUS}_{ij} = \dfrac{\exp(-4.05)}{\exp(-4.05) + \exp(-2.60)}$

$= 0.19$

自動車の選択確率：$P^{CAR}_{ij} = 1 - 0.19$

$= 0.81$

以上のような作業により、ゾーンiからゾーンjへの交通手段別の選択確率を予測できました。これを分布交通量の予測で作成したOD表に乗じることにより交通手段別OD表ができます。

交通手段選択モデルに関する専門書では、非集計ロジットモデルについて解説しているものがあります。非集計ロジットモデルは、理論的背景が明確で、モデル作成のためのサンプル数が少なくて済むことが利点ですが、パーソントリップ調査データのサンプル数は多いため、集計ロジットモデルの適用例が多いです。非集計ロジットモデルについては、参考文献2) を参照してください。

5 配分交通量の予測

配分交通量の予測では、交通手段別 OD 表を用い、ゾーン i からゾーン j へのトリップを、交通ネットワークに割り当てます（配分します）。配分する交通手段は、通常、公共交通（鉄道、バス）、自動車です。ここでは、自動車利用の OD 表を道路ネットワークに配分する方法を解説します。

道路ネットワーク上には、ゾーン i からゾーン j への経路は無数に存在しますが、ドライバーはより所要時間の小さい経路を選ぼうとします。皆さんも、道路の混雑状況に応じて経路を変更することがあると思います。カーナビゲーションも、混雑状況によって案内する経路が変わります。このように、道路のある区間の所要時間は交通量が増えると増加し、さらに交通量が増えると混雑が生じ、より所要時間が大きくなりますが、ドライバーが経験や情報により所要時間の小さい経路を選ぶことにより、どの経路を選んでも所要時間は等しくなっていくのです。交通量配分では、このような状態を想定し、「等時間原則」により交通量を予測します。等時間原則は J. G. Wardrop が、1952 年に「Wardrop の第 1 原則」として提唱した法則です。その原則は、「それぞれのドライバーは自分にとってもっとも所要時間の短い経路を選択する。その結果として、起終点間に存在する経路のうち、利用される経路の所要時間はみな等しく、利用されない経路の所要時間よりも小さいか、せいぜい等しいという状態になる」※1 というものです。

配分交通量を予測する前に、自動車利用 OD 表（単位：人トリップ）を自動車平均乗車人員のデータを用い、台ベースの自動車 OD 表（単位：台トリップ）に換算しておきます。

等時間原則のもと交通量を配分する方法は、現在、次の2つの方法が採用されています(表 4･3)。

(1) 分割配分法

分割配分法は、コンピューターが現在のように高性能ではない時代から採用されてきた方法です。計算のためにはまず、道路交通センサスの一般交通量調査などのデータにより、道路のある区間の交通量 Q と速度 V の関係式（QV 式、図 4･9）を設定します。QV 式は、交通量が増加すると速度が低下する特性を表しています。次に、自動車 OD 表を 3 ～ 10 に分割します。この場合の分割とは、OD 表を薄くはぐように、OD 交通量を、1/3 ～ 1/10（分割比率）に分けるという意味です。

図 4･10 は 3 分割の時の配分方法です。まず、リンク交通量が 0 台の時のリンク速度を QV 式から設定し、ゾーン i からゾーン j の最短経路をコンピューターで探索したうえで、1 分割目の交通量を配分します。次に、1 回目に配分したリンク交通量の時のリンク速度を QV 式より設定したうえで最短経路を探索し、2 分割目の交通量を配分します。これを最後の分割まで繰り返し、区間別に交通量を合計し、配分交通量の予測結果とします。

この方法は、配分後の経路別所要時間は経路により異なるため厳密には等時間原則を満たしていません。分割回数や交通量の分割比率により予測結果も異なりますが、計算方法が簡単でわかりやすいため、長い間使われてきました。

表 4・3　交通量配分法

	分割配分法	利用者均衡配分法
予測方法	・何枚かの分割した OD 表を、順次、最短経路に配分し、近似的な均衡解を求める	・OD 表を分割しないで、数学的解法により、厳密な均衡解を求める
予測結果の例	i → j：180 台 26 分／430 台 19 分／390 台 24 分	i → j：150 台 22 分／490 台 22 分／360 台 22 分
特徴	・計算方法が簡単で分かりやすい ・分割回数、分割比率により結果が異なる ・等時間原則を厳密には満たしていない	・計算方法を論理的に説明できる ・条件が同一であれば結果は異ならない ・所要時間等を正確に予測できる

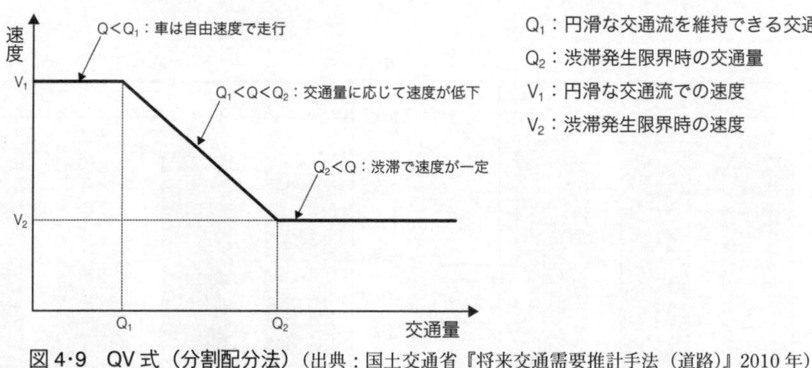

図 4・9　QV 式（分割配分法）（出典：国土交通省『将来交通需要推計手法（道路）』2010 年）

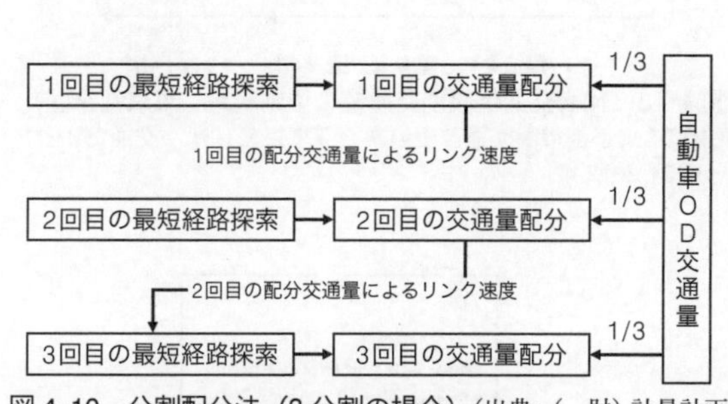

図 4・10　分割配分法（3 分割の場合）（出典：(一財) 計量計画研究所『第 15 回総合都市交通計画研修資料』2018 年）

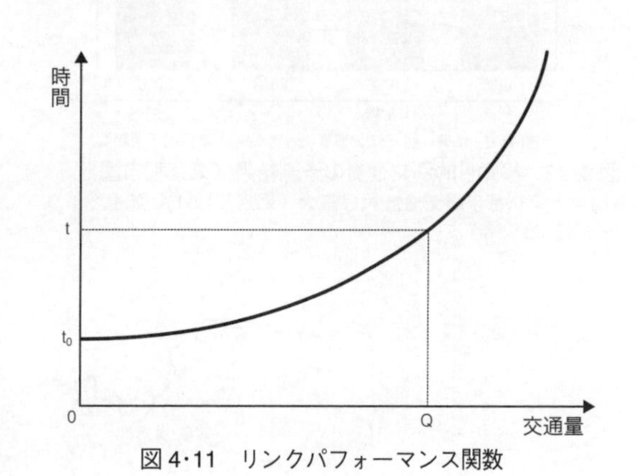

図 4・11　リンクパフォーマンス関数

(2)　利用者均衡配分法

従来用いられてきた分割配分法に対し、等時間原則が満たされた交通量配分方法が求められるようになってきました。また、将来交通需要予測に関わる人以外へ論理的に説明できる予測手法の必要性や、道路整備による効果を分析するために道路整備前後の交通量と所要時間の両方を精度高く予測する必要性も高まってきました。

利用者均衡配分法は、Wardrop の等時間原則に厳密にしたがい、等時間原則が満たされた「利用者均衡状態」を保つ計算方法です。この方法は、計算方法を論理的に説明でき、交通量や所要時間を正確に予測できるため、道路整備前後の効果の分析に適しています。

利用者均衡配分法では、分割配分法が QV 式を設定するのに対し、道路のリンクパフォーマンス関数を設定します(図4･11)。この関数は、ある区間の交通量が増加すると所要時間が増加する特性を表しています。計算方法は、各経路に配分する交通量と所要時間の調整を何度も繰り返します。利用者均衡配分の解は唯一であることが証明されているため、同一の計算条件であれば、誰が計算しても予測結果は同じになります。実際の計算には、いくつかのソフトウェアが用意されています。

4 4段階推計法による予測事例

4段階推計法による将来交通需要予測の事例を紹介します。4段階推計法の各段階からは、生

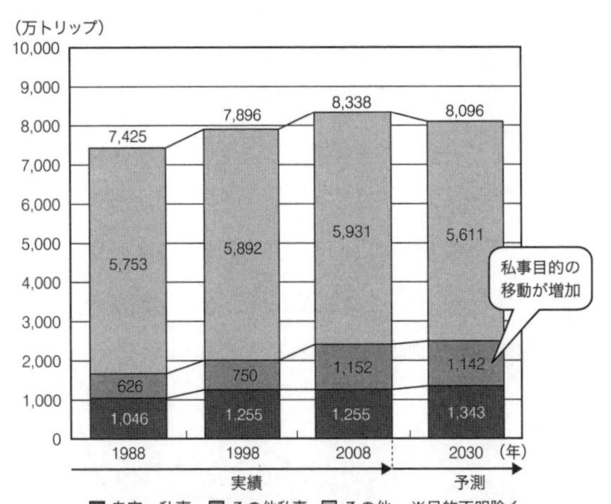

図4･12 移動目的別交通量の予測結果(東京都市圏)
(出典:東京都市圏交通計画協議会『東京としけん交通だより vol.25』2012年)

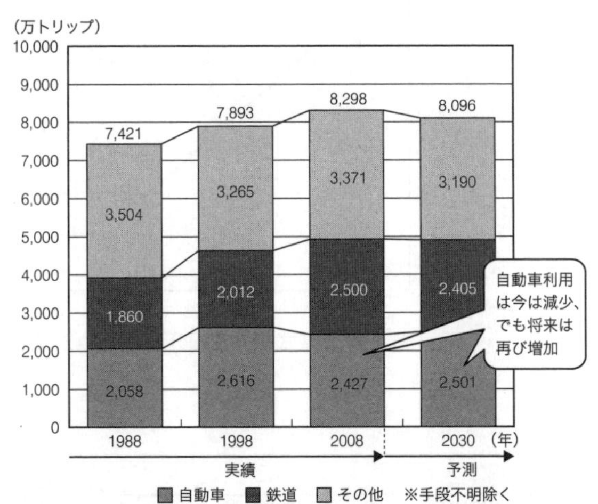

図4･13 代表交通手段別交通量の予測結果(東京都市圏)
(出典:東京都市圏交通計画協議会『東京としけん交通だより vol.25』2012年)

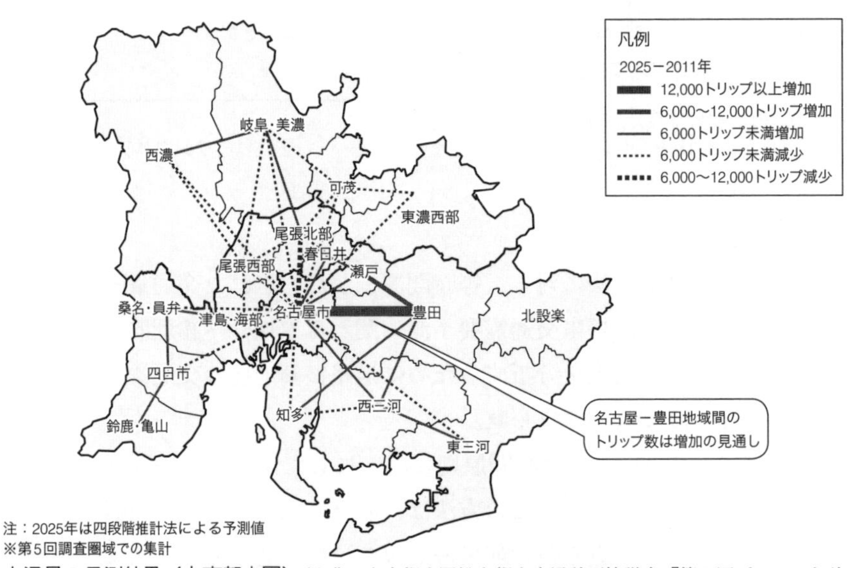

図4･14 分布交通量の予測結果(中京都市圏)(出典:中京都市圏総合都市交通計画協議会『第5回パーソントリップ調査(平成23年調査)『国際競争力と住みやすさを備えたモビリティ首都:中京都市圏』を目指して』2014年)

成交通量、発生・集中交通量、分布交通量、交通手段分担交通量、配分交通量の予測値が得られます。ここでは、パーソントリップ調査データを用いた予測結果の事例を紹介します。

第5回東京都市圏パーソントリップ調査による予測結果をみてみましょう。移動目的別の交通量は、生成交通量の予測段階で得られます（図4･12）。2008年から2030年までに総トリップ数は減少しますが、私用目的（自宅－私事＋その他私事）のトリップが増加しています。代表交通手段別の交通量（図4･13）は、交通手段分担交通量の予測段階で得られます。1988年から2008年にかけて増加してきた鉄道トリップが減少し、1998年から2008年に減少した自動車トリップが増加する予測となっています。これは高齢化の影響であり、私用目的での高齢者の自動車による日中の移動が増加すると考えられます。

図4･14は、第5回中京都市圏パーソントリップ調査による予測結果です。2011年から2025年の分布交通量の変化を示しており、名古屋と豊田地域間、豊田地域と瀬戸地域間の交通量が増加する結果になっています。交通ネットワークを強化する地域を検討する際に活用できます。

図4･15は、東京都市圏パーソントリップ調査データを用いた配分交通量の予測結果です。安孫子市の都市計画道路網を対象に、利用者均衡配分法で予測しています。このように区間別に交通量が予測でき、道路ネットワークの検討に使用されています。

5 4段階推計法の課題

4段階推計法は、パーソントリップ調査が始まってから長らく使われてきました。その間、各段階の予測方法についてはいくつもの改良が加えられてきましたが、4段階で推計するという枠組みはほとんど変わっていません。ここでは、4段階推計法の課題について整理します。

(1) サービス水準の変化による交通量の総量の変化を推計できない

公共交通や道路の整備により交通サービス水準が向上すると、交通手段分担交通量や配分交通

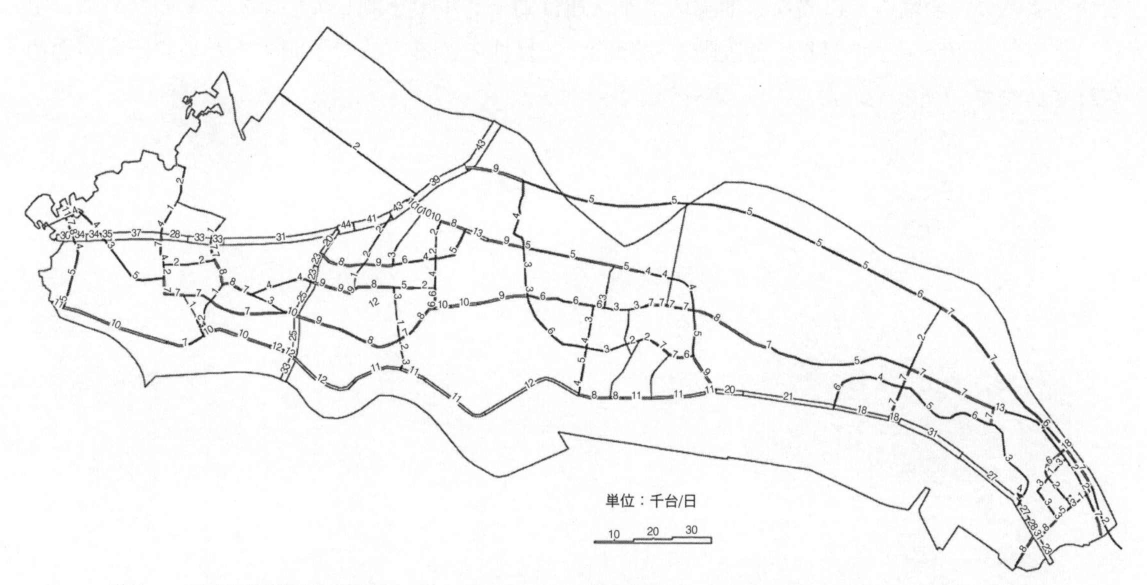

図4･15 配分交通量の予測結果（出典：我孫子市『長期未整備都市計画道路費用対効果検討報告書』2013年）

量に影響を及ぼすだけでなく、生成交通量や発生・集中交通量に影響を及ぼす可能性があります。たとえば、臨海部に新交通システム「ゆりかもめ」ができたので、東京・お台場のフジテレビに行ってみようといった交通は予測できません。このような交通を誘発交通と呼びます。この問題に対応するためには、発生・集中交通量モデルの説明変数に交通サービスを加えるなどの方法が検討されています。

(2) 生成交通量と発生・集中交通量の予測値が一致しない

生成交通量と発生・集中交通量の予測を分けて行っているため予測値は一致せず、生成交通量の予測値に合うように、発生・集中交通量を調整しています。この問題に対処するために、生成交通量と発生・集中交通量を一体的に予測する方法が検討されています。

(3) 分布交通量の予測に交通主体の属性が考慮されていない

現況の交通特性分析から交通主体の年齢階層などの個人属性により交通特性が異なることがわかっています。分布交通量の予測では、移動目的別に予測していますが、交通主体の属性は考慮されていません。この問題に対し、高齢者とそれ以外の年齢階層を分けて分布交通量を予測する方法を採用した事例があります。

(4) 各段階のモデルに用いる交通サービス変数が一致していない

交通手段分担交通量の予測で入力する交通サービス変数（ゾーン間所要時間、費用など）と、配分交通量の予測で計算後に得られるゾーン間所要時間は一致しません。この問題に対しては、配分交通量の予測結果による所要時間を交通手段分担交通量の予測モデルに入力し、ある程度所要時間が等しくなるまで計算を繰り返す作業をしている事例があります。

(5) 4段階の予測方法に論理的一貫性があるか

4段階推計法では、生成交通量は原単位法、発生・集中交通量は回帰モデル法、分布交通量は現況パターン法、交通手段分担交通量は集計ロジットモデル法、配分交通量は利用者均衡配分法というように、段階ごとに異なる理論による交通行動モデルで予測しています。そのために、上述のような問題が生じており、各段階を論理的に一貫性のある方法で予測するための研究が進められています。

▨ 演習問題 4 ▨

4･1. 生成交通量の予測

ある都市圏の生成交通量を予測します。私用目的の交通について高齢者と高齢者以外に分けて計算します。

(1) 現況の都市圏人口、パーソントリップ調査から得られた私用目的の生成交通量から、生成原単位を計算してください。

【現況】

	高齢者	高齢者以外	計	チェック！
都市圏人口　（千人）	200	800	1,000	高齢者比率 20%
私用目的の生成交通量（千トリップ）	240	400	640	
私用目的の生成原単位（トリップ／人）			(0.64)	高齢者の方が大きい

(2) 将来の私用目的の生成交通量を計算してください。

【将来】

	高齢者	高齢者以外	計	チェック！
都市圏人口　（千人）	300	700	1,000	高齢者比率 30% 総人口は変化しないとする
私用目的の生成原単位（トリップ／人）			(0.71)	将来も変化しないと仮定 結果的に生成原単位は上昇
私用目的の生成交通量（千トリップ）				私用目的交通量は 11% 増加

4･2. 発生交通量の予測

都市圏内の郊外住宅地のゾーンについて、通勤目的と私用目的の発生交通量を予測します。以下の発生交通量モデル、ゾーンの人口を使ってください。

【発生交通量モデル】（本文中の例と同じモデルです）

通勤目的の発生交通量［トリップエンド／日］

＝－ 51 ＋ 0.90 × 2 次産業就業人口＋ 0.78 × 3 次産業就業人口

私用目的の発生交通量［トリップエンド／日］

＝ 100 ＋ 0.58 ×非就業人口＋ 0.46 × 3 次産業従業人口

※就業人口：常住地による就業人口（自宅側のゾーンで集計）

　従業人口：従業地による就業人口（会社側のゾーンで集計）

【ゾーン人口】

	居住人口	2 次就業人口	3 次就業人口	非就業人口	3 次従業人口
現況	6,000 人	1,000 人	2,000 人	3,000 人	0 人
将来	6,000 人	800 人	2,100 人	3,100 人	100 人
想定した社会状況	人口は変化しない	●高齢化に伴い就業人口減少 ⇒通勤発生の減少要因 ● 3 次産業化が進行 ⇒通勤発生の減少要因		●高齢化に伴い増加 ⇒私用発生の増加要因	●ショッピングセンター進出 ⇒私用発生の増加要因

(1) 発生交通量モデル、ゾーン人口を用い、現況の発生交通量、将来の発生交通量、現況から将来の変化率を計算してください。

【発生交通量の予測】

	移動目的別の発生交通量 (トリップエンド)		
	通勤目的	私用目的	通勤目的+私用目的
現況			
将来			
変化率(将来/現況)			

(2) 発生交通量の予測結果について考察してください。

4・3. 交通手段分担交通量の予測

本文中の 例題 4・2 の続きです。A 市では、高齢者のモビリティ(移動性)の向上や環境負荷の軽減をめざし、コミュニティバスの導入を検討しています。コミュニティバスの導入と合わせ、以下の交通サービス向上策を検討しています。

①バスの所要時間短縮:バスルートの改善、待ち時間の短縮、バス優先レーン…

②バス運賃の低減:ゾーン運賃制度、100 円バス…

(1) バスの所要時間短縮

iゾーンからjゾーンへのバスの所要時間が以下のように短縮されます。自動車の所要時間は変化しません(例題 4・2 と同じ)。バスの選択確率、自動車の選択確率を計算してください。

バス所要時間 $T^{BUS}_{ij} = 40$ 分 ⇒ 30 分 (10 分短縮)

(2) バス運賃の低減

iゾーンからjゾーンへのバスの費用(運賃)が以下のように低減します。自動車の費用は変化しません(例題 4・2 と同じ)。バスの選択確率、自動車の選択確率を計算してください。バス所要時間は、(1) のようには変化させず、$T^{BUS}_{ij} = 40$ 分とします。

バス費用 $C^{BUS}_{ij} = 200$ 円 ⇒ 100 円 (100 円引、半額)

解答は p.194~195 へ

参考文献

1) (公社) 土木学会『道路交通需要予測の理論と適用 第 I 編 利用者均衡配分の適用に向けて』2003 年
2) (公社) 土木学会『非集計行動モデルの理論と実際』1995 年

※1 (公社) 土木学会『非集計行動モデルの理論と実際』1995 年、p.38

5章
交通マスタープランと公共交通計画

1 交通マスタープラン

1 都市交通マスタープランの構成

都市交通マスタープランとは、都市交通問題を解決するために、道路ネットワーク、公共交通計画、交通需要マネジメントなどの将来計画を総合的に検討し、交通政策のあり方を示した基本計画です。都市づくりの将来像や理念を明示するもので、自治体で別に定める都市計画マスタープランなどとの整合性を考慮して策定されます。

都市交通マスタープランは、将来の都市像とそれを実現するための将来交通計画の大きく2つから構成され、おおむね20年後の将来を見据えて計画を策定します（図5･1）。

2 将来の都市像

将来の都市像についてはまず、20年後の都市の規模や人口構成を設定します。将来人口は、現在の夜間人口、就業人口、従業人口、学生数などをもとに人口予測モデル式を用いて予測します。通常は、対象とする都市の総合計画や都市計画マスタープランにおいて将来人口が定められているため、それらと整合をとりな

都市交通マスタープラン
- ○おおむね20年後を目標
- ○都市圏の総合的な都市交通のマスタープラン

将来の都市像
- ○都市の規模と人口構成
- ○将来都市構造・将来土地利用構想
- ○将来人口配置
- ○骨格交通体系

将来交通計画
- ○目標と目標水準
- ○道路ネットワーク
- ○公共交通計画
- ○交通需要マネジメント

図5･1　都市交通マスタープランの構成

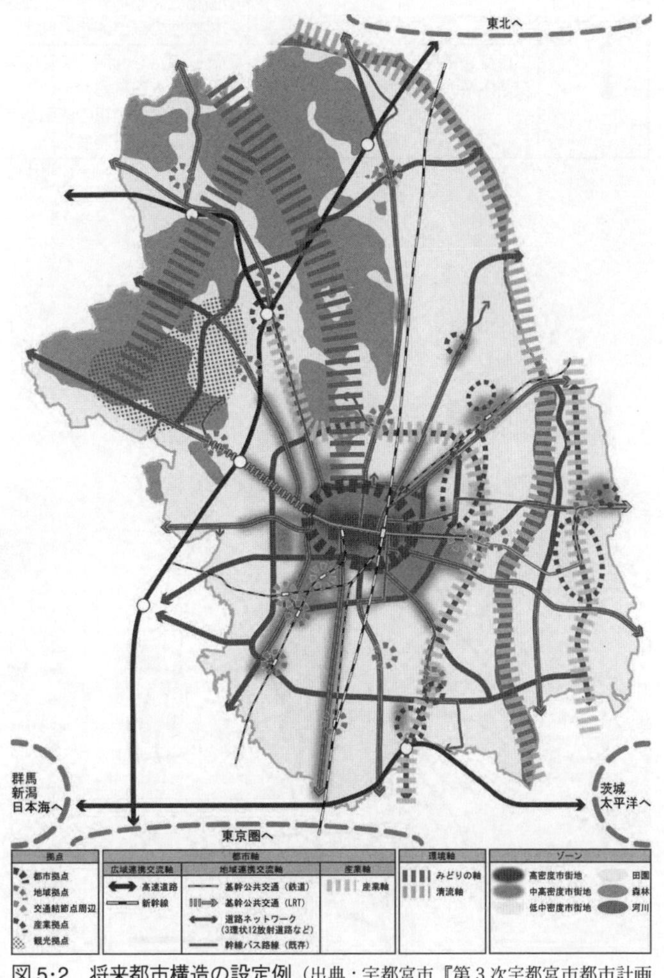

図5･2　将来都市構造の設定例（出典：宇都宮市『第3次宇都宮市都市計画マスタープラン』2019年）

がら都市交通マスタープランの将来人口を設定します。

次に、都市の目標を達成するための将来都市構造、将来土地利用構想、将来人口配置、骨格交通体系を検討します。将来都市構造では、都市の中にどのように都市機能を配置するのかが重要となります（図5･2）。そして、将来土地利用構想では、さらに詳細に、商業・業務地、工業・流通地、住宅地、開発プロジェクト、農地などをどのように配置するのか検討します。都市構造と土地利用が決まると、その都市の将来の人口配置がみえてきます。そして都市に住む人々が、通勤、通学、通院などの目的で移動できるように、骨格交通体系を検討します。

表5･1　目標と目標水準指標の例

大目標	中目標	目標水準指標
人とモノのモビリティ確保	選択の自由度の高い（公共交通の利便性の高い）交通体系の形成	○鉄道を利用しやすい人の割合（一定水準の運行本数のある鉄道駅までの○○分圏域の人口・面積の割合） ○バスを利用しやすい人の割合（一定水準の運行本数のあるバス停までの○○分圏域の人口・面積の割合）
	円滑な都市内交通の実現	○道路混雑の程度（道路混雑度） ○道路による移動性（旅行速度） ○移動性の高い道路の割合（旅行速度○○ km/h 以上の道路延長比率）
	広域交通機関にアクセスしやすい交通体系の形成	○高速道路を利用しやすい人の割合（高速道路インターチェンジへのアクセス30分圏域の人口割合） ○長距離優等列車の停車駅を利用しやすい人の割合（都市の中心駅へのアクセス30分圏域の人口割合）

（出典：（一財）計量計画研究所『第15回総合都市交通計画研修資料』2018年）

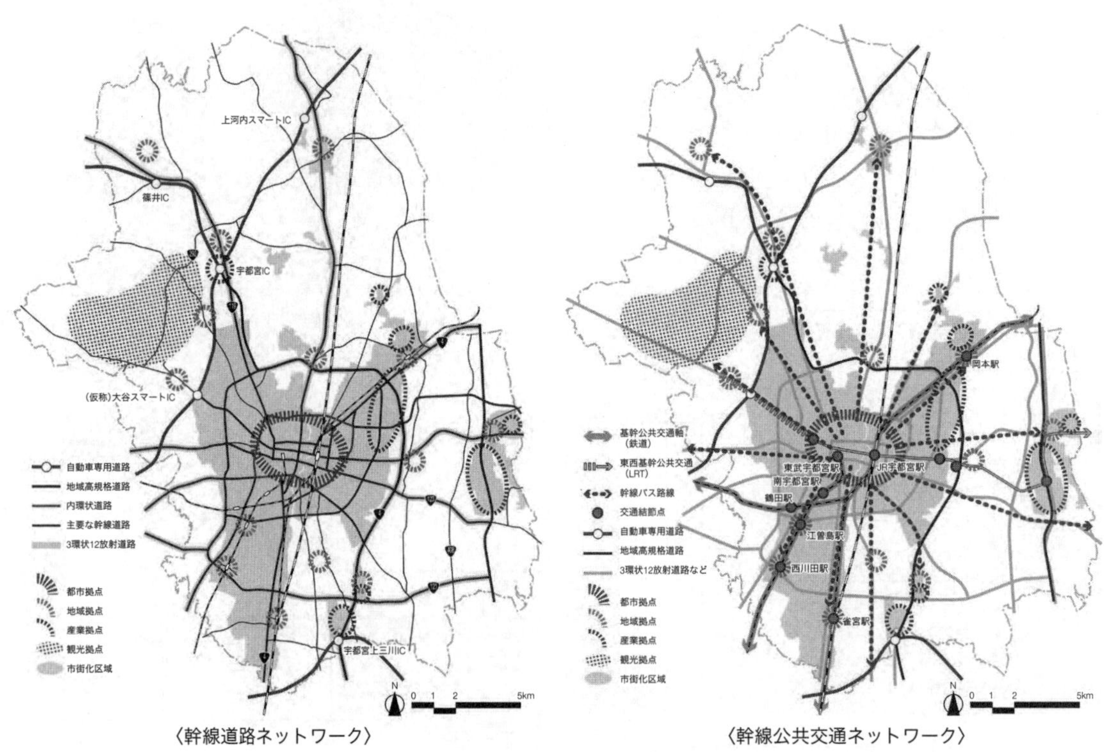

〈幹線道路ネットワーク〉　〈幹線公共交通ネットワーク〉

図5･3　骨格的な交通計画の例（出典：宇都宮市『第3次宇都宮市都市計画マスタープラン』2019年）

3 将来交通計画

将来の都市像における都市構造、土地利用、人口配置、骨格交通体系を実現していくためには、目標が必要となります。さらに、目標が達成できているかを評価できるように目標水準を決めます。目標水準は、自宅から最寄り駅やバス停まで歩いていける人がどの程度いるかなど具体的な数値を指標として設定します。

たとえば、表5･1のように、大目標として「人とモノのモビリティ確保」を設定し、中目標として「選択の自由度の高い交通体系の形成」「円滑な都市内交通の実現」「広域交通機関にアクセスしやすい交通体系の形成」を設定します。そして、「選択の自由度の高い交通体系の形成」という目標が達成できているかを定量的に評価する目標水準指標を設定します。たとえば、鉄道駅までの圏域の人口･面積の割合などがあります。「円滑な都市内交通の実現」であれば、移動性の高い道路の比率として、旅行速度ランク別の道路延長比率などを設定します。

他の大目標の事例として、「人々が豊かに活き活きと暮らせる都市環境」「地球環境に対する負荷の小さな都市」「都市経営コストの小さな都市」などがあります。

将来交通計画では、将来の都市像で検討した都市の骨格を具体的にするための交通計画を検討します（図5･3）。たとえば、拠点間を結ぶ都市像を描いた時に、道路であれば具体的にどの道路を主軸として考えるか、また公共交通で拠点間を結ぶためのネットワークを検討します。また、公共交通の利用性を高めるための交通施設計画や新たな交通システム計画、さらには都心部の移動の円滑化のために、交通需要を管理する交通需要マネジメント（TDM)、公共交通利用を促進するモビリティ・マネジメント（MM）を合わせて検討します。

2 公共交通計画の考え方

1 公共交通の定義

交通は、輸送する人数に応じて大量〜中量輸送と個別輸送に区分されます。また、不特定の人を対象にするか、特定の人を対象にするかにより、公共交通と私的交通に区分されます（表5･2)。

公共交通とは、「社会一般の不特定多数の人が利用することができ、平等に保証されるべき有料あるいは無料の基礎的な交通サービス」と定義できます。鉄道やバスのように交通事業者が有料でサービスを提供している場合には、法令を守る限り、所定の運賃さえ支払えば事業者は輸送を拒否できず、誰もがその交通サービスを享受することができます。一方、私的交通は、ある特定の個人・団体の移動など、特定の顧客に限定して提供されるサービスです。

大量〜中量輸送の公共交通として、鉄道、地下鉄、都市モノレール、新交通システム（3 2 参照、

表5･2　公共交通と私的交通の種類（主なもの）

	公共交通	私的交通
大量〜中量輸送	鉄道、地下鉄、都市モノレール、新交通システム、路面電車、路線バス、コミュニティバス	スクールバス、企業送迎バス、貸切りバス
個別輸送	タクシー	マイカー、ハイヤー、貸切りタクシー

p.69)、路面電車、路線バスなどがあり、個別輸送の公共交通としてタクシーなどがあります。

バスの公共交通と私的交通の区分については、利用者がバス停などから乗車し、目的地までの料金を支払うのが公共交通のバスです。一方、ある企業が、鉄道駅などから会社まで従業員の送迎に運行するのは私的交通のバスです。同様に、タクシーについても、タクシー乗り場などから誰もが乗車できるのが公共交通であり、特定の企業が役員や来客の送迎などに使うのがハイヤーや貸切タクシーといった私的交通です。私的交通の代表はマイカーです。

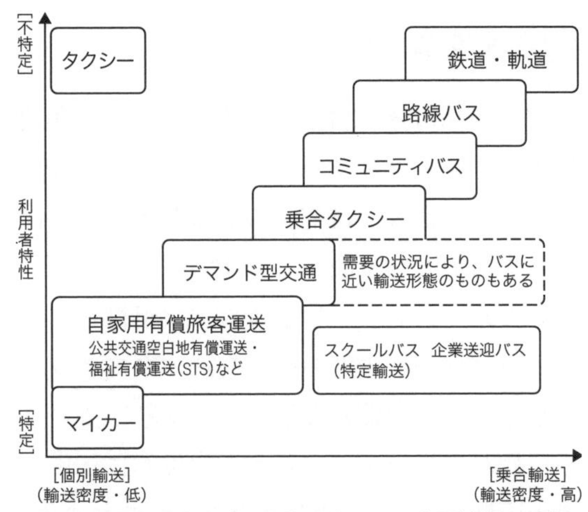

図5･4 輸送形態と利用者特性からみた交通機関の分類
(出典：国土交通省『地域公共交通網形成計画及び地域公共交通再編実施計画 作成のための手引き 第4版』(2018年) を参考に著者が作成)

2 交通機関の役割分担

交通マスタープランでは、都市構造、土地利用、人口配置、交通体系に応じた将来交通計画を立てます。この時、どの交通機関を用いて人々を移動させるかが重要になります。交通機関の使い分けは、トータルの輸送人員はもとより時間当たりに輸送する人員数（毎時輸送力）によって決まってきます。たとえば、ある場所に学校を配置する計画を立てた場合、学校は授業時間が決まっており、それに間に合うように全員が移動する必要があり、その人員を移動させるための交通機関を選ぶということです。

ある2点間の間の交通需要が定期的にある場合（見込める場合）には、鉄道、モノレール・新交通システム・路面電車（軌道）が用いられます。需要が複数か所に点在し、鉄道、軌道を用いるほどでないがまとまった需要が見込める場合には路線バスが用いられます。そして、路線バスの需要に満たない場合には、コミュニティバス、乗合タクシー、デマンド型交通などが使われます。さらに交通需要が少ない場合には、自家用有償旅客運送などが使われます。

以上のように、公共交通機関の種類により輸送量などの機能が異なるため、計画にあたっては交通需要特性に応じた交通機関の役割分担が重要になります（図5･4)。

3 公共交通機関の特性比較

公共交通計画を策定する場合には、公共交通の意義を認識しておくことが重要です。公共交通は私的交通に比べ、朝夕の通勤交通やイベント交通などの大～中量の交通需要を処理できます。

また、輸送力に比べ専有面積が小さく、都市空間を有効に活かせます。エネルギー消費も少なく、地球温暖化防止や大気環境改善にも寄与します。さらに、コンパクトシティ・プラス・ネットワークの形成を推進するための手段にもなります。利用者からみれば高齢社会における移動性の確保に有効であり、高齢ドライバーによる交通事故の抑止にも貢献できます。

表5･3は、都市内の主な公共交通機関の特性を整理したものです。鉄道・地下鉄は、利用者側

表 5･3　都市内の公共交通機関の特性比較

主な公共交通機関	利用者側					計画側	
	高速性	快適性	機動性	低廉性	安全性	建設費	大量性
鉄道・地下鉄	◎	△	△	◎	◎	△	◎
都市モノレール・新交通システム	○	○	△	○	◎	○	○
路線バス	△	○	○	○	○	◎	○
タクシー	○	◎	◎	△	△	◎	△

〔凡例〕 ◎：優れている　○：普通　△：劣っている

（参考：加藤晃・竹内伝史 著『都市交通と都市計画』技術書院、1979 年）

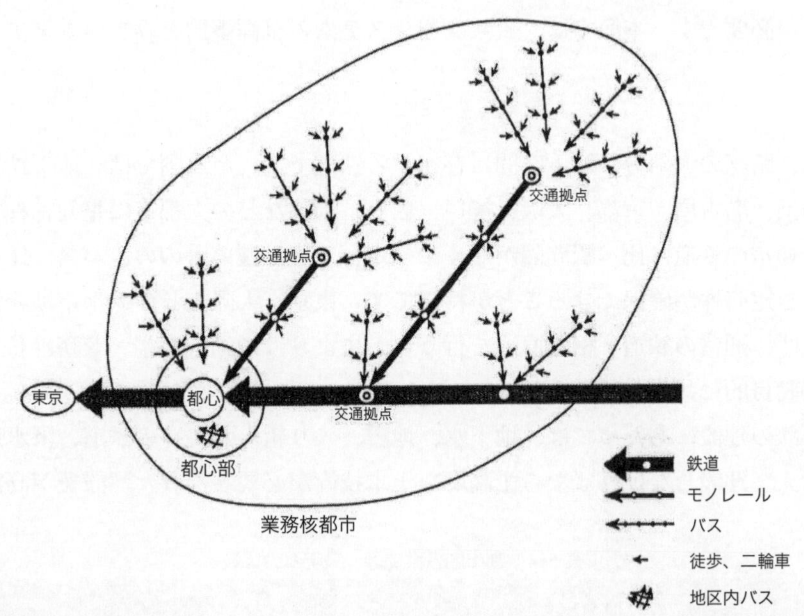

図 5･5　交通機関の役割分担とネットワーク化（出典：千葉市『千葉海浜地区交通体系基本計画策定調査 総括報告書』1996 年）

からみると高速、運賃が低廉、安全ですが、車内混雑の解消が課題です。また、路線が固定されているため、機動性は他の公共交通機関よりも劣っているとしました。計画側からみると、建設費は高いですが大量輸送に向いています。都市モノレール・新交通システムは、利用者からみると、鉄道・地下鉄に比べ高速性はやや劣り、後発的に整備されたため運賃がやや高めになりがちです。路線バスは、鉄道・地下鉄、都市モノレール・新交通システムと比べると、混雑に巻き込まれる場合があるため高速性は劣りますが、路線を比較的自由に設定できるため機動性に優れています。また、計画側からみると道路があればバス路線の設定が可能であるため、建設費が安くなります。タクシーは、個別輸送であるため快適性が高く、経路を自由に選べるため機動性に優れています。

4 公共交通のネットワーク化

公共交通で移動しようとすると、多くの場合、目的地に到達するために、駅やバス停まで徒歩や自転車でアクセスしたり、公共交通どうしを乗り継ぐことになります。公共交通計画を検討する時には、公共交通のネットワーク化が重要です。図5·5は、千葉都市モノレールを計画する際に、鉄道、モノレール、バスが役割分担しながらネットワークを形成する必要性が示されたものです。各公共交通機関が特性に応じた役割を担い、出発地から目的地まで移動できるネットワークを形成するような、利用しやすい計画を策定する必要があります。

3 公共交通システムの整備事例

都市内には表5·4のような公共交通システムが整備されています。各システムは、走行空間、輸送力、表定速度、輸送単位、駅間隔などの特性が異なるため、整備する地域の交通需要特性に合わせた計画が必要です。本節では、公共交通システムの整備事例をみていきます。

1 地下鉄

地下鉄とは、路線の大部分が地下空間に存在する鉄道です。わが国では、地下鉄は、札幌、仙台、東京、横浜、名古屋、京都、大阪、神戸、広島、福岡などの大都市に整備されています。

地下鉄は、通常の鉄道に比べ駅間隔が短くやや走行速度が遅いものの、バスに比べ大きな交通需要に対応でき定時性が確保できることが特徴です。東京、大阪などの大都市は非常に密な地下鉄網を築き上げ、通常の鉄道と相互直通を行うことにより、通勤、通学、業務、私用、観光などのあらゆる移動目的に対応してきました。

一方、地下鉄の建設にあたっては、地下水、地震、入り組んだ既存の鉄道、下水道などの地下埋設物等を考えて建設しなければならず高度な土木技術が必要となり、建設費が高額になります。

表5·4 都市内公共交通システムの比較

	地下鉄	都市モノレール・新交通システム	路面電車	バス
走行空間	専用		路面	
片道時間あたり最大輸送力	4～5万人	1.5～2万人	0.5～1.5万人	～0.3万人
表定速度	25～30 km/h	15～30km/h	10～15km/h	10～15km/h
輸送単位	1,500～2,500人	300～1,000人	200～300人	100人
駅間隔	1.0km	0.5～1.0km	0.3～0.5km	0.3～0.5km

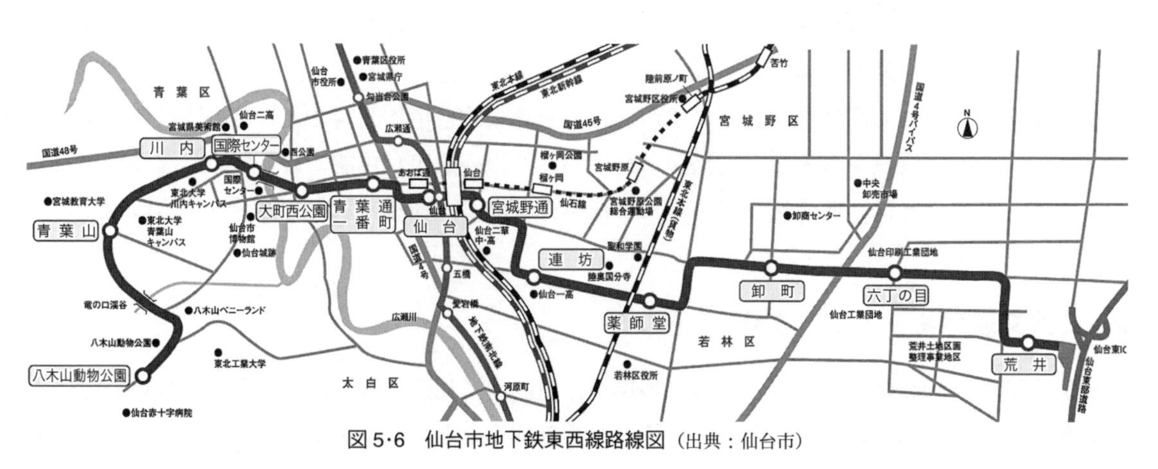

図5·6 仙台市地下鉄東西線路線図（出典：仙台市）

おおむね 1km 当たりの建設費が 200 ～ 300 億円といわれています。

わが国でもっとも新しい地下鉄路線（2020 年 3 月現在）は、2015 年 12 月に開業した仙台市地下鉄東西線です（図 5･6）。それまでは、南北方向は鉄道の東北本線と地下鉄南北線が整備されていましたが、東西方向の公共交通による移動手段はバスのみでした。東西線の開業により東西方向の幹線的な公共交通軸が生まれ、コンパクトシティ・プラス・ネットワークの形成にも寄与しています。

2 都市モノレール・新交通システム

地下鉄の輸送力は 4 ～ 5 万人（片道当たり最大）、バスは 3,000 人程度です（表 5･4 参照）。輸送力 0.5 ～ 1.5 万人の路面電車が整備されている都市は限られています。建設省（現・国土交通省）は、鉄道・地下鉄とバスの間の輸送力の公共交通システムの必要性を、図 5･7 を用いて説明しています。横軸に移動距離（トリップ距離）、縦軸に利用者密度をとっています。利用者密度は、沿線地域の面積当たりの利用者数です。鉄道・地下鉄は、さまざまな移動距離の大量交通需要に対応できます。バスも短距離から長距離までさまざまな移動距離に対応できますが、鉄道・地下鉄ほどの交通需要には対応できません。

このような整理をしたうえで、既存の交通システムがカバーできていない領域が A、B、C です。領域 A は、比較的短距離かつ利用者密度の高い領域であり、業務中心地区と交通結節点の間や空港内などに存在する交通需要です。交通システムとしては動く歩道等が相当します。領域 C は、利用者密度が低く自家用車が広く利用されている領域であり、固定施設の整備が困難とされています。近年、整備が行われている乗合タクシー、デマンド型交通などが相当します。そして領域 B は、鉄道を整備するほどではありませんが、バスでは処理できない領域であり、中量軌道システムが処理すべき交通需要としています。この中量軌道システムが、都市モノレールと新交通システムです。

(1) 都市モノレール

都市モノレールは、地下鉄を整備するほどでもないが、バスでは対応できない交通需要の地域に導入されている定時性に優れた輸送効率の高い交通システムです。地下鉄に比べ建設費が低廉であることから、大都市圏の郊外部における環状方向の交通機関として、また地方中枢・中核都市の基幹的公共交通として整備されています。都市モノレールのインフラ部（支柱、桁等）は道路管理者（行政）の負担により整備すべきものとされています。

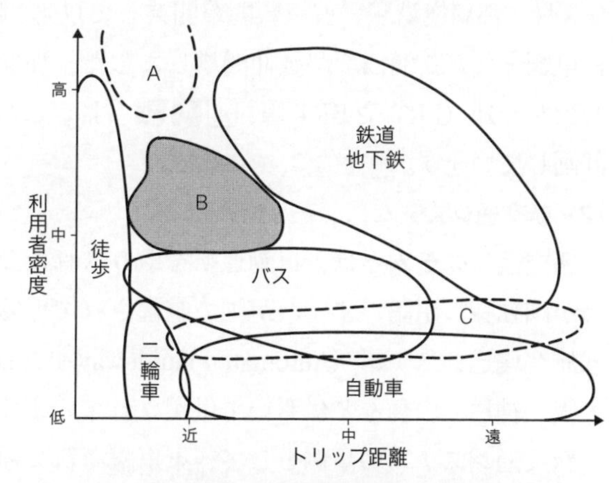

A. 比較的短距離かつ交通密度の高い領域で、業務中心地区と交通結節点との間や空港内などに存在
B. 鉄道を整備するほどの需要はないがバスでは処理できない領域
（中量軌道システムの処理対象となる交通需要）
C. 交通密度が薄くマイカーが広く利用されている領域で、固定施設の整備が困難

図 5･7 中量軌道システムの位置付け（出典：建設省『中量軌道システムの計画に関する調査マニュアル（案）』1990 年）

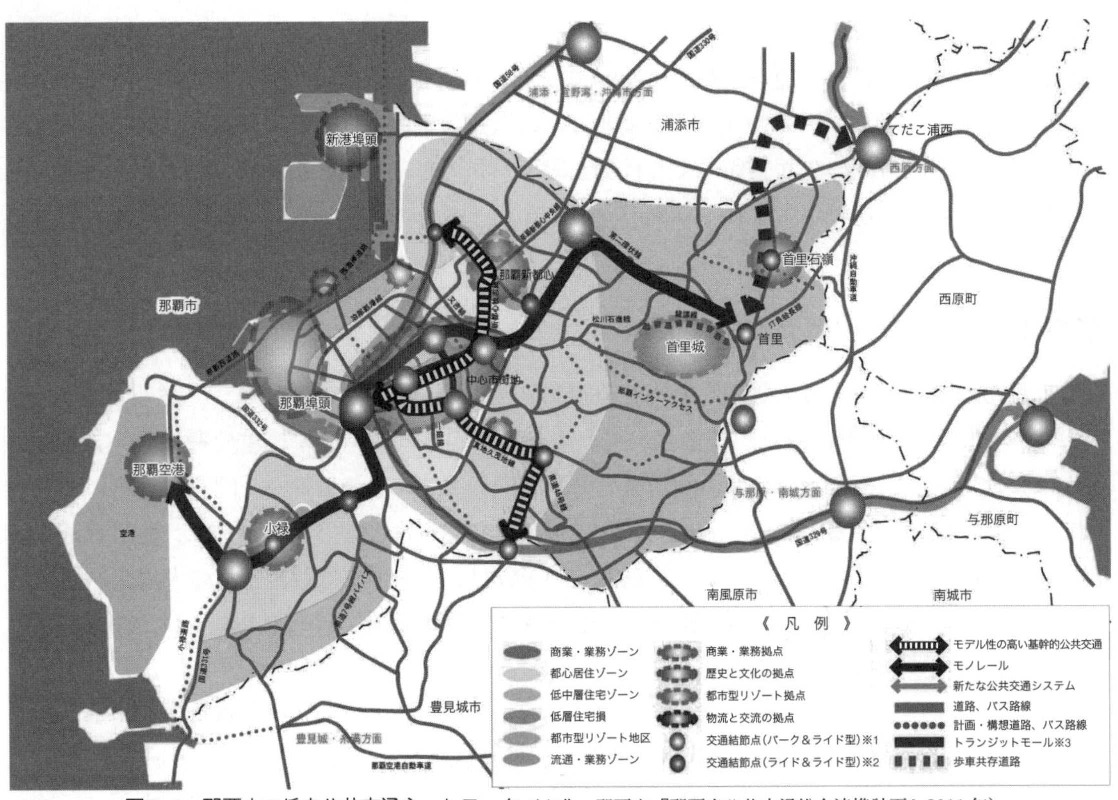

図 5･8 那覇市の将来公共交通ネットワーク（出典：那覇市『那覇市公共交通総合連携計画』2011 年）

那覇市では鉄道が整備されておらず、都心部の慢性的な渋滞により、公共交通であるバスの定時性が保たれない状況にありました。そこで沖縄都市モノレール「ゆいレール」が整備され、2003年8月に那覇空港駅－首里駅間が開業して以来、順調に利用者が伸びています。2019年10月には、首里駅－てだこ浦西駅が延伸開業しました。那覇市では、図5･8のような「モデル性の高い基幹的公共交通（LRTやBRT等、4 1 2 参照、p.73 ～ 75）」を含めた将来公共交通ネットワークを計画しています。

(2) 新交通システム

新交通システムとは、自動運転を取り入れた公共交通システムの総称として用いられている、わが国独特の用語です。わが国で整備されている新交通システムは、国際的には「自動案内軌条式旅客輸送システム（Automated Guideway Transit：AGT）」と呼ばれており、埼玉、東京、横浜、大阪、神戸、広島などにおいて供用されています。

新交通システムの事例として、東京臨海新交通臨海線「ゆりかもめ」があります。1995年に新橋駅－有明駅間が開業、2005年には有明駅－豊洲駅間が延伸開業し、東京臨海部の移動を担っています。新交通システムも都市モノレールと同様に、鉄道・地下鉄を整備するほどではないが、バスでは対応できない交通需要のある地域に導入されてきました。路面電車やバスとは異なり、路面交通と独立しているため定時性が保たれます。新交通システムも、インフラ部を道路管理者が整備するべきものとされています。

表 5･5　モノレール・新交通システム一覧

【モノレール】　2019 年 11 月現在

	東京モノレール	多摩都市モノレール	大阪高速鉄道		北九州高速鉄道	千葉都市モノレール		湘南モノレール	沖縄都市モノレール
	東京モノレール羽田線	多摩都市モノレール線	大阪モノレール線	国際文化公園都市モノレール線（彩都線）	北九州モノレール小倉線	1 号線	2 号線	江の島線	沖縄都市モノレール線
開業年月	1964 年（浜松町ー（旧）羽田） 1993 年（整備場ー羽田空港） 2004 年（羽田空港ー羽田空港第 2 ビル）	1998 年（立川北ー上北台） 2000 年（多摩センターー立川北）	1990 年（千里中央ー南茨木） 1994 年（芝原ー千里中央） 1997 年（大阪空港ー芝原） 1997 年（南茨木ー門真市）	1998 年（万博記念公園ー阪大病院前） 2007 年（阪大病院前ー彩都西）	1985 年（小倉ー企救丘駅） 1998 年（小倉駅乗り入れ）	1995 年（千葉みなとー千葉） 1999 年（千葉ー県庁前）	1988 年（スポーツセンターー千城台） 1991 年（千葉駅ースポーツセンター）	1970 年（大船ー西鎌倉） 1971 年（西鎌倉ー湘南江の島）	2003 年（那覇空港ー首里） 2019 年（首里ーてだこ西浦）
区間	浜松町ー羽田空港第 2 ビル	多摩センターー上北台	大阪空港ー門真市	万博公園前ー彩都西	小倉ー企救丘	千葉みなとー県庁前	千葉ー千城台	大船ー湘南江の島	那覇空港ーてだこ西浦
営業キロ（km）	17.8	16.0	21.2	6.8	8.8	3.2	12.0	6.6	17
駅数	11	19	14	4	13	6（千葉駅含）	13	8	19
平均駅間距離（m）	1,780	889	1,631	1,700	733	640	1,000	943	944
形式	跨座式	跨座式	跨座式		跨座式	懸垂式		懸垂式	跨座式
単複の別	複線	複線	複線		複線	複線		単線	複線
1 編成車両数	6	4	4		4	2		3	2
ワンマン運転状況	ワンマン運転	ワンマン運転	ワンマン運転		ワンマン運転	ワンマン運転		2 人乗務	ワンマン運転
一日あたり輸送人員（2016 年度）	127,128	141,229	129,739		32,995	49,414		29,160	47,463

注）上記以外に、上野懸垂線（東京都）0.3km（2019 年 11 月より休止）、ディズニーリゾートライン（㈱舞浜リゾートライン）5.0km がある。

【新交通システム】　2019 年 11 月現在

	埼玉新都市交通	㈱ゆりかもめ	横浜新都市交通	大阪市	神戸新交通		広島高速交通	愛知高速交通	東京都交通局
	伊奈線	東京臨海新交通臨海線	金沢シーサイドライン	南港ポートタウン線	ポートアイランド線	六甲アイランド線	広島新交通 1 号線	東部丘陵線	日暮里・舎人ライナー
開業年月	1983 年（大宮ー羽貫） 1990 年（羽貫ー内宿）	1995 年（新橋ー有明） 2006 年（有明ー豊洲）	1989 年（新杉田ー金沢八景暫定駅） 2019 年（金沢八景暫定駅ー金沢八景新駅）	1981 年（中ふ頭ー住之江公園） 2005 年（コスモスクエアー中ふ頭）	1981 年（三宮ー中公園） 2006 年（市民広場ー神戸空港）	1990 年（住吉ーマリンパーク）	1994 年（本通ー広域公園前）	2005 年（藤が丘ー万博八草）	2008 年（日暮里ー見沼代親水公園）
区間	大宮ー内宿	新橋ー豊洲	新杉田ー金沢八景	コスモスクエアー住之江公園	本線（三宮ー神戸空港） 支線（市民広場ー北ふ頭ー中公園）	住吉ーマリンパーク	本通ー広域公園前	藤が丘ー万博八草	日暮里ー見沼代親水公園
営業キロ（km）	12.7	14.7	10.8	7.9	10.8	4.5	18.4	8.9	9.7
駅数	13	16	14	10	12	6	22	9	13
平均駅間距離（m）	1,058	986	827	878	900	900	876	1,113	808
形式	側方案内軌条式	側方案内軌条式	側方案内軌条式	側方案内軌条式	側方案内軌条式	側方案内軌条式	側方案内軌条式	常電導吸引型磁気浮上・リニアインダクションモーター推進方式	側方案内軌条式
単複の別	単線・複線	複線	複線	複線	単線・複線	複線	複線	複線	複線
1 編成車両数	6	6	5	4	6	4	6	3	5
ワンマン運転状況	ワンマン運転	無人運転	無人運転	無人運転	無人運転	無人運転	ワンマン運転	無人運転	無人運転
一日あたり輸送人員（2016 年度）	49,203	120,741	51,569	78,842	73,408	35,805	63,312	22,407	80,020

注）上記以外に、ユーカリが丘線（山万㈱）4.1km、山口線（西武鉄道㈱）2.8km がある

（出典：『鉄道統計年報』（国土交通省）をもとに杉田浩氏（（一財）計量計画研究所）が作成、一部抜粋）

わが国に整備されているモノレール・新交通システムは表5･5のとおりです。

3 路線バス

路線バスは、道路運送法に規定されている一般乗合旅客自動車運送事業の許可を得て、不特定多数の旅客から運賃を受け取り有償で運行しています。近年の路線バスに関する大きな課題は、主に地方都市において発生しています。地方都市では、バスの減便や路線廃止に加え、中心市街地での交通渋滞などにより定時性の確保が難しくなり利用者が離れるなどの問題を抱えています。自治体の多くでは、コンパクトシティ・プラス・ネットワークの考え方のもと、地域公共交通網形成計画を進めており、少子高齢社会において公共交通を有効活用し、自動車を利用しなくても生活できる都市をつくっていくことが課題となっています。

自治体では、地域公共交通網形成計画に基づき、地域公共交通再編実施計画を作成しています。都市中心部の大通りでは数多くのバス路線・系統が重複し、競合が生じる場合が多くみられるため、バスネットワークを再編成し、幹線・支線を区分して役割分担を明確にする必要性が考えられます（図5･9）。これにより、運行系統が単純化して利用者にわかりやすくなり、また系統長が短くなることで定時性の確保が容易になります。

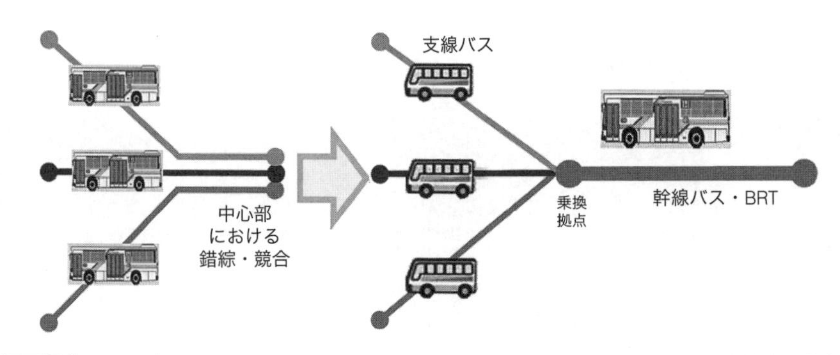

図5･9　バス網再編成イメージ（出典：国土交通省『地域公共交通網形成計画及び地域公共交通再編実施計画 作成のための手引き第4版』2018年）

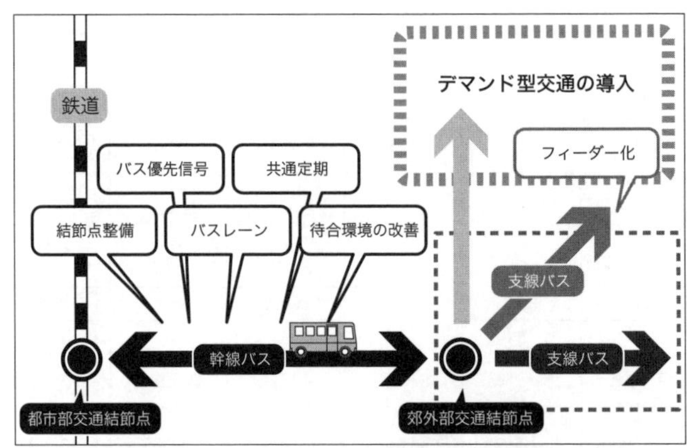

図5･10　バス網の全体構成イメージ（出典：国土交通省『地域公共交通網形成計画及び地域公共交通再編実施計画 作成のための手引き第4版』2018年）

図 5･10 はバスネットワーク全体の構成です。幹線バスを幹として、バスレーン（専用、優先）、バス優先信号等により利便性を高めます。幹線に対する支線（フィーダー）バスは、交通結節点を中心に運行し、バス利用者の少ない地域にはデマンド型交通を導入します。ただし、幹線・支線の分割により乗継ぎが発生することで、利用者の負担は増加する可能性があるため、ダイヤの調整等を十分行うことが重要です。

4 新しい公共交通システム

1 LRT

わが国では、1960 年代の急速なモータリゼーションの進展と、バスや地下鉄への転換に伴い路面電車の廃止が続きました。2020 年 3 月現在では、全国 17 都市で 19 事業者（軌道法による事業者）、路線延長約 200km が営業しています（図 5･11）。このうち、従来型の路面電車の車両に代わり、近代化され低床化された高速性能 LRV（Light Rail Vehicle）の導入が、15 事業者で行われています。図 5･12 は札幌市交通局の LRV です。

19 事業者のうち、富山地方鉄道の富山港線は、LRT として運行しています。LRT（Light Rail Transit）とは、次世代型路面電車システムのことで、低床型車両の導入と軌道・電停の改良によって通常の路面電車より乗降の容易性、定時性、速達性、快適性において優れた特徴を有する交

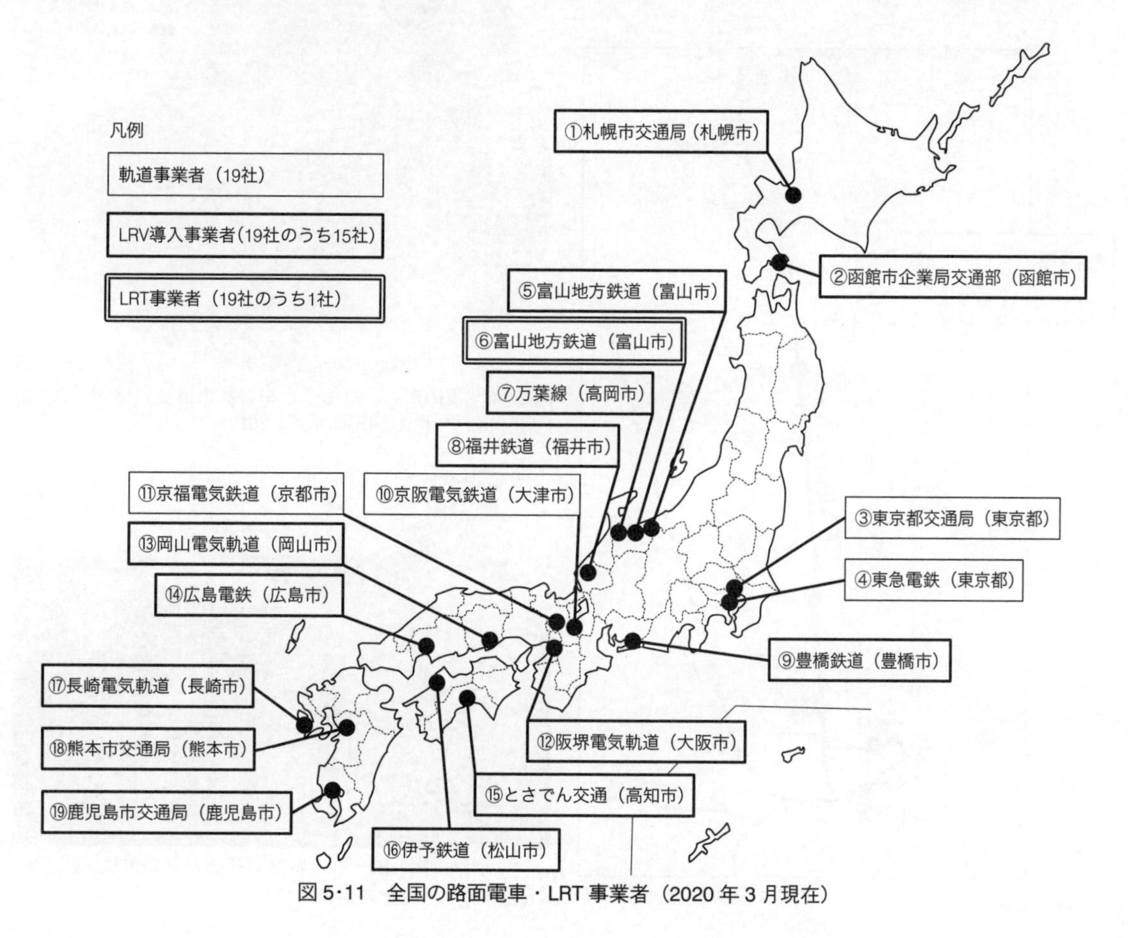

図 5･11　全国の路面電車・LRT 事業者（2020 年 3 月現在）

通システムとされています。富山市は、公共交通を活性化させ、その沿線に居住、商業、業務、文化等の都市の諸機能を集積させることにより、公共交通を軸とした拠点集中型のコンパクトなまちづくりをめざしてきました。「お団子と串の都市構造」として知られ、図5･13のように徒歩圏（お団子）を一定水準以上のサービスレベルの公共交通（串）で結んだ都市構造をしています。

富山市では、JR富山港線の利用者の減少が続いていたため、2006年2月までJR西日本が運営

図5･12　札幌市交通局のLRV

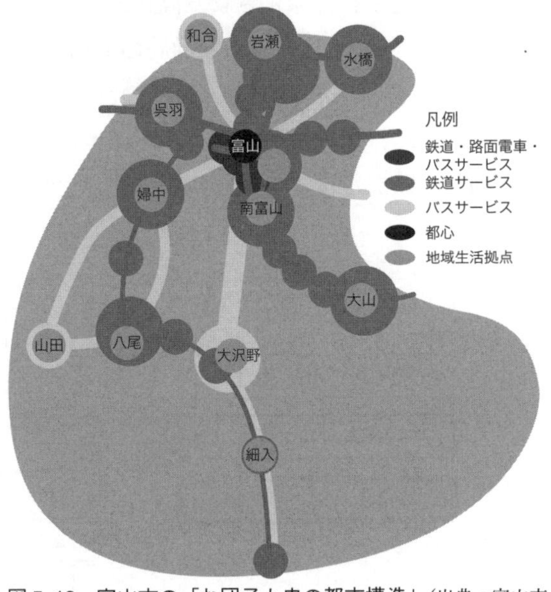

図5･13　富山市の「お団子と串の都市構造」（出典：富山市『富山市地域公共交通網形成計画』2019年）

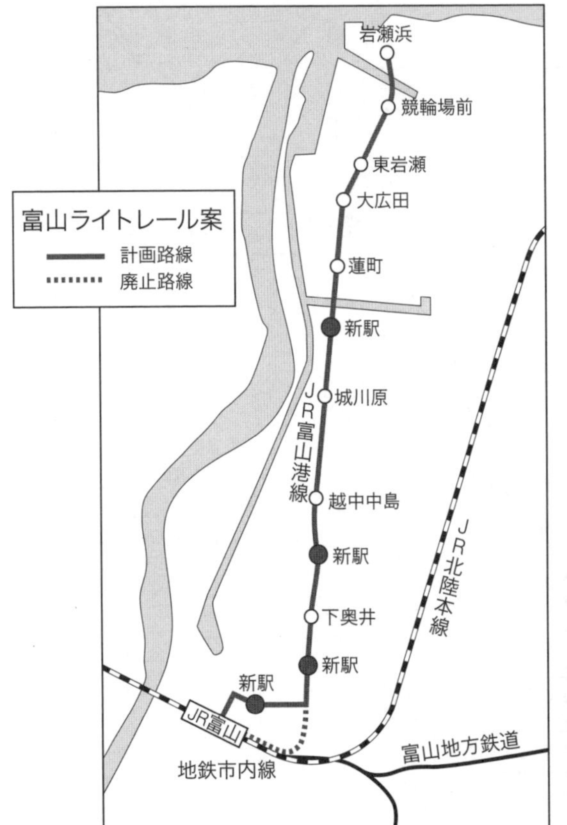

岩瀬浜駅。同一ホームでLRTとバスの乗換え。

図5･14　地方鉄道をLRT化した富山ライトレール計画

していた鉄道路線を第三セクターの富山ライトレール株式会社に移管しLRT化したのが富山ライトレール富山港線（愛称「ポートラム」）であり、2006年4月に開業しました（図5･14）。都心に近い区間を路面に新設し、新駅を4駅設置し、運行本数を増やしました。利用者の利便性が高まることにより、鉄道路線の時代よりも利用者が増加しています。富山駅の南側には、富山地方鉄道富山市内軌道線が運行されており、富山地方鉄道と富山ライトレールは、2020年2月に合併しました。そして、3月には、市内の富山軌道線と富山港線が接続され、南北直通運転が実現しました。

宇都宮市でも、コンパクトシティ・プラス・ネットワークの形成をめざしています。図5･15は地域公共交通網形成計画において提案された公共交通ネットワークのイメージです。LRT、幹線・支線バス、地域内交通、デマンド型交通などにより公共交通需要を分担し、それぞれの公共交通が連携することで都市内の移動性を高めていく計画です。

わが国では、富山ライトレールのように鉄道路線を引き継ぎLRT化した例はありますが、まったく線路がないところにLRTが敷設された事例はありませんでした。ところが、2018年3月から宇都宮市と、隣の芳賀町でLRTの全線新設工事（14.6km）が始まりました。宇都宮市、芳賀町のLRTは上下分離方式と呼ばれる運行方式を採用しており、軌道の敷設や電停などの工事は宇都宮市、芳賀町といった自治体が行い、運行は宇都宮ライトレール株式会社が行います。

富山ライトレールの成果を受けて、小山市、さいたま市、豊島区、前橋市、長野市、金沢市、静岡市、大阪市、堺市、神戸市、岡山市・総社市、広島市、松山市、高松市、熊本市、鹿児島市などにおいて、LRTや新交通システムの導入、路面電車の改良が検討されています。

2 BRT

BRT（Bus Rapid Transit）とは、バスを用いた高速輸送システムです。1974年に世界初のBRTがブラジルのクリチバ市で開業し、その後、世界中の多くの都市で整備が進みました。BRTは、連接バスを採用する例が多く、バス専用レーン（道路の一部の車線を利用）やバス専用道路を走

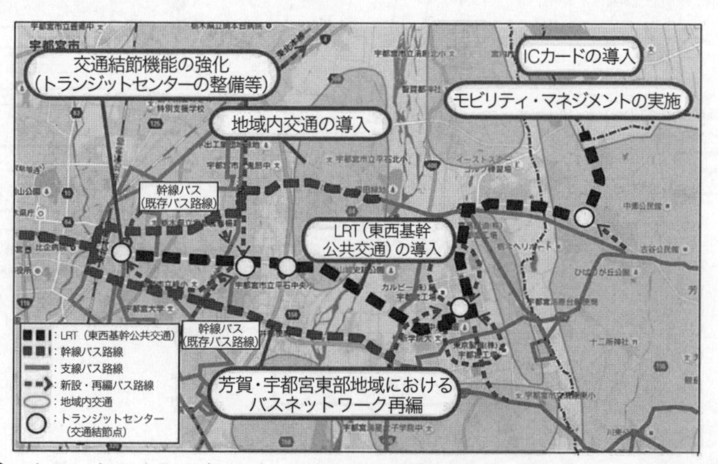

図5･15　公共交通ネットワークのイメージ（出典：宇都宮市・芳賀町『芳賀・宇都宮東部地域公共交通網形成計画』2015年）

行します。交差点では優先的に通過できるなど、自家用車などの私的交通に対し優先的に走行できることが特徴です。これにより、バスであっても高速で、新交通システム並みの輸送力をもちます。すでに韓国、台湾には数多くのBRTが整備されています。一般車線が混雑していても、バスレーンや専用道路を走行することにより速達性、定時性を維持することができます（図5・16）。

わが国では、連接バスを用い、PTPS（Public Transportation Priority System、公共交通優先システム）やバス専用道路などを組み合わせ、速達性、定時性を確保し輸送力を増大したバスシステムをBRTとしています。しかしながら、この条件に厳密に合致するBRTは日本に存在しません。現状では、廃止になった鉄道の線路敷を専用道路とし、通常のバス車両を用いるものと、一般道路を連接バスで運行するものがあります（図5・17）。

鉄道路線の線路敷を活用した事例は、2011年の東日本大震災で甚大な被害を受けたJR気仙沼線（図5・18）、JR大船渡線の不通区間

図5・16　釜山（韓国）のBRT（バス専用レーン）

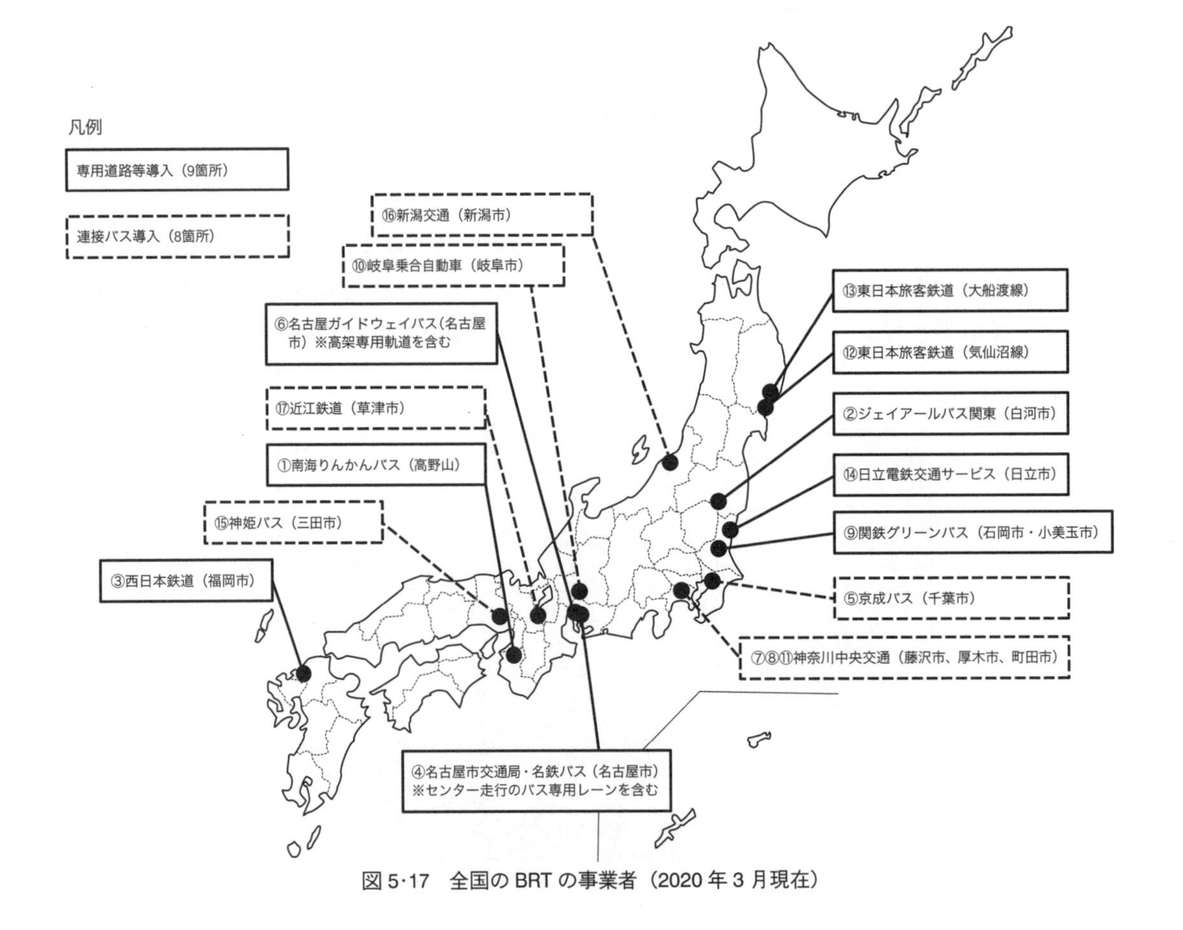

図5・17　全国のBRTの事業者（2020年3月現在）

で運行しているものや、日立電鉄線や鹿島鉄道線といった廃線を活用したものがあります。これらの路線では、車両は連接バスではなく通常のバス車両を使っています。一般道路を運行する連接バスを使っている路線には、福岡、千葉（幕張新都心）、新潟などで運行されているものがあります。

図 5･18　JR 気仙沼線の BRT（バス専用道路）

■演習問題 5■　あなたの住んでいる都市やなじみのある都市、興味のある都市について、以下をインターネット等で調べてください。調べる内容は、計画の考え方・目標、計画の内容などです。都市によって名称が異なるかもしれませんので注意してください。

(1) 立地適正化計画

(2) 地域公共交通網形成計画

6章 道路ネットワーク計画

1 道路ネットワークと道路の機能

1 道路ネットワークのパターン

道路ネットワークは、表6･1のようなパターンに分けられます。

放射型は、都心部から放射方向に道路がのびるパターンで、自動車交通の増加による道路混雑が問題になる場合が多くみられます。放射環状型は、放射型に環状道路を加えて計画的に整備し、都心部の通過交通を迂回させます。この型は、わが国の大都市や比較的規模の大きい地方都市にみられます。わが国の都市の道路ネットワークは、主に放射型と放射環状型となっています。

格子型パターンは、平城京（奈良）や平安京（京都）などの都城、北海道などの開拓地の都市にみられます。梯子型パターンは、街道筋に形成された都市、地形に制約された都市にみられ、主方向の道路混雑が問題になる場合があります。

現実の道路ネットワークは、以上の4つのパターンのどれか1つに分類できるわけではなく、異なるパターンを組み合わせた道路ネットワークがみられます。たとえば、大都市では、全体は

表6･1 道路ネットワークのパターン

パターン名	形状	特徴
放射型	放射道路 都心	・都心部から放射道路がのびるパターン ・城ができ市が立ち、各方向に街道が通じていくという経緯により形成される場合が多く、わが国の多くの都市でみられる ・都市が大きくなり、自動車交通量が増加すると、道路混雑が問題になる場合が多い
放射環状型	放射道路 環状道路 都心	・放射道路と環状道路で形成されるパターン ・都心部の道路混雑の問題に対し、都心部の通過交通を迂回させる環状道路を計画的に形成する。都心部の混雑緩和と広域交通の円滑化に効果がある ・大都市や規模の大きい地方都市にみられる
格子型 （グリッド型）	都心	・格子型のパターン ・古代から中世の都城にみられる（平城京、平安京等）。東西方向を条、南北方向を坊と呼ぶ（条坊制） ・開拓地の計画都市にみられる（札幌市、旭川市等） ・大都市の一部の地域で適用される場合がある
梯子型 （ラダー型）	都心	・線状あるいは帯状に伸びる梯子型のパターン ・街道筋に形成された都市、地形に制約された都市にみられる ・主方向の道路混雑が問題になる場合がある

表 6·2　道路の機能と役割

機能			役割
交通機能	トラフィック機能	自動車、自転車、歩行者などの通行サービス	・道路交通の安全確保 ・時間距離の短縮 ・交通混雑の緩和 ・輸送費などの低減 ・交通公害の軽減 ・エネルギーの節約
	アクセス機能	沿道の土地・建物・施設などへの出入りサービス	・地域開発の基盤整備 ・生活基盤の拡充 ・土地利用の促進
	滞留機能	自動車の停車、歩行者の滞留などのサービス	・自動車の安全な停車、乗降 ・歩行者の休憩、コミュニケーション
空間機能	市街地形成機能		・都市の骨格、街区の形成 ・都市の景観、イメージ形成
	防災空間機能		・避難路の確保 ・救助、消防活動の空間確保 ・延焼防止
	環境空間機能		・植樹帯、緑地帯の形成 ・通風、採光の確保
	収容空間機能		・電気、ガス、電話、通信網、上下水道、地下鉄などの収容

放射環状型パターンであり、一部の地域は格子型パターンをとっているという例があります。北海道の都市では、格子型パターンに放射環状型パターンを加えたネットワークがみられます。

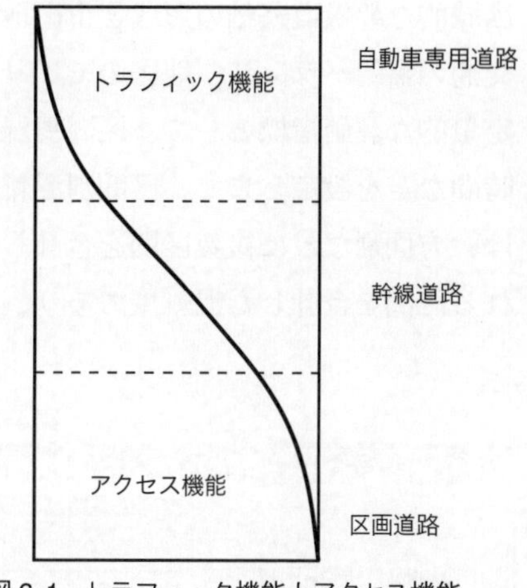

図 6·1　トラフィック機能とアクセス機能

2 道路の機能

道路の機能には、交通機能と空間機能があります(表 6·2)。

交通機能は、トラフィック機能、アクセス機能、滞留機能の 3 つに分けられます。トラフィック機能とは、自動車や自転車、歩行者などが通行するための機能です。アクセス機能とは、道路に接する土地・建物などへの出入りをするための機能です。滞留機能とは、自動車が停車したり、歩行者が立ち止まって休憩するための機能です。このうち、トラフィック機能とアクセス機能は、道路により機能の占める割合が異なります(図 6·1)。自動車専用道路の担う機能のほとんどがトラフィック機能です。幹線道路であればトラフィック機能とアクセス機能を担うことになり、区画道路はアクセス機能の比率が高くなります。道路ネットワーク計画においては、道路の種類別の機能を考慮し、段階的なネットワークを形成することが重要です。

空間機能は、市街地形成機能、防災空間機能、環境空間機能、収容空間機能の 4 つに分けられます。市街地形成機能とは、道路により都市の骨格や街区を形成することです。防災空間機能とは、災害発生時の避難路や救出路になるなど火災の延焼を防ぐことです。環境空間機能とは、道路の植樹帯、緑地で都市の環境を形成することです。収容空間機能とは、道路の上部空間、地下空間に電気、通信網、上下水道、地下鉄などを収容することです。

このように道路はさまざまな機能と役割を担っており、トラフィック機能だけではなく、これらのさまざまな機能を考慮した道路計画を策定することが重要です。

2 道路ネットワークの評価と計画事例

1 道路ネットワークの評価方法

道路の計画や整備は、国、都道府県、市町村などが行っています。道路計画を策定する時に、道路整備による効果を分析します。その道路を整備した時に十分な効果はあるのか、道路を複数整備する時どの道路から整備したらよいか、などの判断材料になります。

4章では、4段階推計法による将来交通需要の予測方法を学びましたが、本節では、4段階目の配分交通量の予測結果を用いた道路ネットワークの評価について解説します。

配分交通量の予測によりネットワーク上の区間別交通量がわかっています。表6･3に、ある都市圏の道路ネットワークの評価指標の例を示しました。これらの評価指標は、配分交通量の予測結果を集計することにより算出できます。この都市圏では、幹線道路ネットワークの目標として、広域的な幹線道路軸の形成と市街地の道路ネットワークの形成を掲げていますが、この目標を、交通の需給バランス、地区のモビリティ、中心部・駅へのアクセシビリティから評価し、さらに定量的な評価指標として、区間別混雑度、主要断面混雑度、ゾーン別面混雑度、中心部への所要時間などを設定します。区間別混雑度については、表6･4を参照してください。主要断面混雑度は、方面別などに複数区間を合計した断面での混雑度です。ゾーン別面混雑度は、ゾーンに含まれる区間を合計した混雑度であり、区間の距離で加重平均して算出します。

表6･3　道路ネットワークの評価指標の例

<table>
<tr><th>目標</th><th colspan="2">評価項目</th><th>評価指標、達成目標</th></tr>
<tr><td rowspan="6">1. 広域的な幹線道路軸の形成
2. 市街地の道路ネットワークの形成（モビリティ、アクセシビリティ確保）</td><td rowspan="2">交通の需給バランスの評価</td><td>区間別の需給バランス</td><td>・区間別混雑度が概ね 1.25 以下</td></tr>
<tr><td>主要断面の需給バランス</td><td>・主要断面混雑度が 1.0 以下</td></tr>
<tr><td rowspan="2">地区のモビリティの評価</td><td>地区別需給バランス</td><td>・ゾーン別面混雑度が 1.0 以下</td></tr>
<tr><td>中心部のモビリティ</td><td>・都心部の面混雑度が 1.0 以下
・都心部の平均走行速度が 20km/h 以上</td></tr>
<tr><td>中心部・駅へのアクセシビリティの評価</td><td>自動車による中心部・駅へのアクセシビリティ</td><td>・自動車による中心部等への所要時間が 20 分以内</td></tr>
</table>

表6･4　区間別混雑度の目安

混雑度	説明
混雑度 1.0 未満	昼間 12 時間を通して、道路が混雑することなく、円滑に走行できる。渋滞やそれに伴う極端な遅れはほとんどない。
混雑度 1.0 〜 1.25	昼間 12 時間のうち道路が混雑する可能性のある時間帯が 1 〜 2 時間（ピーク時間）ある。何時間も混雑が連続するという可能性は非常に小さい。
混雑度 1.25 〜 1.75	ピーク時間はもとより、ピーク時間を中心として混雑する時間帯が加速度的に増加する可能性が高い状態。ピーク時のみの混雑から日中の連続的混雑への過渡状態と考えられる。
混雑度 1.75 以上	慢性的な混雑状態を呈する。

（出典：（公社）日本道路協会『道路の交通容量』1984 年）

2 道路ネットワークの評価事例

代表的な指標による評価事例として茨城県日立市を中心とする都市圏を紹介します。パーソントリップ調査をもとに4段階推計法により将来の配分交通量を予測しました。まず、この都市圏の道路ネットワークは、山地と海にはさまれた典型的な梯子型のパターンであり、南北方向の幹

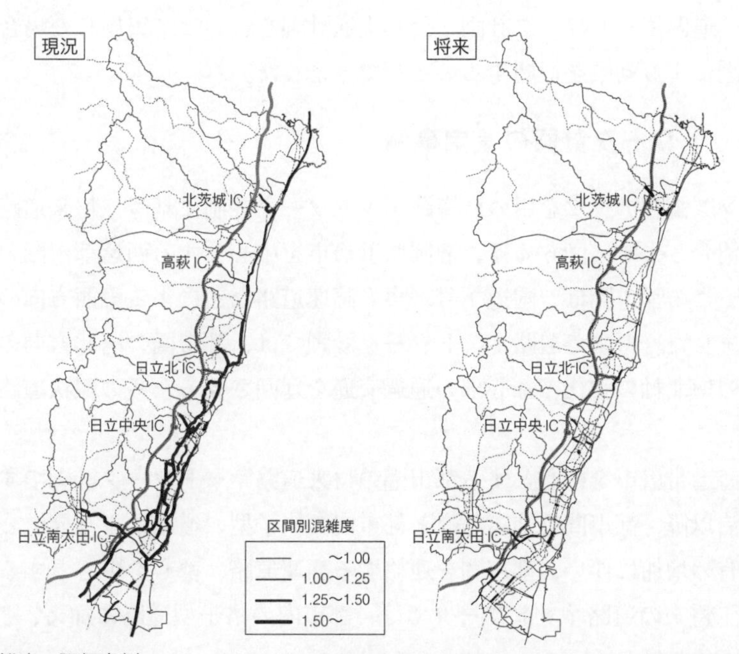

図6·2　区間別混雑度の評価事例（出典：茨城県『県北臨海都市圏総合都市交通体系調査報告書 マスタープラン編』2004年）

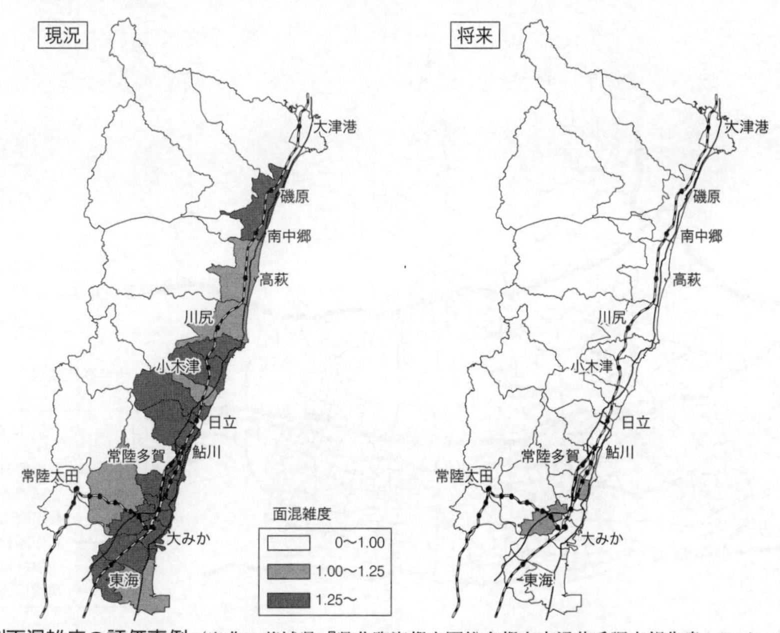

図6·3　ゾーン別面混雑度の評価事例（出典：茨城県『県北臨海都市圏総合都市交通体系調査報告書 マスタープラン編』2004年）

線道路の混雑と都心部の道路混雑が激しいことが大きな問題でした。そのため、南北方向を強化する幹線道路ネットワーク計画と都心部へのアクセスを強化する公共交通計画を検討しました。図6･2は区間別混雑度の現況と将来の比較です。現況に対し将来の区間別混雑度は大きく低下し、交通の需給バランスが改善されることがわかります。次に、図6･3はゾーン別面混雑度の現況と将来の比較です。現況に対し将来の面混雑度は大きく低下し、各地区の需給バランスが改善され、都心部のモビリティが向上することがわかります。

以上の効果は、道路ネットワーク計画と公共交通計画を合わせて実施した場合のものなので、総合的な交通計画による効果を把握することができました。

3 将来道路ネットワーク計画の策定事例

パーソントリップ調査データを用いた道路ネットワーク評価に基づく将来道路ネットワーク計画の策定事例を紹介します。図6･4は、静岡県浜松市を中心とする西遠都市圏の道路ネットワークの計画図です。この都市圏は、国道1号、東名高速道路などによる東西方向の東海道軸を中心に形成されてきました。将来の道路ネットワーク計画では、都市圏の南北方向の広がりをもつ構造を支えるための南北軸の強化、都心部の通過交通を迂回させるための環状道路の形成をめざしています。

図6･5は、北海道帯広市を中心とする都市圏の将来道路ネットワーク計画です。開拓地としての帯広市は、明治以降、都市間を結ぶ鉄道と都市内の格子型の道路により発展してきました。近年は、自動車保有の増加に伴い、都市間を連絡する高速道路、都心を中心とする放射道路が整備されてきました。将来の道路ネットワークでは、都市内の格子型道路に加え、骨格的な「4放射1環状」の道路の形成をめざしています。

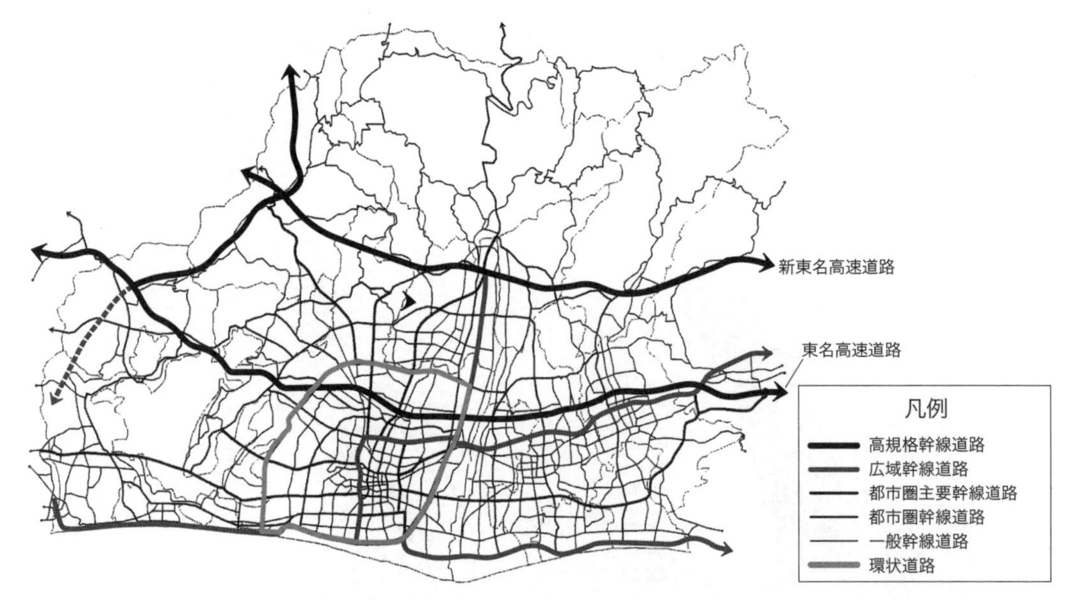

図6･4　将来道路ネットワーク計画の事例（西遠都市圏）（出典：静岡県『第3回西遠都市圏総合都市交通体系調査報告書』1998年）

4 都市計画道路の見直しにおける道路ネットワークの評価

都市計画道路とは、都市計画法により決定された都市施設の1つであり、この道路の区域には恒久的な建物が建てられないなどの制限を受けます。全国の都市計画決定された幹線道路の計画延長6.4万kmのうち、未着手延長は約2.1万kmであり、計画延長の約32%が未着手となっています(2016年3月現在)。都市計画道路は高度経済成長期における都市の拡大を前提に決定されたものが多く、近年の人口減少、低成長などの社会状況の変化を踏まえると、必要性が低下している路線もあります。このため、全国の自治体では都市計画道路の廃止や幅員の変更などの見直しを進めています[1)]。

都市計画道路の見直しでは、必要性の評価、実現性の評価、将来交通需要予測による評価などが行われています。必要性の評価では、道路の交通機能、空間機能などから、実現性の評価では、道路整備による周辺環境への影響、他の事業との関係、道路整備の施工性、沿道住民の意向などから評価します。そして将来交通需要の予測には、本章で解説してきたように4段階推計法による配分交通量の予測結果が用いられます。さらに、この予測結果を用いた費用便益分析による評価結果を含め、総合的に評価します。費用便益分析とは、道路ネットワークの一部区間が供用された場合などの道路整備効果を貨幣価値(金額)として評価する方法です。つまり、道路がある時とない時の効果と費用を貨幣換算して評価します。詳細は参考文献[2)]を参照してください。

ここでは、都市計画道路の見直しの事例として仙台市の例を紹介します。仙台市では、2008年11月から検討を開始し、2011年1月に都市計画道路網の見直しによる「新しい幹線道路網」の計画を公表しました(図6・6)。未整備区間のうち、継続区間が75.0km、廃止区間が68.5kmです。この幹線道路網に基づき都市計画道路の計画決定を変更し、継続区間については着実に整備を進

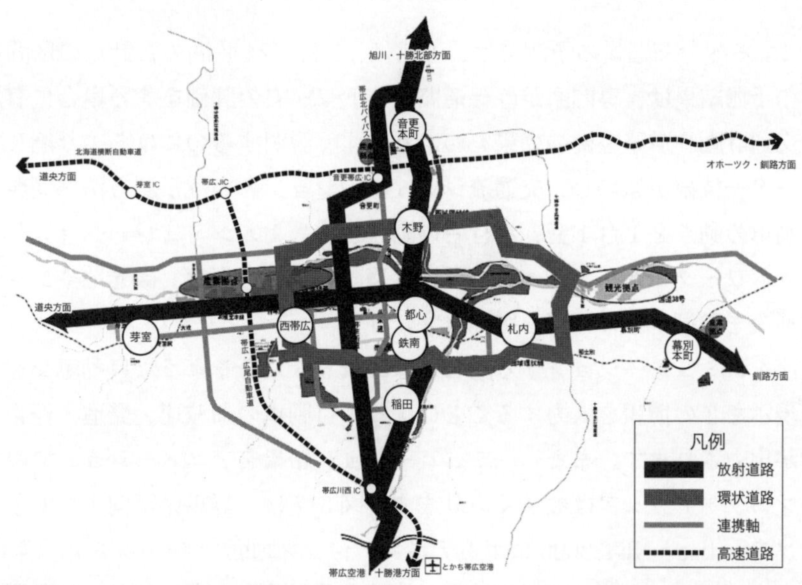

図6・5 将来道路ネットワーク計画の事例(帯広都市圏)(出典:北海道『帯広圏総合都市交通体系調査報告書』2008年)

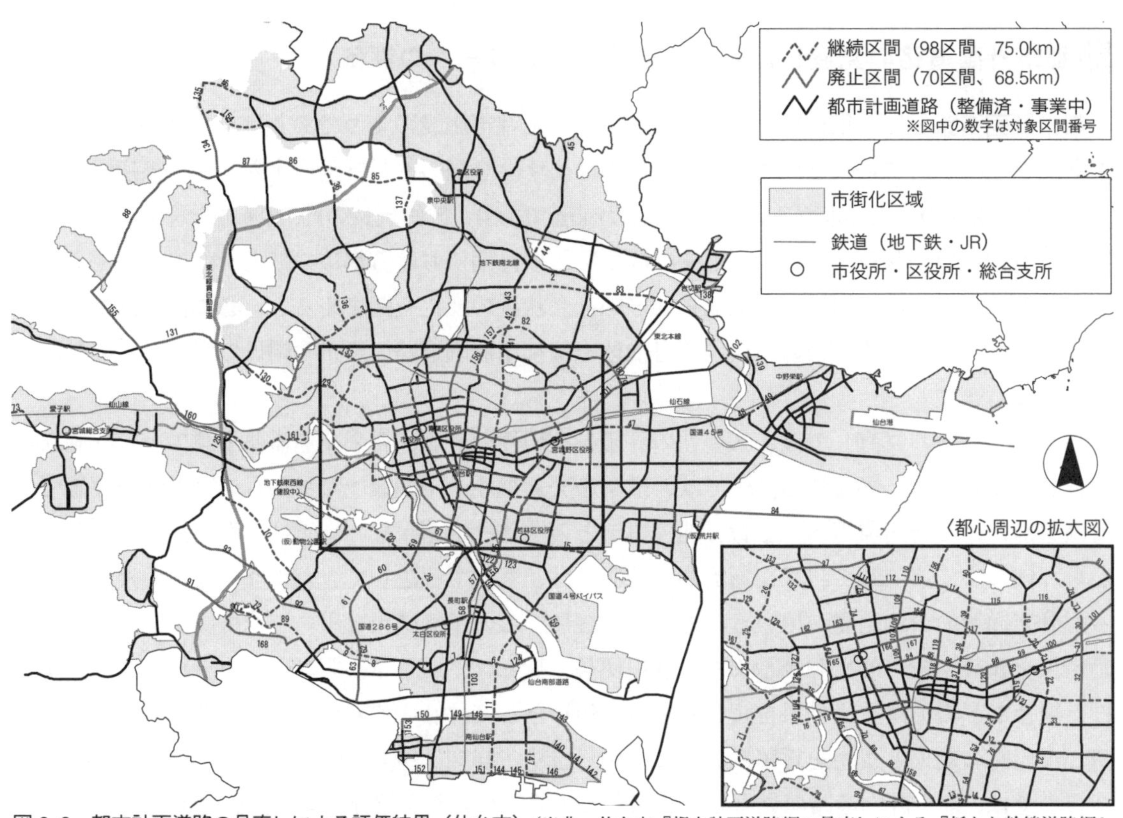

図6·6　都市計画道路の見直しによる評価結果（仙台市）（出典：仙台市『都市計画道路網の見直しによる『新たな幹線道路網』及び今後の都市計画の変更手続きについて』2011年）

め、公共交通を中心としたまとまりのある市街地形成にふさわしい交通体系を築くとしています。

3 交通流シミュレーションによる評価

4段階推計法による配分交通量の予測では、通常は、1日（24時間の合計）の区間別交通量を推計します。この予測結果は、専門家が幹線道路ネットワークの評価をする場合に有用です。一方で、市民に、交通計画や道路整備の効果をわかりやすく説明するのにはあまり適していません。近年、コンピューター技術が進歩し、**交通流シミュレーション**という予測方法が開発されました。この方法は、自動車の動きを1台1台、歩行者の動きを1人1人シミュレーションします。あまり広域の道路ネットワークのシミュレーションには適していませんが、観光地やショッピングセンター周辺の交通流を予測するのに適しています。

自動車の交通流をシミュレーションする場合には、表6·5にあるような自動車交通量、道路の幅員構成、信号現示などの情報を入力することにより、自動車の加減速、発進・停止、右左折などの詳細な挙動が出力されます。また、シミュレーション結果をアニメーションで表示できます。シミュレーションのソフトウェアは数多くあります。図6·7は、群馬県富岡市を対象とした、シミュレーションソフト tiss・NET 2006 によるアニメーション画面です。

自動車交通流シミュレーションでは、交差点対策（交差点改良、右折レーンの設置、信号現示

表 6･5　自動車交通流シミュレーションの入力情報･出力情報の例

入力情報	出力情報
・自動車の交通量（道路交通センサス、交差点交通量調査等より予測） ・道路の幅員構成（車道、歩道、停車帯等）、制限速度 ・信号現示（青・赤・黄信号の時間）、信号の系統制御 ・横断歩道の位置・幅員、歩行者交通量	・自動車の加減速、制限速度等の規制に応じた挙動 ・前の自動車との追従挙動、追い越し挙動 ・信号現示による発進・停止、路上駐車による影響 ・横断歩道を渡る歩行者による自動車の右左折挙動 ・駐車場への入出庫挙動、駐車場容量による挙動

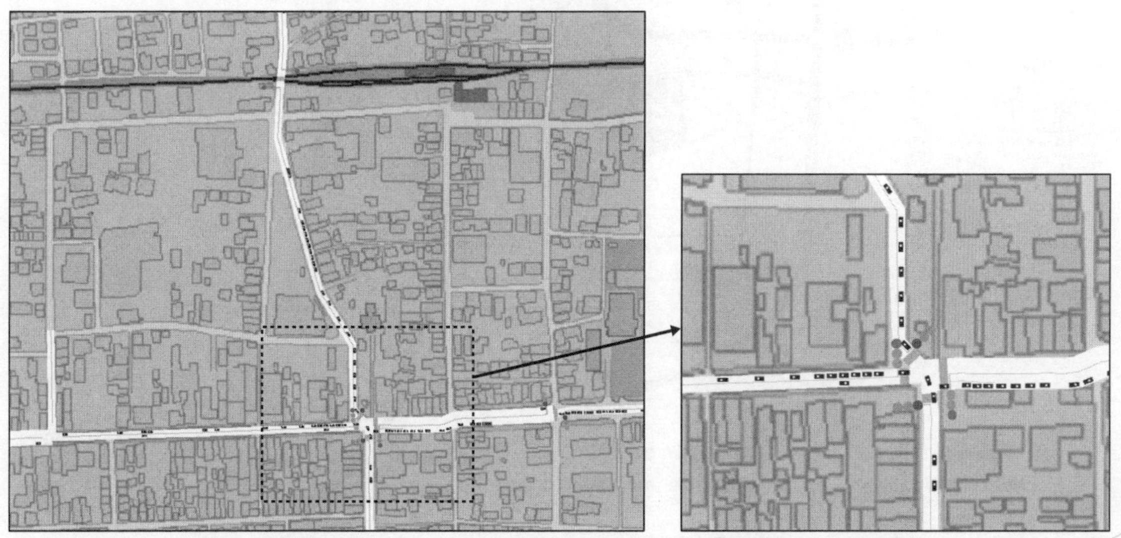

図 6･7　自動車交通流シミュレーションのアニメーション画面例（tiss・NET 2006）

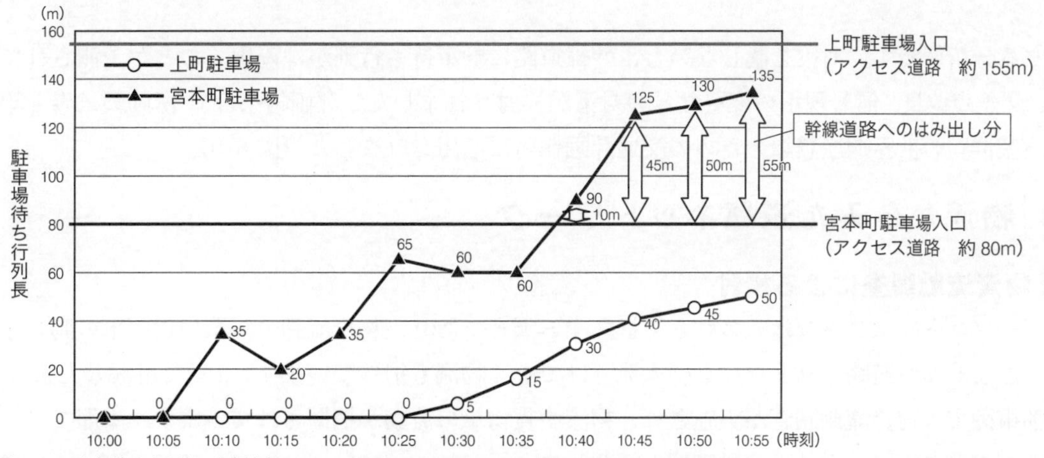

図 6･8　駐車待ち行列の分析例（出典：群馬県『富岡市街地における自動車交通流マイクロシミュレーション報告書』2009 年）

の変更等)、道路整備（新規整備、拡幅、車線増、幅員構成の変更等)、駐車場対策（新設、誘導等）などの評価を行うことができます。また、歩行者交通流をシミュレーションできるソフトウェアや 3D アニメーションで表示できるソフトウェアなどもあります。

シミュレーションの出力情報を集計することにより、区間別交通量･混雑度、交差点の滞留長･渋滞長、駐車場の利用台数・待ち行列長などの評価指標を得られます。図 6･8 は駐車待ち行列に

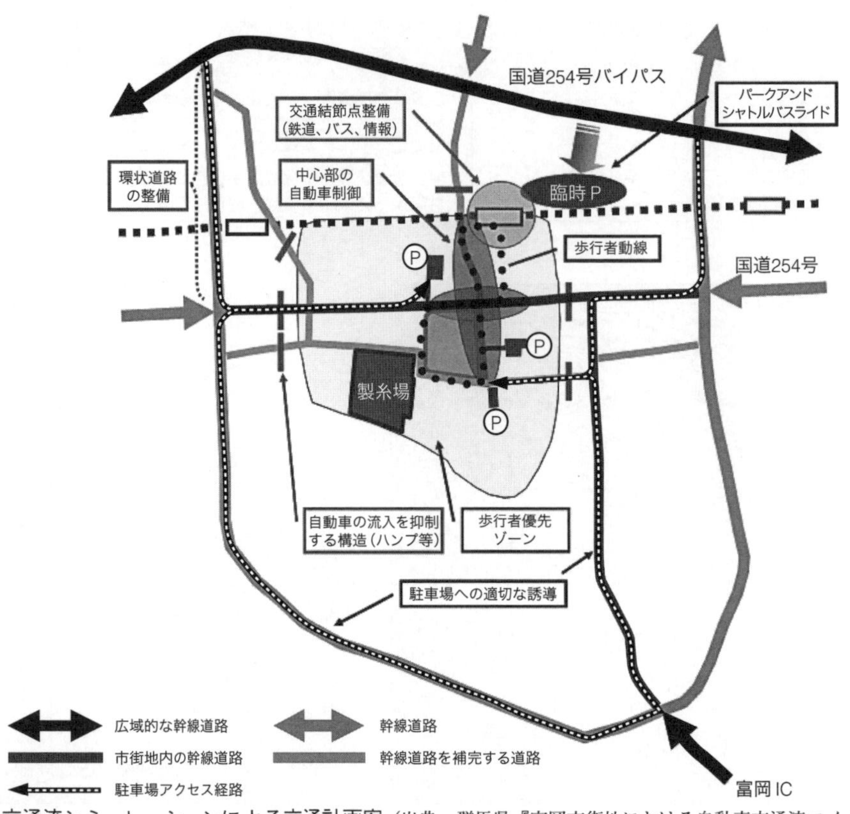

図 6･9　交通流シミュレーションによる交通計画案（出典：群馬県『富岡市街地における自動車交通流マイクロシミュレーション報告書』2009 年）

関する分析例です。対策を講じないと、幹線道路に駐車待ち行列がはみ出すことが予測されており、交差点改良、信号現示の変更などの対策が検討されました。評価結果は、「富岡製糸場と絹産業遺産群」の世界遺産登録のための交通計画検討に活用されました（図 6･9）。

4 物流からみた道路ネットワーク

1 物資流動調査による検討

パーソントリップ調査は人の動きを把握する調査であり、物資流動や営業用貨物車の動きを把握できません。道路ネットワークは人流だけでなく物流も担っています。2 章で解説したように、大都市圏では物資流動調査が実施され、物流や貨物車の流動が把握されています。本節では、物流調査データを用いた計画検討事例を紹介します。

図 6･10 は、東京都市圏の物資流動調査の貨物車走行実態調査データを用いた、大型貨物車の走行上の課題に関する分析結果です。貨物車走行に関し、環状道路の整備が十分進んでいない地域で大型貨物車が混雑に巻き込まれる、住宅地等に流入しているなどの課題が発生しています。

これらの課題に対応していくために、大型貨物車に対応した物流ネットワークの形成による物資輸送の効率化と、大型貨物車等の走行適正化による生活環境・都市環境の改善が目標とされました。そして、基幹的な物流ネットワークの形成、地域の主要な物流ネットワークの形成、地域

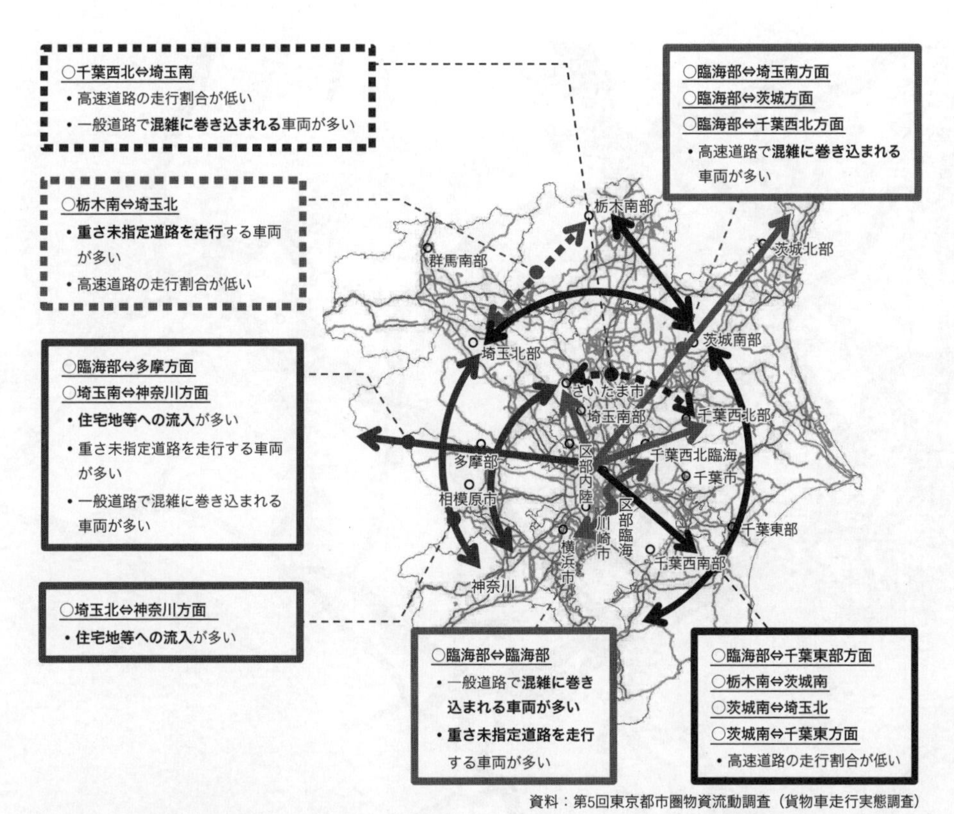

○千葉西北⇔埼玉南
・高速道路の走行割合が低い
・一般道路で混雑に巻き込まれる車両が多い
○栃木南⇔埼玉北
・重さ未指定道路を走行する車両が多い
・高速道路の走行割合が低い
○臨海部⇔多摩方面
○埼玉南⇔神奈川方面
・住宅地等への流入が多い
・重さ未指定道路を走行する車両が多い
・一般道路で混雑に巻き込まれる車両が多い
○埼玉北⇔神奈川方面
・住宅地等への流入が多い
○臨海部⇔埼玉南方面
○臨海部⇔茨城方面
○臨海部⇔千葉西北方面
・高速道路で混雑に巻き込まれる車両が多い
○臨海部⇔臨海部
・一般道路で混雑に巻き込まれる車両が多い
・重さ未指定道路を走行する車両が多い
○臨海部⇔千葉東部方面
○栃木南⇔茨城南
○茨城南⇔埼玉北
○茨城南⇔千葉東方面
・高速道路の走行割合が低い
栃木南部
群馬南部
茨城北部
茨城南部
埼玉北部
さいたま市
埼玉南部
千葉西北部
多摩部
区部内陸
千葉西北臨海
千葉市
相模原市
区部臨海
川崎市
千葉東部
横浜市
千葉西南部
神奈川
資料：第5回東京都市圏物資流動調査（貨物車走行実態調査）

図 6･10　東京都市圏における大型貨物車の走行上の課題（出典：東京都市圏交通計画協議会『東京圏の望ましい物流の実現に向けて』2016 年）

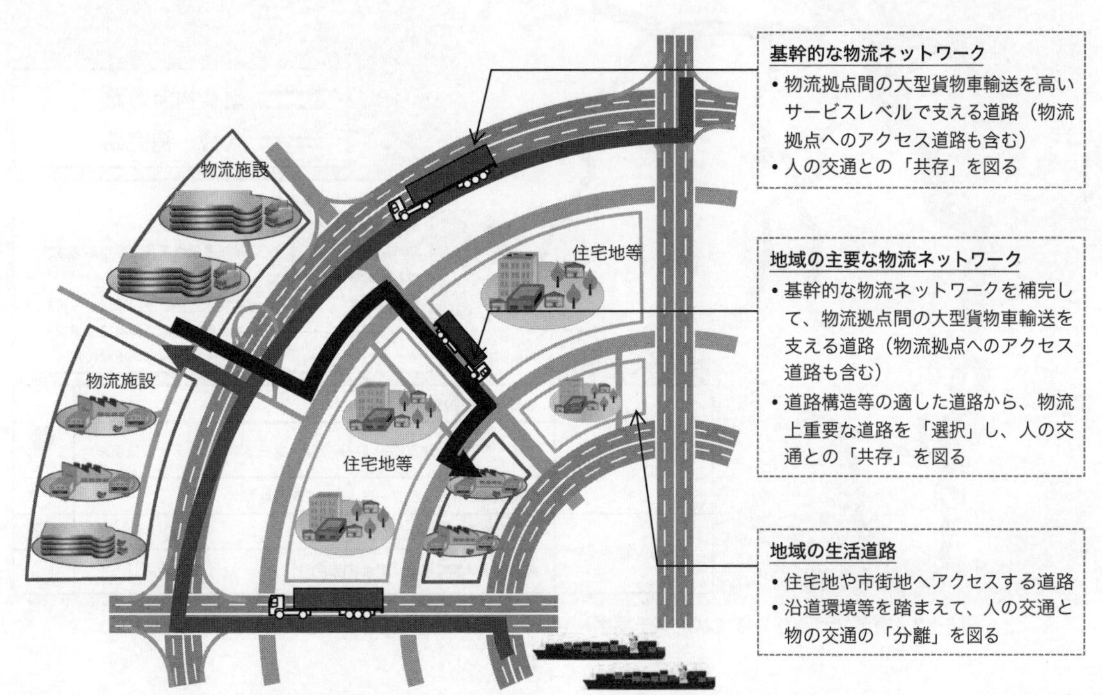

基幹的な物流ネットワーク
・物流拠点間の大型貨物車輸送を高いサービスレベルで支える道路（物流拠点へのアクセス道路も含む）
・人の交通との「共存」を図る
地域の主要な物流ネットワーク
・基幹的な物流ネットワークを補完して、物流拠点間の大型貨物車輸送を支える道路（物流拠点へのアクセス道路も含む）
・道路構造等の適した道路から、物流上重要な道路を「選択」し、人の交通との「共存」を図る
地域の生活道路
・住宅地や市街地へアクセスする道路
・沿道環境等を踏まえて、人の交通と物の交通の「分離」を図る
物流施設
物流施設
住宅地等
住宅地等

図 6･11　物資輸送効率化と都市環境改善の両立の考え方（出典：東京都市圏交通計画協議会『東京圏の望ましい物流の実現に向けて』2016 年）

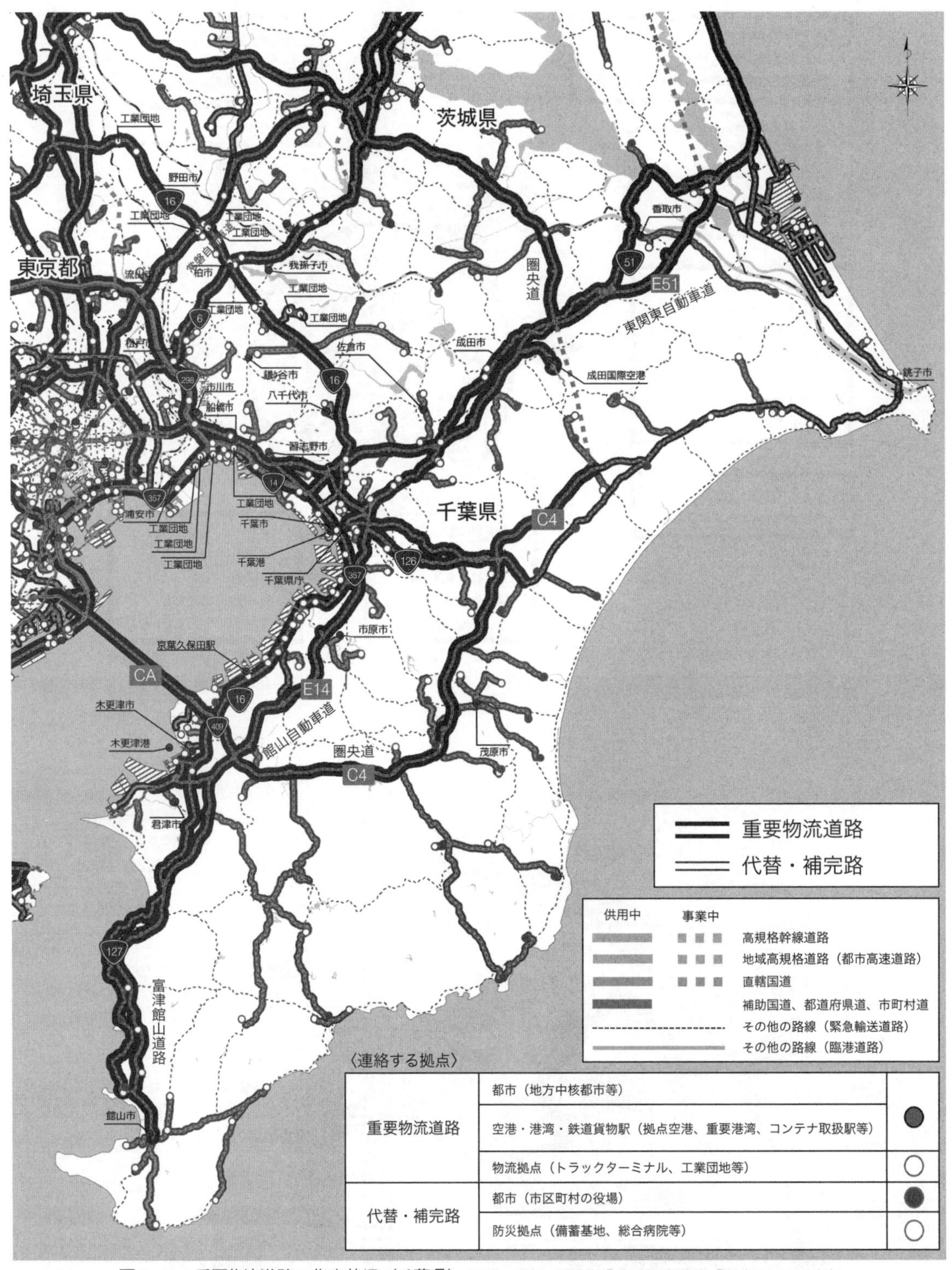

図 6･12　重要物流道路の指定状況（千葉県）（出典：国土交通省『重要物流道路「関東」』2019 年）

の生活道路における人流と物流の分離による物資輸送効率化が提案されました（図6・11）。

2 重要物流道路

国土交通省では、物流上重要な道路ネットワークを「重要物流道路」として計画路線を含めて指定し、機能強化や重点支援を実施しています（道路法等の一部を改正する法律、2018年3月31日公布）。物流業においては、トラックドライバーの高齢化と、人口減少・少子高齢化に伴う深刻なドライバー不足が顕在化しています。それに伴い、国際海上コンテナ車（40ft背高）の台数が急速に増加しており、トラックの大型化に対応した道路ネットワークの構築が課題になっています。また、多発する災害に対し、災害時の道路ネットワークを確保することも重要です。このような背景のもと、平常時、災害時を問わない安全かつ円滑な物流の確保を目標として重要物流道路が指定されています。2019年4月に公表された重要物流道路の指定状況（供用中区間）について、千葉県の例を紹介します（図6・12）。高速道路と主要な国道が指定されており、平常時の物資輸送の効率化と災害時の被災地支援が期待されます。

▩演習問題6▩ あなたの住んでいる都市や、なじみのある都市や地域、興味のある都市や地域について、以下をインターネット等で調べてください。内容を把握したうえで、少子高齢社会の進行、環境問題の深刻化、自然災害の激化などの状況に基づき、計画の効果や課題などについて考察してください。

(1) 道路ネットワーク計画
(2) 都市計画道路の見直しに関する計画
(3) 重要物流道路の指定状況

参考文献

1) 国土交通省都市局都市計画課『都市計画道路の見直しの手引き』2017年
2) 新田保次 監修、松村暢彦 編著『図説 わかる土木計画』学芸出版社、2013年

7章
交通施設計画

1 都市施設の種類

都市計画法は、都市の健全な発展と秩序ある整備を図るため、都市の土地利用、都市施設、市街地開発事業に関する計画を総合的かつ一体的に定めることにより、国土の均衡ある発展と公共の福祉の増進に寄与することを目的としています。都市計画法で定められる都市施設は、表7･1のとおりであり、交通施設を含むこれらの施設により都市の骨格を形成し、円滑な都市活動を確保し、良好な都市環境を保持します。

本章では**交通施設**のうち、駅前広場、駐車場、バスターミナルについて解説します（鉄道については5章で、道路については6章と8章で解説します）。

2 駅前広場計画

1 駅前広場計画の考え方

駅前広場は、鉄道利用者のバスやタクシーへの乗り換えといったターミナル交通を処理する役割をもつ一方、買物や待ち合わせといった人々の交流や都市景観の形成などの役割を担っています。駅前広場計画を策定するためには、新しい交通形態への対応、市街地の拠点としての要請、

表7･1　都市施設の種類

交通施設	都市計画道路、駅前広場、都市高速鉄道、都市計画駐車場
公共空地	公園、緑地等
供給処理施設	水道、下水道等
水路	河川、運河等
教育文化施設	学校、図書館等
医療・社会福祉施設	病院、保育所等
その他の都市施設	市場、と畜場、火葬場等

表7･2　駅前広場計画の配慮事項

新しい交通形態への対応	・パークアンドライド、キスアンドライド（送迎）などの交通形態への対応 ・駅周辺の駐輪問題等への対応 ・長距離バス、高速バス需要への対応
市街地の拠点としての要請	・モータリゼーションや都市の郊外化への対応 ・中心市街地の活性化への対応
都市の玄関口としての役割の認識	・都市やまちのイメージ、都市の顔としてのシンボル性の形成 ・都市景観の形成
都市空間の有効利用	・都心部における希少な公共的都市空間としての活用 ・希少な空間の高度利用
福祉への配慮	・高齢者や移動困難者等への配慮（バリアフリー） ・誰もが快適に利用できる施設（ユニバーサルデザイン）

（出典：建設省監修、日本交通計画協会編『駅前広場計画指針 新しい駅前広場計画の考え方』（技法堂出版、1998年）を参考に著者が作成）

都市の玄関口としての役割の認識、都市空間の有効利用、福祉への配慮などに留意し、駅の特性、都市の特性を踏まえて計画する必要があります（表7･2）。

2 駅前広場の機能

『駅前広場計画指針』[1] では、**駅前広場**の機能は、交通の結節点として交通を処理する「交通結節機能」と「都市の広場機能」に大きく分けられるとしています（図7･1）。交通結節機能とは、鉄道、バス、タクシー等の各種交通機関を収容し、相互に乗り換える機能です。都市の広場機能は、市街地拠点機能、交流機能、景観機能、サービス機能、防災機能からなります。また、交通結節機能を果たすための空間を「交通空間」、都市の広場機能を果たす空間を「環境空間」と呼びます。駅前広場の機能は駅や周辺市街地、都市の特性によりさまざまであり、交通空間と環境空間を適切に組み合わせつつ必要な空間を確保します。

3 駅前広場面積の検討

駅前広場面積の算定にあたっては、駅前広場利用の特性や必要となるサービスレベルに合わせ、将来における必要施設量を確保します。駅前広場面積を検討する際には、交通空間のために確保すべき面積と環境空間のために確保すべき面積の和として駅前広場基準面積を求め、機能構成、配置計画などを総合的に勘案し面積を定めます。駅前広場の機能確保のためには立体化（ペデストリアンデッキ等）も含めて検討を行います。

交通空間の確保に必要な面積（交通空間基準面積）は、駅前広場利用者の交通処理のための面積であり、車道部、バス・タクシー・自家用車の乗降場、交通機能に特化した交通島など各種交通機関別の必要施設量の和として求められます（図7･2）。交通島とは、車両の安全かつ円滑な通行を確保したり、歩行者の安全を図るために設けられる島状の施設です。環境空間の確保に必要

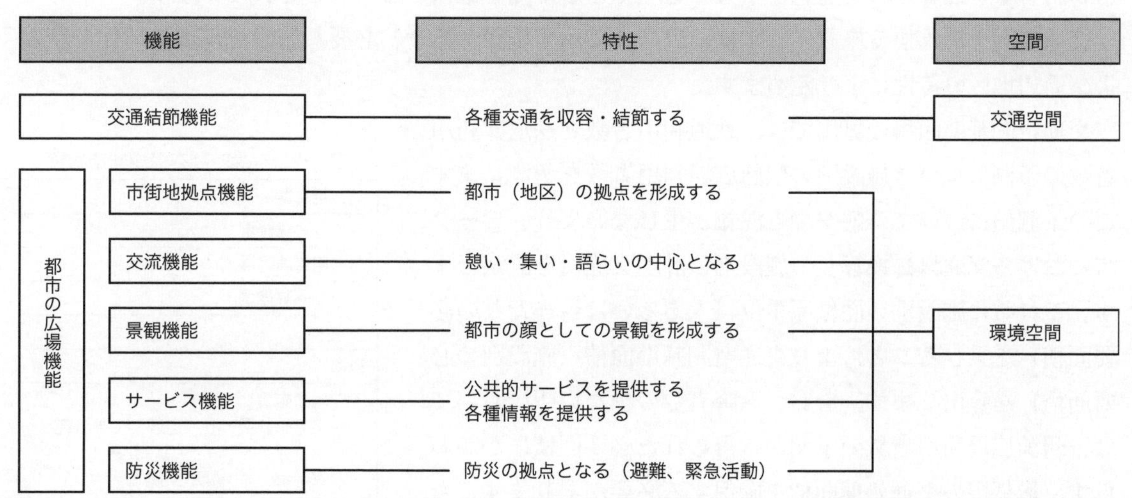

図7･1　**駅前広場の機能**（出典：建設省監修、日本交通計画協会編『駅前広場計画指針 新しい駅前広場計画の考え方』技法堂出版、1998年）

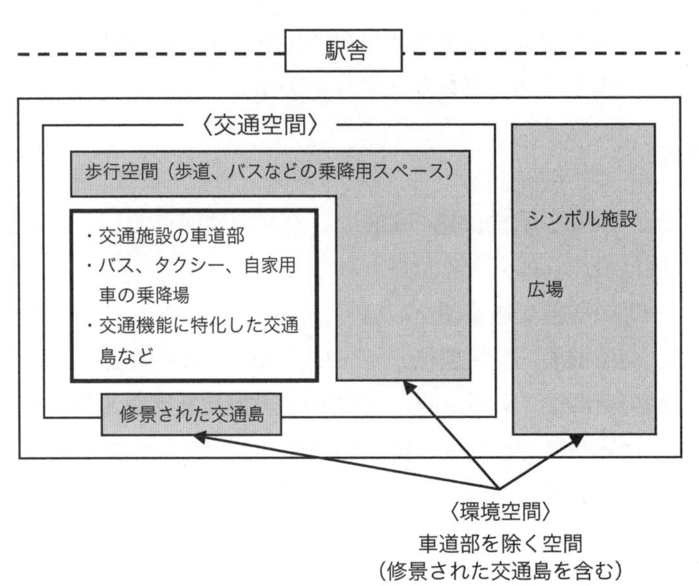

図7･2　駅前広場の面積算定における考え方（出典：建設省監修、日本交通計画協会編『駅前広場計画指針 新しい駅前広場計画の考え方』技法堂出版、1998年）

な面積は、交通空間基準面積の歩行空間（歩道、バスなどの乗降用歩行スペース）と空間を共用する面積と、環境空間の確保のために別途追加すべき面積（シンボル施設、広場など）から構成されます。樹木や芝などで修景された交通島は、交通空間と環境空間の両方の機能をもちます。

4 交通空間基準面積の算定

交通空間は、歩道、車道、バス乗降場、タクシー乗降場、駐車スペースなどで構成されます。それぞれの必要面積の算定にあたっては、『駅前広場計画指針』[1]において、都市交通計画における駅前広場の位置付けを明確にし、求められる機能、施設内容を把握するとともに、将来の駅前広場利用者数を推計し、交通量を十分に処理できる空間を確保することとされています。

交通空間を構成する施設としては、表7･3に示す施設があり、必要な施設を都市の特性や駅および周辺地区の特性により定めます。

交通空間基準面積の算出では、鉄道利用者数と鉄道非利用者数の予測に基づき施設別の駅前広場利用者数を予測します。この予測値について、朝夕でも混雑が生じないよう、ピーク時における交通量に換算し、施設別の計画交通量を設定します。これらに施設別の面積原単位（人あるいは台当たりの必要面積）を乗じることにより交通空間基準面積（施設別の必要面積）を算出します。なお、乗降者数の少ない駅においては、駅前広場利用者数の予測から得られた必要面積にかかわらず、最低限の交通処理面積を確保する必要があります。たとえば、バス利用者数が少ない場合もバス導入が可能な面積

表7･3　交通空間を構成する施設

バス乗降場
タクシー乗降場
自家用車乗降場
タクシー駐車場
歩道
車道
その他の施設 ・キスアンドライド（送迎）の乗降場 ・パークアンドライドの駐車場 ・自家用車の短時間駐車場 ・駐輪場 ・長距離バス等の乗降場

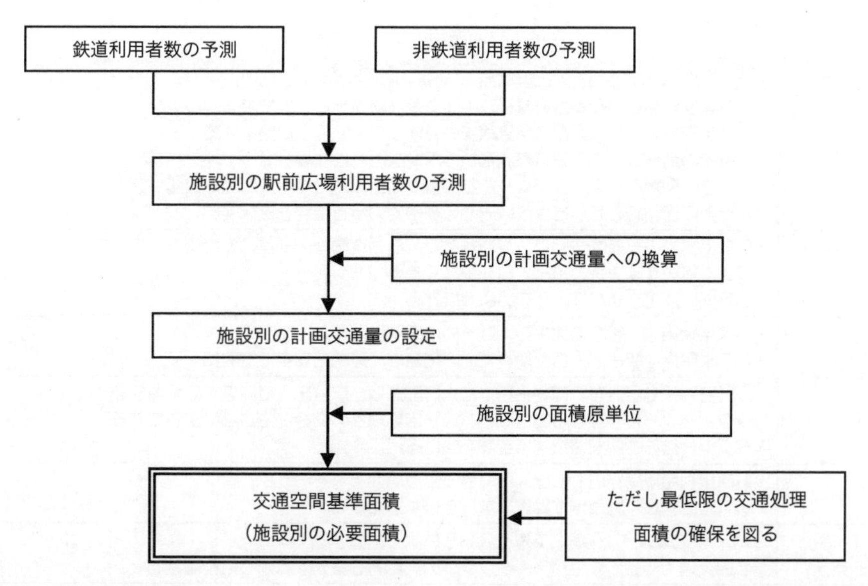

図7･3　交通空間基準面積の算定フロー（出典：建設省監修、日本交通計画協会編『駅前広場計画指針 新しい駅前広場計画の考え方』技法堂出版、1998年）

を確保します（図7･3）。

鉄道利用者数と非利用者数の予測には、駅前広場利用者の実態調査、パーソントリップ調査、鉄道乗降客に関する調査等のデータを用います。表7･4は施設別の面積原単位の例です。

表7･4　施設別の面積原単位の例

施設	面積原単位
バス乗降場	70m² ／台
バス乗車客の滞留空間	1.0m² ／人
タクシー乗降場	20m² ／台
タクシー乗車客の滞留空間	1.0m² ／人
自家用車乗降場	20m² ／台
自家用車駐車場、タクシー駐車場	30m² ／台

5 交通施設配置の配慮事項

駅前広場には交通結節点として歩行者、バス、タクシー、自家用車などの交通が集中するため、交通空間の施設配置にあたっては、交通動線を検討し、円滑な交通処理が行われるように配慮する必要があります。施設配置の配慮事項を表7･5に示しました。

6 駅前広場の計画事例

JR前橋駅北口の駅前広場は、2011年に都市計画決定された面積1万1,000m²の駅前広場です。駅前広場は都市の玄関口であると考えたうえで、主に歩行者利便性、広場空間の確保、交通結節機能、景観形成の観点から整備方針が検討されました。歩行者利便性に関しては「広場中央部に歩行者主動線を確保する」、広場空間に関しては「歩行者主動線に沿う中央部分に広場空間を確保する」、交通結節機能に関しては「公共交通と一般車を分離することで、安全な交通流動を確保しつつ、必要となる交通施設容量を確保する」、景観に関しては「駅前からのびるケヤキ並木との連続性に配慮しつつ、広場空間や交通空間の施設を配置する」という方針が立てられ、実際の整備に反映されています（図7･4）。

表 7·5　交通施設配置の配慮事項

施設	配慮事項
歩道	・歩行者と自動車の動線は分離し、平面交差（横断歩道）はできる限り少なくする ・横断歩道を設置する場合は、直線部の見通しのよい位置に設置する ・歩行者の動線はできる限り整流化し、円滑な流れにする ・歩行者の動線とバス、タクシー待ちの客や横断歩道の滞留空間とが交錯しないようにする ・歩行者に迂回感を感じさせない円滑な動線での歩行空間を確保する
車道	・駅前広場内の車道は右回り一方通行とし、自動車動線の交差、分合流を少なくする ・広場と接続する道路との出入口を少なくする ・広場内に通過交通が進入しないようにする
バス乗降場	・バス乗降場は、駅舎前面もしくはその付近に設置する ・バス乗降場と駅舎出入口が離れている場合は、連絡を安全で容易にする
タクシー乗降場	・高齢者や移動困難者、荷物を持った人に配慮し、駅舎出入口に近くに配置する ・タクシープールを設ける場合は、バス、自動車との交錯が生じないようにする ・タクシー待ちの客が滞留する空間を設ける
自動車駐車場	・駐車場利用車両が円滑に出入りできるようにする ・歩行者に対し、駐車場が障害にならないようにする
キスアンドライド用（送迎用）施設	・バス、タクシーの交通に支障とならないよう配置する ・私的交通であるため、バス、タクシーの利用者を優先するように配置する

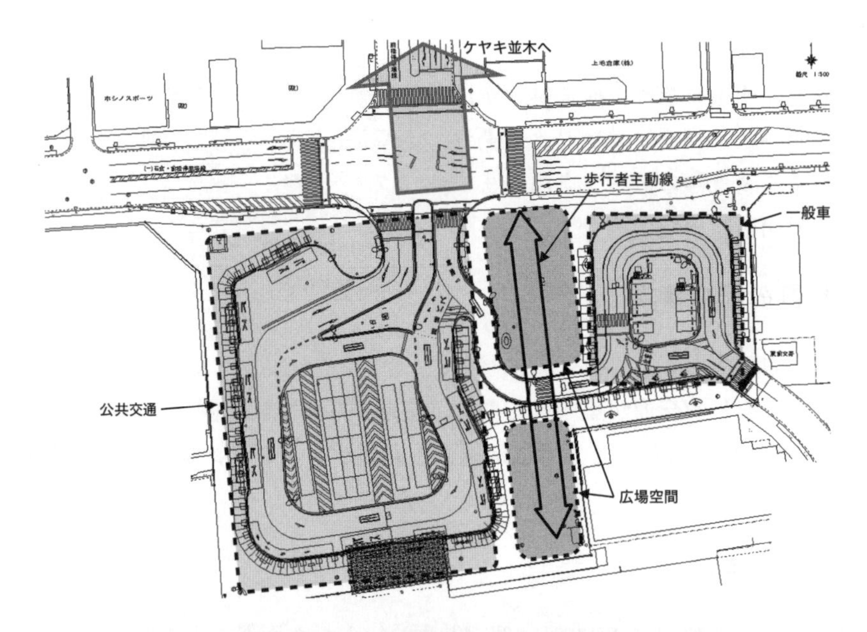

図 7·4　前橋駅北口駅前広場計画（出典：前橋市『前橋駅北口広場基本構想』2007 年）

3 まちづくりと連携した駐車場計画

1 駐車場整備の現状

わが国では、急速な自動車社会の到来とともに、自動車の保有台数が著しい増加を示す一方で、1950年代頃より、自動車の都市中心部への集中が市街地の道路交通の激しい混雑を招くこととなりました。そこで、都市中心部における自動車の駐車のための施設整備に関して総合的施策を講じるため、1957年に駐車場法が制定されました。駐車場法では、自動車交通が著しく輻輳する地区等を「駐車場整備地区」として定め、「駐車場整備計画」を策定することとされています。また、この計画に基づき、都市計画駐車場等の整備や建築物の新築等に際して「附置義務駐車場」の確保が進められるなど、都市内の駐車場は着実に整備がなされてきました。

その結果、駐車場法制定当時においては1万台に満たなかった駐車場供用台数は、2015年には約500万台となり、また路上駐車台数も大幅に減少するなど、駐車場の整備を通じた道路交通の円滑化が着実に進められてきました（図7･5)。

2 駐車場整備に関する課題

大都市においては、自動車交通量の減少と公共交通利用の増加の傾向がみられるようになってきました。一方で地方都市においては、駐車場への土地利用転換が進んだ結果、一部の地域では、駐車場の過剰な供給が続き、駐車場の稼働率の低下や、駐車場が沿道空間の多くを占めることによるまちの魅力低下が問題になっています。また、路上駐車の多くは荷捌きを目的としているため、荷捌き用駐車場の整備の必要性が高いと考えられていますが、乗用車用と比べて整備が遅れている地域があります。

また、駐車場の配置に目を向けてみると、地域のまちづくりの方針や将来像とは関係なく配置される状況も生じています。こうした無秩序な駐車場整備がなされると、まちなかのさまざまな

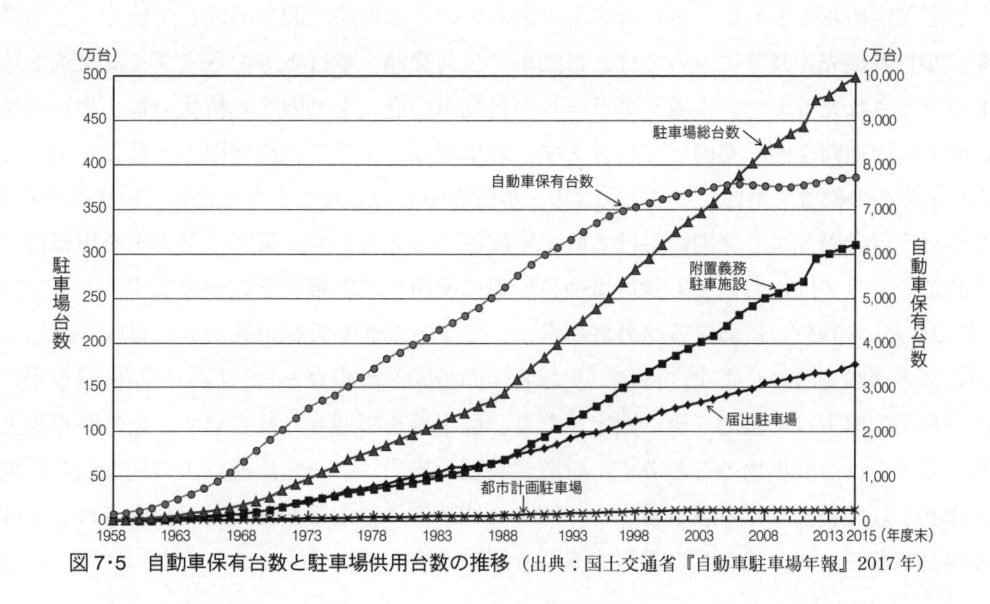

図7･5　自動車保有台数と駐車場供用台数の推移（出典：国土交通省『自動車駐車場年報』2017年）

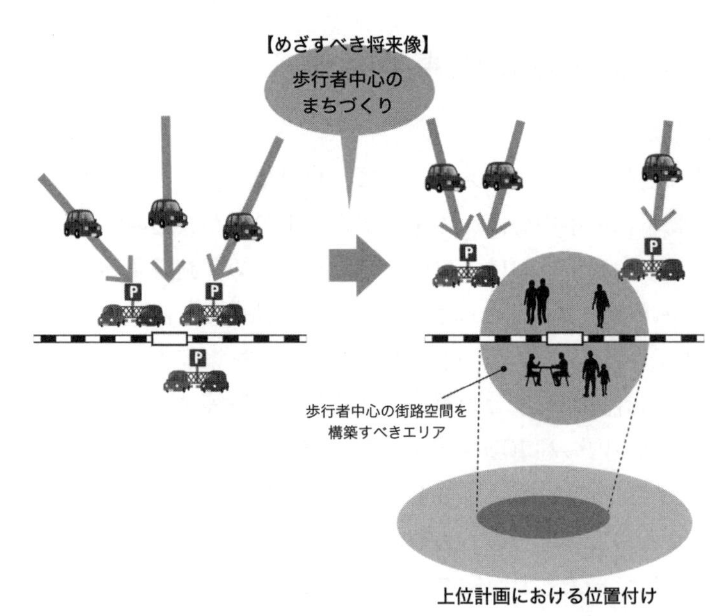

図7·6　歩行者中心のまちづくりにおける駐車場整備のイメージ（出典：国土交通省都市局まちづくり推進課・都市計画課・街路交通施設課『まちづくりと連携した駐車場施策ガイドライン（基本編）』2018年）

場所で自動車の駐車場への入出庫が発生し、歩行者と自動車とが錯綜することで歩行者の交通の安全が脅かされ、結果として市街地から歩行者を遠ざける要因になることも懸念されます。

3 まちづくりと連携した駐車場計画の考え方

2018年に国土交通省は『まちづくりと連携した駐車場施策ガイドライン』[2)] を策定しました。ここでは歩行者中心のまちづくりにおける駐車場整備の考え方を紹介します。

都心部においては、来訪者が安心して快適に移動できるよう、ある一定のエリアを歩行者優先エリアとして定めるとともに、歩行者中心の賑わいのある街路空間を形成していくことが考えられます。歩行者優先エリアにおいては、自動車、公共交通、歩行者等のさまざまな交通が適切にコントロールされたうえで、歩道やボラード（自動車の進入を制限する杭状の車止め）等を含めた歩行者志向の道路空間を整備していきます。駐車場は、エリアの周縁部へと移転・集約し、エリア内に広場や公園等を整備することにより、歩行者中心のまちづくりを進めていきます(図7·6)。

図7·7は歩行者優先エリア内における駐車場配置の考え方です。まずは駐車場を周縁部に集約したうえで、エリア内においても歩行者や自転車に配慮して駐車場を整備します。エリア内の大通り（「にぎわい道路」）に面する路外駐車場は、できるかぎり幹線道路沿いに移転し、沿道を来訪者のための商業施設にします。特に「歩行者中心のシンボルロード」沿いの路外駐車場については、駐車場の出入口を裏通り側に限定したり、駐車場を裏通りに移します。路外駐車場とは、路面外に設置される駐車場のことです。付置義務駐車施設は、一定規模以上の建築物の新増設の際に、義務として整備される駐車場です。個々の建築物に付置義務駐車場が整備されると非効率になる場合があるため、集約して設置する取り組みが進んでいます。

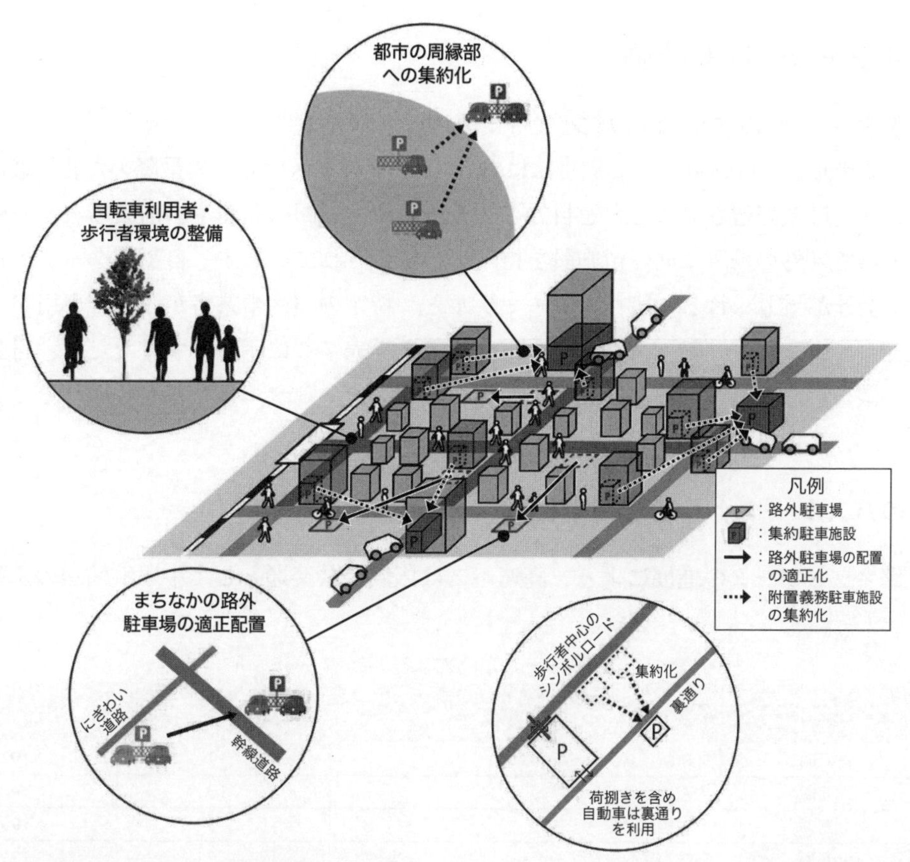

図7·7　歩行者優先エリア内における駐車場配置の考え方（出典：国土交通省都市局まちづくり推進課・都市計画課・街路交通施設課『まちづくりと連携した駐車場施策ガイドライン（基本編）』2018年）

4 荷捌き駐車場

商品等の搬出入による荷捌きに対しては、一定規模以上の建築物には附置義務駐車場があり、その場所が確保されています。一方、附置義務駐車場制度の対象とならない小規模な建築物が多い地域については、地区内の大規模駐車場に共同の荷捌き駐車場を設置したり、空地等を活用した共用の荷捌き駐車場を設置するなど、多様な手法が考えられます。ただし、荷捌き駐車場の共用化は、駐車場から目的施設への運送距離の増加や歩行者との錯綜等により作業効率の低下等を招く可能性があるため、運送事業者との協力体制等、地域の実情を踏まえた検討が必要です（図7·8）。

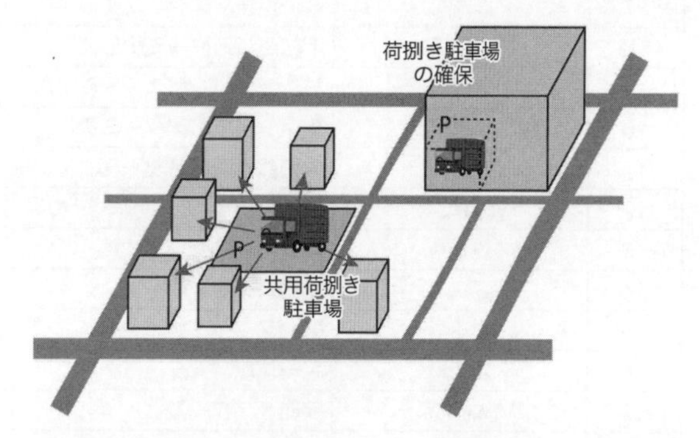

図7·8　荷捌き駐車場整備のイメージ（出典：国土交通省都市局まちづくり推進課・都市計画課・街路交通施設課『まちづくりと連携した駐車場施策ガイドライン（基本編）』2018年）

4 バスターミナル計画

1 自動車ターミナル法によるバスターミナル

バスターミナルは、自動車ターミナル法において、「乗合バスの旅客の乗降のため、乗合バス車両を同時に2両以上停留させることを目的とした施設で、道路の路面や駅前広場など一般交通の用に供する場所以外の場所に同停留施設を持つもの」とされています。自動車ターミナル法では、複数のバス会社が乗り入れる一般バスターミナルと、特定のバス事業者が設けた専用バスターミナルに区分しています。一般バスターミナルの一覧を、表7･6に示します。ただし、自動車ターミナル法に該当しないバスの停留施設が、通称で「バスターミナル」などと呼ばれることもあります。

2 近年のバスターミナルの計画事例

高速道路ネットワークの進展により、高速バスは広域公共交通として中距離輸送の基幹となり

表7･6 自動車ターミナル法による一般バスターミナル

	所在都道府県	バスターミナル名	バース数（発着所（台））	供用開始年
1	北海道	札幌駅バスターミナル	19	1978
2	北海道	大谷地バスターミナル	10	1982
3	北海道	新札幌バスターミナル	15	1990
4	北海道	福住バスターミナル	9	1994
5	北海道	宮の沢バスターミナル	10	1999
6	長野県	長野バスターミナル	5	1967
7	群馬県	草津温泉バスターミナル	9	1966
8	東京都	浜松町バスターミナル	10	1970
9	東京都	サンシャインバスターミナル	16	1978
10	東京都	東京シティエアターミナル	18	1978
11	東京都	大崎駅西口バスターミナル	4	2015
12	神奈川県	横浜シティ･エア･ターミナル	6	1979
13	静岡県	新静岡バスターミナル	8	2011
14	愛知県	名鉄バスセンター	24	1967
15	愛知県	栄バスターミナル	10	2002
16	愛知県	名古屋駅バスターミナル	18	2017
17	大阪府	湊町バスターミナル	10	1996
18	広島県	広島バスセンター	20	1957
19	山口県	秋芳洞観光センター	3	1966
20	福岡県	博多バスターミナル	26	1965
21	福岡県	藤崎バス乗継ターミナル	8	1981
22	福岡県	HEARTS バスステーション博多	4	2018
23	熊本県	熊本交通センター	21	1969
24	大分県	別府交通センター	3	1971
25	沖縄県	那覇バスターミナル	18	1959
計			304	

2019年2月1日現在

ました。そのため、その利用拠点となる鉄道駅とも直結する集約型の公共交通ターミナルを戦略的に整備する必要があります。その際、官民連携事業により、民間収益等も最大限活用しながら、効率的な整備・運営が進められています。近年の例では、「バスタ新宿」(2016 年開業) が知られています。

バスタ新宿は、新宿駅南口の歩行空間の不足、高速バスのバス停の分散 (19 か所) を背景とし、老朽化していた国道 20 号である新宿跨線橋の架け替えと合わせて整備されたものです。整備手法として立体道路制度を活用し、道路事業と民間ターミナルの官民連携で整備されました (図 7･9)。通常の道路は、上下空間を含めて道路区域に指定されますが、立体道路は上下空間を立体的に限定し、道路空間以外に建築物を整備できます。道路用地の取得が難航して道路整備が進まない都心部などにおいて、幹線道路と周辺地域を一体的に整備することを意図し創設された制度です。これによりバスタ新宿は、高速バス乗降場、待合室に加え、タクシー乗降場、観光情報センター、コンビニエンスストア等が設置されるとともに、JR 新宿駅の新南口とも直結しています (図 7･10)。

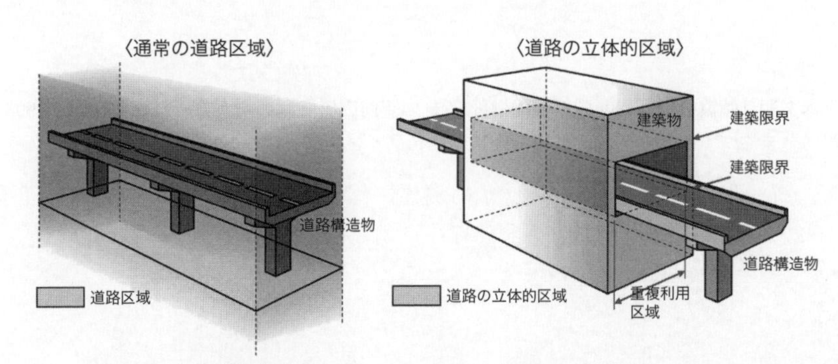

図 7･9　立体道路制度 (出典：国土交通省『立体道路制度について』2019 年)

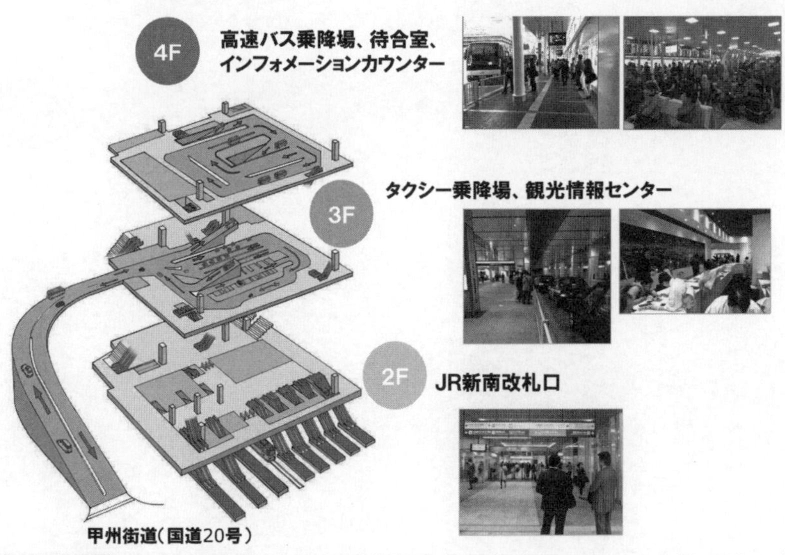

図 7･10　バスタ新宿施設配置 (出典：水野宏治 (国土交通省道路局)『新たな交通ターミナルの実現に向けて〜道・駅・街が一体となった未来空間の創出〜』日本道路協会講演会資料、2018 年)

2019年現在、リニア中央新幹線の起点となる品川駅の西口や、神戸三宮駅においても立体道路制度を活用した交通ターミナル整備が構想されています。

■演習問題7■ あなたの住んでいる都市やなじみのある都市の鉄道駅の駅前広場について、以下のとおり取り組んでください。対象とする駅前広場は、都市計画法により都市計画決定されたものとしてください。

(1) 自治体のWebページで、都市計画で決定された駅前広場の位置、計画面積、計画の決定年月日を調べてください。

(2) 整備された駅前広場に行き、交通空間、環境空間を確認してください。

・交通空間の交通結節機能を構成する施設としては何が整備されていますか(表7·3参照)。

・環境空間には何が整備されていますか（図7·2参照)。

(3) 表7·5の交通施設配置の配慮事項について、対象とする駅前広場の施設配置を検証してください。

参考文献

1) 建設省監修、日本交通計画協会編『駅前広場計画指針 新しい駅前広場計画の考え方』技法堂出版、1998年

2) 国土交通省都市局『まちづくりと連携した駐車場施策ガイドライン』2018年

8章
道路の設計

1 道路の区分と管理

1 道路の構造を規定する法令や基準

道路の新設や改良にあたっては、道路ネットワークにおける対象道路の位置付け、道路の特性や交通状況からどのような機能を果たすべきかを決める必要があります。また、道路はネットワークとしてつながっているので、設計の条件や基準が異なると円滑な交通とはなりません。そのため、道路は法令や基準によって構造が細かく取り決められています。

道路の構造に関する基準は、道路法に基づく政令である道路構造令と、**道路構造令**に基づく省令によって決まっています。道路構造令では、安全かつ円滑な交通を確保するための最低限の基準として、具体的に車線・歩道・中央帯等の幅員、建築限界、線形・勾配、視距、路面、交差または接続等について規定しています。

2 道路の区分

道路構造においては、多様な機能をもつ道路を道路ネットワークとして体系的に整備するために、自動車の交通機能に加えて、歩行者・自転車の交通機能も考慮する必要があります。道路を設計する場合には、地域の状況を踏まえて重視すべき機能を明確にしたうえで、地域に適した道路構造とすることが求められます。このため近年、道路構造に関する基準は、これまでのように全国画一的に運用するものではなく、地域の状況に応じて道路に求められる機能を勘案し、地域の裁量に基づき特例的な運用ができるようになってきました。たとえば、山間部において交通機能を早期に確保するために、すべてを2車線で整備するのではなく、峠の区間においては1車線と待避所の設置等と組み合わせて整備する「1.5車線的道路整備」の事例があります。

道路構造令では、道路の種類を、完全出入制限が実施される「高速自動車国道」および「自動車専用道路」と、「その他の道路」で分け、道路の存する地域を「地方部」と「都市部」で分けることで第1種から第4種の4つに区分しています（表8･1）。また各種別の道路は、道路の種類と道路の存する地域の地形や計画交通量により、種別ごとにさらに細かい級に分類されます（表8･2～8･5）。

3 道路の管理

道路の管理とは、道路の機能を発揮させるための行為全般のことです。たとえば、ある道路の特定区間の交通渋滞が激しく、バイパス道路を新設するのも道路管理の一部といえますが、一般には道路の維持・修繕などのマネジメントを指します。道路管理者は道路の種類ごとに定められています（表8･6）。

表 8・1　道路の区分

<table>
<tr><th>道路の存する地域
高速自動車国道及び
自動車専用道路又はその他の道路の別</th><th>地方部</th><th>都市部</th></tr>
<tr><td>高速自動車国道及び自動車専用道路</td><td>第 1 種</td><td>第 2 種</td></tr>
<tr><td>その他の道路</td><td>第 3 種</td><td>第 4 種</td></tr>
</table>

（出典：道路構造令）

表 8・2　第 1 種の道路

<table>
<tr><th colspan="2">計画交通量（単位 1 日につき台）
道路の
存する地域の地形
道路の種類</th><th>30,000 以上</th><th>20,000 以上
30,000 未満</th><th>10,000 以上
20,000 未満</th><th>10,000 未満</th></tr>
<tr><td rowspan="2">高速自動車国道</td><td>平地部</td><td>第 1 級</td><td colspan="2">第 2 級</td><td>第 3 級</td></tr>
<tr><td>山地部</td><td>第 2 級</td><td colspan="2">第 3 級</td><td>第 4 級</td></tr>
<tr><td rowspan="2">高速自動車国道
以外の道路</td><td>平地部</td><td colspan="2">第 2 級</td><td colspan="2">第 3 級</td></tr>
<tr><td>山地部</td><td colspan="2">第 3 級</td><td colspan="2">第 4 級</td></tr>
</table>

（出典：道路構造令）

表 8・3　第 2 種の道路

<table>
<tr><th>道路の存する地区
道路の種類</th><th>大都市の都心部以外の地区</th><th>大都市の都心部</th></tr>
<tr><td>高速自動車国道</td><td colspan="2">第 1 種</td></tr>
<tr><td>高速自動車国道以外の道路</td><td>第 1 種</td><td>第 2 種</td></tr>
</table>

（出典：道路構造令）

表 8・4　第 3 種の道路

<table>
<tr><th colspan="2">計画交通量（単位 1 日につき台）
道路の
存する地域の地形
道路の種類</th><th>20,000 以上</th><th>4,000 以上
20,000 未満</th><th>1,500 以上
4,000 未満</th><th>500 以上
1,500 未満</th><th>500 未満</th></tr>
<tr><td rowspan="2">一般国道</td><td>平地部</td><td>第 1 級</td><td>第 2 級</td><td colspan="3">第 3 種</td></tr>
<tr><td>山地部</td><td>第 2 級</td><td>第 3 級</td><td colspan="3">第 4 級</td></tr>
<tr><td rowspan="2">都道府県道</td><td>平地部</td><td colspan="2">第 2 級</td><td colspan="3">第 3 級</td></tr>
<tr><td>山地部</td><td colspan="2">第 3 級</td><td colspan="3">第 4 級</td></tr>
<tr><td rowspan="2">市町村道</td><td>平地部</td><td colspan="2">第 2 級</td><td>第 3 級</td><td>第 4 級</td><td>第 5 級</td></tr>
<tr><td>山地部</td><td colspan="2">第 3 級</td><td colspan="2">第 4 級</td><td>第 5 級</td></tr>
</table>

（出典：道路構造令）

表 8・5　第 4 種の道路

<table>
<tr><th>計画交通量（単位 1 日につき台）
道路の種類</th><th>10,000 以上</th><th>4,000 以上
10,000 未満</th><th>500 以上
4,000 未満</th><th>500 未満</th></tr>
<tr><td>一般国道</td><td colspan="2">第 1 級</td><td colspan="2">第 2 級</td></tr>
<tr><td>都道府県道</td><td>第 1 級</td><td>第 2 級</td><td colspan="2">第 3 級</td></tr>
<tr><td>市町村道</td><td>第 1 級</td><td>第 2 級</td><td>第 3 級</td><td>第 4 級</td></tr>
</table>

（出典：道路構造令）

表 8·6　道路別の管理者

高速自動車国道	国土交通大臣
一般国道（指定区間）	国土交通大臣
一般国道（指定区間以外）	都道府県または政令指定都市
都道府県道	都道府県または政令指定都市
市町村道	市町村

表 8·7　道路気象現象と観測機器および対策

道路気象現象	気象障害	観測検知機器	観測項目	対象
路面凍結	スリップによる渋停滞 衝突事故	路面温度計 降水検知器 路面水分計 気温計	路温 気温 降水の有無 路面水分	凍結防止剤散布 路面状況の情報提供 交通規制
降積雪	多雪による交通の渋停滞 スリップ 通行不能 着雪水 圧雪 沈降 雪崩	積雪検知器 降水検知器 視程計 積雪深計 降雪強度計 雨雪量計 気温計 グライドメーター	降雪の有無 積雪の有無 降雪の強度 降雪量 積雪深 グライド	除雪 排雪 積雪情報提供 通行規制 人工雪崩
吹雪 地吹雪	視程障害による走行不能あるいは走行困難 標識類の見落し 衝突事故（対雪堤、対車両） 吹き溜りによる走行障害	視程計 風向風速計 気温計 CCTV	視程 地吹雪の有無 地吹雪の強度 風向風速	地吹雪情報提供 通行規制 除排雪
霧	視程障害による追突事故 走行困難 標識類の見落し	視程計 風向風速計 気温計 CCTV	視程 霧の有無 濃霧度 風向風速	濃霧情報提供 通行規制
風	走行不安定、転倒 波浪によるスリップ	風向風速計	風速 風向	情報提供 通行規制
雨	スリップ 強雨に伴う視程障害 落石、土砂崩壊、地すべり 路面冠水	雨雪量計 降水検知器	降水の有無 雨量強度 連続（積算）雨量	情報提供 通行規制
その他 凍上 霜	凍上によるのり面崩壊 路面降霜によるスリップ 霜による植物障害	地中温度計 積雪検知器 気温計	地温分布 降霜の有無 気温分布	情報提供 通行規制

（出典：（一社）交通工学研究会『道路交通技術必携 2018』2018 年）

道路を常に良好な状態に保つためには、パトロールなどにより道路および道路の利用状況を日々調べておく必要があります。異常な状態を発見次第、応急処置を実施し、その後の維持修繕計画に反映させたり、不法な道路の占用を排除するなどして道路を適正な状態に保ちます。これらのパトロールは、道路管理者が路線の重要度などに応じて頻度を定めています。また、パトロール以外にも定期的に路面の状態などの調査を行って道路の維持修繕計画に役立たせます。また、道路は気象によって影響を受けることから、管理者が独自に気象観測システムを使って調査を行い交通規制等の判断基準として用います（表 8·7）。

2 交通流の特性

1 交通流の特性を表す指標

道路の計画・設計や道路交通の運用・制御においては、**交通流**の基本的な特性を理解することが重要です。交通流には、自動車交通流や歩行者交通流などさまざまなものがあります。本節では、道路の設計にあたり、もっとも重要になる自動車交通流を紹介します。

既存の道路を改良する時や、既存の道路ネットワークを基本として新たな道路を新設する場合には、自動車交通流の平均的な特性を知ることが重要となります。平均的な交通流の状態を表す指標として、**交通量**、**交通流率**、**交通密度**、**平均速度**、**占有率**があります。特に、道路の新設や改良などでは、交通量と交通流率を使います。その他の指標は、道路交通の運用・制御に用いられます（表8･8）。

表8･8　交通流の特性を表す指標

(1) 交通量（volume）

計測対象時間を定めて、その時間内にある地点を通過した車両数。単位は［台］。

(2) 交通流率（rate of flow または flow rate）

計測対象時間 T で計測された交通量が N のとき、次式で表される「単位時間当たり交通量」のこと。

$$q = N/T$$

(3) 交通密度（density または concentration）

ある時刻に道路延長の単位距離当たりに存在する車両数。

ある時刻に道路の一定区間 D［km］に存在した車両数 M を用いると、交通密度 k は次のように表される。単位は［台/km］。

$$k = M/D$$

(4) 平均速度（mean speed）

a. 時間平均速度（time mean speed）：v_t

ある地点（または短い区間 Δd）を単位時間に通過した車両（車両数 N）の速度 v_i の算術平均。

$v_t = \sum_{i=1}^{N} v_i / N$ ［km/h］または［m/s］

b. 空間平均速度（space mean speed）：v_s

ある時刻（または短い時間 Δt）に道路上の単位距離に存在する車両（車両数 M）の速度 v_j の算術平均。

$v_s = \sum_{i=1}^{M} v_j / M$ ［km/h］または［m/s］

(5) 占有率、またはオキュパンシ（occupancy）

a. 時間占有率（time occupancy）：O_t

ある微小区間において単位時間内に車両が存在した時間 t_i の割合。この区間を計測対象時間 T 内に通過した車両数 N を用いると次式で表される。

$O_t = \sum_{i=1}^{N} t_i / T$ ［無次元量］または［%］

b. 空間占有率（space occupancy）：O_s

ある時刻に道路延長の単位距離に車両の長さが占める割合。道路の一定区間Dに対して、そこに存在する車両数Mが占める長さ（各車両の長さl_i）を用いて次式で表される。

$O_s = \sum_{i=1}^{M} l_j / D$ ［無次元量］または［%］

（出典：(一社)交通工学研究会『道路交通技術必携 2018』2018 年）

2 交通流の変動と分布

交通現象は、人が社会・経済活動を行っていくなかで必然的に生じます。たとえば、日常的に朝は学校に通学し、学校が終わったあとのアルバイト、ショッピングなどで移動をします。長期休暇では、観光地を訪れたりもします。普段は自転車を利用していても、雨天時には自動車やバスを使うこともあります。このように、交通流は、時間･曜日や季節、天候などで変動します。そのため、道路の新設や改良をする際には、交通流がどのように変動しているのか調査することが重要です。交通流の変動や分布は、表 8･9 のような指標により表されます。

表 8･9　交通流の変動や分布を表す指標

①年平均日交通量（AADT：Annual Average Daily Traffic）

道路上のある地点における 1 日の交通量を 1 年間合計して年間日数で割ったもの。道路計画・交通計画では計画目標年次の AADT を推計し、計画交通量としている。

②昼間 12 時間交通量

日交通量のうち午前 7 時から午後 7 時までの交通量。1 日 24 時間の交通量を観測調査することが費用等の点で困難な場合、昼間 12 時間交通量を観測し、昼夜率（日交通量の昼間 12 時間交通量に対する比率）を乗じて日交通量を推定する。

③ K 値と D 値

往復交通量（上下線を合わせた交通量）において、設計時間交通量の AADT に対する比率［%］を K 値という。設計時間交通量は、多くの場合、1 年間の時間数（8,760 時間）のうち 30 番目交通量を用いる。また、往復交通量に対する、設計時間交通量時の交通量の多い方向（重方向）の交通量の比率［%］を重方向率 D 値という。K 値、D 値は通常以下の値となる。

K 値　都市部→ 10%程度、地方部→ 12 ～ 15%程度

D 値　都市部→ 55%程度、地方部→ 55 ～ 60%程度

④月変動

1 年間の各月の交通量の変動を月変動という。AADT に対する各月の月平均日交通量の割合（月間係数）で評価する。

⑤曜日変動

各曜日の交通量の変動であり、週平均交通量に対する各曜日の交通量の割合（曜日係数）で評価する。

⑥時間変動

時間帯ごとの交通量変動である。日交通量に対する時間交通量の割合（時間係数）で評価する。道路交通センサスでは、ピーク率を、往復交通量における1日のピーク1時間交通量の日交通量に対する比率［%］と定義している。

（出典：(一社)交通工学研究会『道路交通技術必携 2018』2018年）

3 道路構造の設計基準

1 設計速度

道路の区分に応じて、道路の設計の基礎となる自動車の速度である**設計速度**が規定されています（表8･10）。設計速度は、道路の横方向や縦方向の線形を検討し決定するための速度で、カーブの曲線半径、視距など道路の構造に関する限界値が定められています。

表8･10　種級別の設計速度

区分		設計速度（単位:1時間につきキロメートル）	
第1種	第1級	120	100
	第2級	100	80
	第3級	80	60
	第4級	60	50
第2種	第1級	80	60
	第2級	60	50または40
第3種	第1級	80	60
	第2級	60	50または40
	第3級	60、50または40	30
	第4級	50、40または30	20
	第5級	40、30または20	—
第4種	第1級	60	50または40
	第2級	60、50または40	30
	第3級	50、40または30	20

※地形の状況、その他の特別の理由によりやむを得ない場合においては、高速自動車国道である第1種第4級の道路を除き、同表の設計速度の欄の右欄に掲げる値とすることができる

（出典：道路構造令）

表8･11　設計車両の諸元

設計車両 ＼ 諸元（単位：メートル）	長さ	幅	高さ	前端オーバハング	軸距	後端オーバハング	最小回転半径
小型自動車	4.7	1.7	2.0	0.8	2.7	1.2	6
小型自動車等	6.0	2.0	2.8	1.0	3.7	1.3	7
普通自動車	12.0	2.5	3.8	1.5	6.5	4.0	12
セミトレーラ連結車	16.5	2.5	3.8	1.3	前軸距4 後軸距9	2.2	12

（出典：道路構造令）

2 設計車両

道路の設計では、車両の寸法が車線の幅員、カーブなどに大きく影響します。しかしながら、車両には多くの種類が存在するため、道路構造令では、基礎とする**設計車両**の諸元を、小型自動車、小型自動車等、普通自動車、セミトレーラ連結車の4種類で規定しています（表8･11）。

3 道路の横断構成

道路の横断構成を検討するためには、それぞれの道路で必要とされる交通機能や空間機能に応じて、必要な要素を組み合わせる必要があります。道路の横断面の規定には、車道、歩道等、軌道、緑化の4つの規定があります。車道に関しては、計画交通量と道路の区分から決定される車線数、車線幅員、中央帯、路肩について規定されていて、状況に応じて設置できる付加追越車線、登坂車線、副道についても規定しています。歩道等に関しては、自転車道、自転車歩行者道、歩道について規定されています。また、路面電車が通行するための軌道や植樹帯など道路の緑化に関する規定があります。図8･1は道路の横断構成の例として軌道敷があった場合の道路断面です。加えて、歩道等には車いす利用者など、多様な利用者がいることを想定しておくことが必要です（図8･2）。

4 道路の設計

1 線形の考え方

線形とは、カーブや勾配などの道路の形状のことで、進行方向に対して平面的にみた線形を平

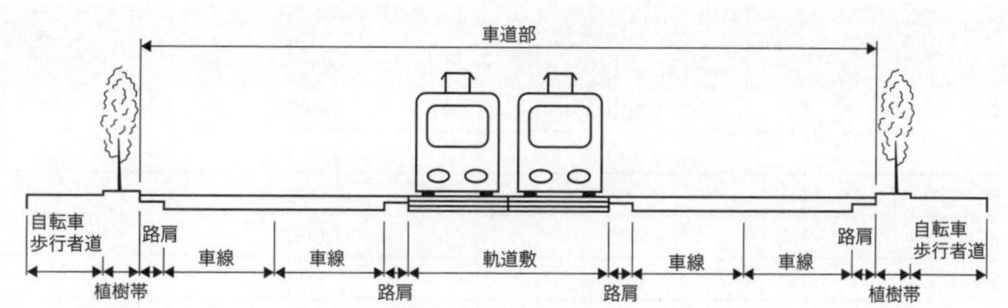

図8･1　道路横断面の構成要素とその組み合わせ例（軌道敷）（出典：国土交通省『道路構造令の各規程の解説－II 2. 幅員構成に関する規定』(https://www.mlit.go.jp/road/sign/kouzourei_kaisetsu.html)）

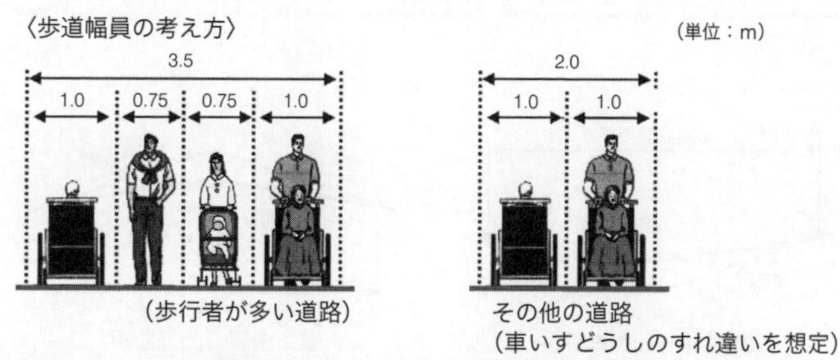

図8･2　多様な利用形態を勘案した歩道幅員の考え方（出典:国土交通省『道路構造令の各規程の解説－II 2. 幅員構成に関する規定』(https://www.mlit.go.jp/road/sign/kouzourei_kaisetsu.html)）

面線形といい、縦断的にみた線形を縦断線形といいます。道路は直線部だけで構成することはできず、屈曲部が必要となります。この時、屈曲部は交通の安全性・円滑性に大きな影響を与えるため、曲線形とすることになっています。

2 平面線形

平面線形は、直線、曲線、それら同士をつなぐための緩和曲線の3つから構成されます。直線は、設計や施工が簡単ですが、運転者にとっては景観の変化などが乏しく単調であることから危険な運転を誘発することがあるため、長さの取り方に注意する必要があります。曲線は、景観が自然に変化するため、運転者に適切な刺激を与えることができます。しかし、小さすぎる半径は急カーブとなり安全上好ましくないので、その半径の大きさの取り方に気を付ける必要がありま

表 8･12　道路の曲線半径

設計速度（単位：1 時間につきキロメートル）	曲線半径（単位：メートル）	
120	710	570
100	460	380
80	280	230
60	150	120
50	100	80
40	60	50
30	30	—
20	15	—

（出典：道路構造令）

表 8･13　道路の縦断勾配

設計速度（単位：1 時間につきキロメートル）	縦断曲線の半径（単位：メートル）		縦断曲線の長さ（単位：メートル）
	凸形曲線	凹形曲線	
120	11,000	4,000	100
100	6,500	3,000	85
80	3,000	2,000	70
60	1,400	1,000	50
50	800	700	40
40	450	450	35
30	250	250	25
20	100	100	20

（出典：道路構造令）

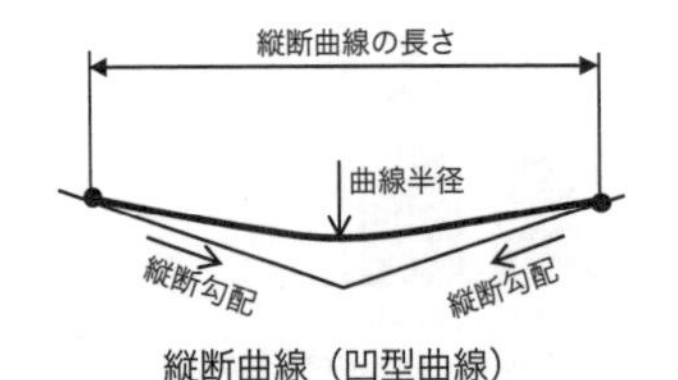

縦断曲線（凹型曲線）

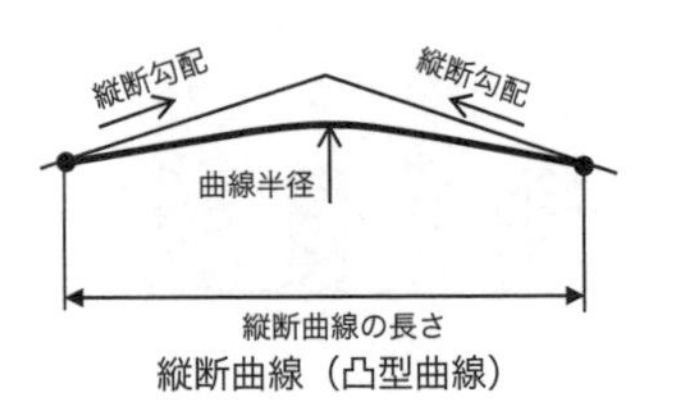

縦断曲線（凸型曲線）

図 8･3　縦断曲線の考え方（出典：国土交通省『道路構造令の各規程の解説－II 4. 線形』(https://www.mlit.go.jp/road/sign/kouzourei_kaisetsu.html)）

す（表8・12）。緩和曲線は、直線部から曲線部に変わる部分などでも円滑に自動車が走行できるように設けられます。緩和曲線区間では、カーブによる遠心力に対応するための勾配を付けたりします。

また、道路の曲線半径は設計速度によって変わり、高速になるほど緩やかになります（表8・12）。

3 縦断線形

地形には高低差があるため縦断線形が生じます。この時、重要になるのが縦断勾配です。縦断勾配における、自動車速度の低下は、交通を混乱させ、道路の交通容量を低下させる原因となります。そのため道路構造令では、設計速度に応じ、縦断勾配の最大値を2～9%以下としています。また、縦断線形においても直線部を組み合わせるために曲線部が生じます（表8・13、図8・3）。

■演習問題8■ あなたの住んでいる地区や大学・学校の周辺について、以下に取り組んでください。

(1) 道路横断面の構成要素について調べてください。整備された時期が古い道路、最近整備された道路により異なるはずです。

(2) 歩道の幅員について調べてください。歩行者、車いすの空間は確保されていますか。

(3) 自転車は車道を走行することが原則です。歩行者・自動車と分離された自転車道は整備されていますか。また自転車と歩行者の混合交通となる自転車歩行者道は整備されているか確認してみましょう。

参考文献

・（一社）交通工学研究会『道路交通技術必携2018』2018年

9章 地区の交通計画

1 地区交通計画の考え方

地区交通計画は、広域交通計画、都市交通計画と比較して、狭い範囲の交通に関する計画です。広域交通計画や都市交通計画が広い範囲で交通をどのように処理するかを意図した計画であることに対して、地区交通計画は、より狭い範囲の地区において交通を原因として生じる諸問題を解決することを目的としています。地区としては、住宅地区、商業地区、都心地区などが考えられ、それぞれの目標は、住宅地区であれば、住環境保全や交通安全のために自動車交通を抑制すること、商業地区においては、交通をスムーズに流すことで来訪者を増加させ、商業を活性化することなどが考えられます。

近代化以前は徒歩が主な移動手段であり、道路は歩行者を通すことを意図してつくられました。しかし、自動車、自転車の発明以後、速度の違う乗り物が同じ道路上を通行することとなり、これらの共存を考える必要が生じてきました。また、多くの国では、近代化の過程において、自動車の増加を経験し、自動車交通量の増加に伴い交通事故が増加したことから、その対策が求められてきました。具体的には、速度の違う交通手段は分離する、というような道路の使い方が行われてきました。マクロな分離としては、地域全体で道路ごとにどのような速度の交通を分担させるかということが検討され、一方、ミクロな分離としては、歩道などを整備することで道路空間上で使用する空間を配分するというものです。このように、地区交通の歴史においては、異なる交通手段がどのように共存するのか、あるいは分離させるかが論点となりました。

2 歩車分離による地区交通計画

第二次大戦後、世界各地で都市が進展し、住宅地の供給や新たな都市の建設が行われました。この際、利用が一般化しつつあった自動車と歩行者の分離（歩車分離）が行われました。本節では、戦前から戦後にかけて提唱された都市計画に関する考え方において、道路がどのように扱われたかをみていきます。

1 近隣住区論

「**近隣住区論**」は、アメリカのクラレンス・ペリーにより、1923年12月の学会において概要が発表され、1924年に正式に公表されました[1)]。図9･1のとおり、小学校、公園、コミュニティセンター、教会と住宅からなる地区の周りを幹線道路で囲み、幹線道路の交差点付近に商店街を配置します。近隣住区論では、小学校区（半径400m）の範囲を住区の単位としています。

住区は周辺と十分な幅員の幹線道路で区画されているため、住区内への通過交通の流入を抑制しています。住区内の道路は屈曲させ、自動車の走行速度を低下させることにより、通過交通が

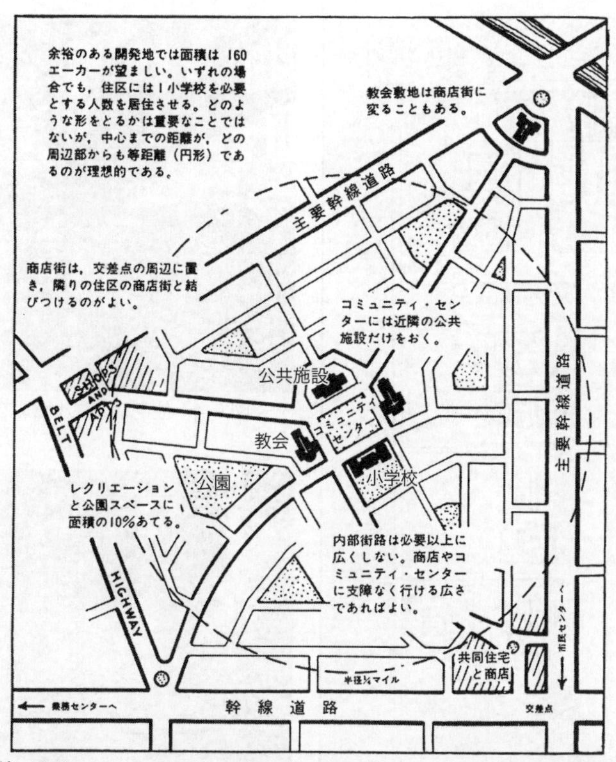

余裕のある開発地では面積は 160 エーカーが望ましい。いずれの場合でも，住区には1小学校を必要とする人数を居住させる。どのような形をとるかは重要なことではないが，中心までの距離が，どの周辺部からも等距離（円形）であるのが理想的である。
教会敷地は商店街に変ることもある。
主要幹線道路
商店街は，交差点の周辺に置き，隣りの住区の商店街と結びつけるのがよい。
コミュニティ・センターには近隣の公共施設だけをおく。
公共施設
BELT
主要幹線道路
教会
コミュニティセンター
小学校
公園
レクリエーションと公園スペースに，面積の10%あてる。
内部街路は必要以上に広くしない。商店やコミュニティ・センターに支障なく行ける広さであればよい。
HIGHWAY
市民センターへ
共同住宅と商店
半径¼マイル
幹線道路
交差点

図9·1　ペリーの近隣住区論（出典：クラレンス・A. ペリー 著、倉田和四生訳『近隣住区論　新しいコミュニティ計画のために』鹿島出版会、1975 年）

住区内を通らないようにします。また、子どもの交通事故に着目しており、すべての子どもが主要な幹線道路を横断することなく学校や遊び場を往復できるような居住地、道路の配置にすべきとされました。

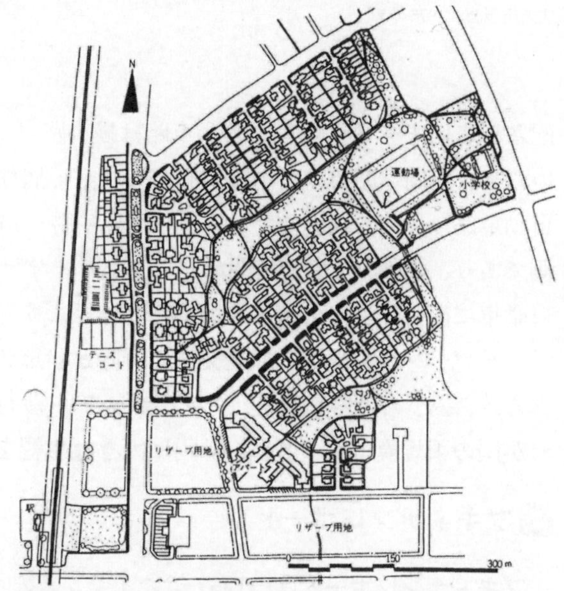

図9·2　ラドバーンの平面図（一部）（出典:新谷洋二 編著『都市交通計画』技法堂出版、2003 年）

図 9·2 は、ニュージャージー州ラドバーンの平面図です。近隣住区を実現した「実験都市**ラドバーン**」として知られています。ラドバーンは、ニューヨークからハドソン川を隔て、マンハッタンから１時間ほどで通勤できる住宅街です。住区内には歩行者専用道路があり、小学校や公園・緑地をネットワークしています。小学校周辺の街区は立体交差になっており、歩行者交通と自動車交通とが分離されています。ラドバーンでは、住宅地をいくつかのスーパーブロック（大街区）に分け、各ブロックの通過交通を排除しています。

住宅地の各ブロックをみると、中央に自動車路（Motor way）、周囲に歩行者路（Foot way）が

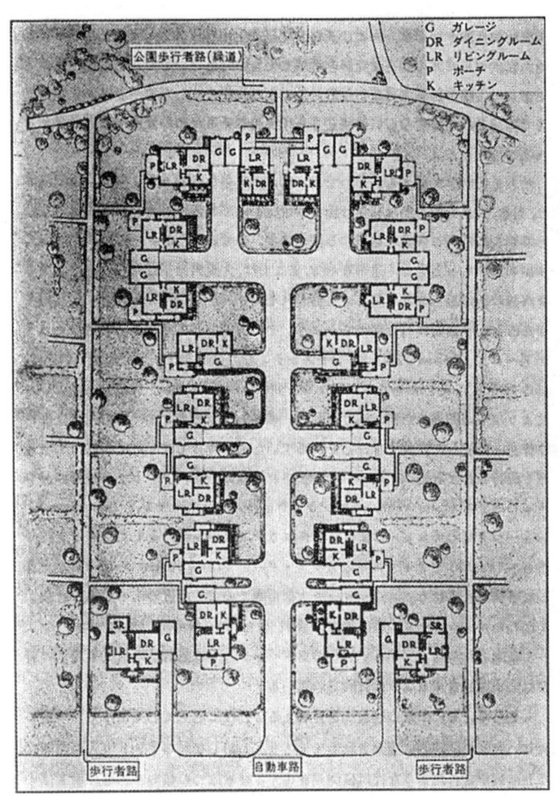

図9･3　ラドバーンの住宅地（出典：クラレンス・A. ペリー 著、倉田和四生訳『近隣住区論　新しいコミュニティ計画のために』鹿島出版会、1975年）

図9･4　住宅地の袋小路の自動車路（ラドバーン）

図9･5　住宅地の歩行者路（ラドバーン）

配されています（図9･3）。自動車路は袋小路（**クルドサック**）となっており、通り抜けができないため、自動車路には袋小路に面する住宅の居住者や住宅に用事のある人しか入ってきません。自動車路は住宅の裏庭側であり、駐車場や勝手口などがあります（図9･4）。歩行者路は住宅の庭側であり、緑豊かな庭と玄関ポーチがあります（図9･5）。住民は歩行者路を利用することにより自動車に出会わずに公園・緑地に移動できます。

ラドバーンの計画は、通過交通の排除と歩車分離の考え方をもとにしており、スーパーブロック方式、袋小路の自動車路（クルドサック）、歩行者ネットワークを実現しました。この考え方は、わが国の大規模ニュータウン計画に大きな影響を及ぼしました。

2 ブキャナンレポート

ブキャナンレポートは、1963年にイギリスのコーリン・ブキャナンによってまとめられた「都市の自動車交通」（Traffic in Towns）という研究報告書です。モータリゼーションの進展した社会では、「自動車のアクセシビリティ」と「居住環境の保全」の2つの目標を互いに阻害することなく、いかに共存させるかが問われていました。ブキャナンレポートでは、都市道路の段階構成のあり方について、科学的な検討および提案を行っており、図9･6のように、通過交通のための

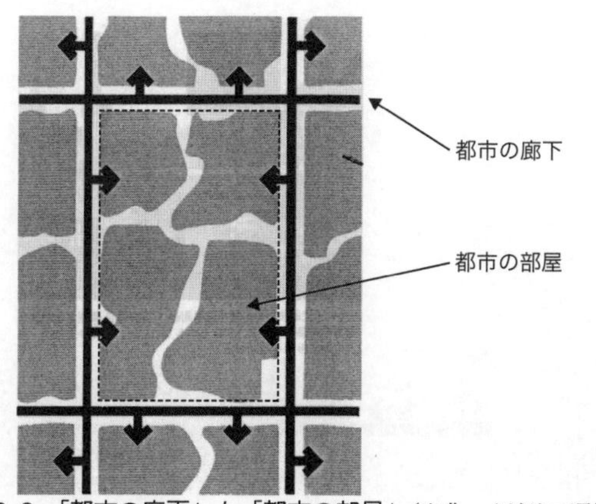

図9·6 「都市の廊下」と「都市の部屋」（出典：イギリス運輸省 編、八十島義之助・井上孝 訳『都市の自動車交通』（鹿島研究所出版会、1965年）に著者加筆）

図9·7 チャンディガールの住区内道路

空間（都市の廊下）と良好な居住空間（居住環境地域、都市の部屋）を明確に分け、道路を主要幹線道路・幹線道路、補助幹線道路・区画道路と段階的に整備することを提案しました。主要幹線道路・幹線道路は通過交通のための道路であり、補助幹線道路・区画道路は居住環境地域内の道路です。

3 コルビュジエの7V理論

ル・コルビュジエは世界的な建築家として知られており、世界文化遺産に登録された国立西洋美術館（東京都上野）はコルビュジエの作品です。コルビュジエは都市計画家としても知られており、さまざまな計画提案をしました。都市における住居を細胞、道路を血管であるとし、都市を生物に見立てました。道路については7段階に分けることで、血管の太さによって役割が異なるように、道路の役割に応じた機能を担うことをめざしました。これをコルビュジエの7V理論と呼びます[2)]。

V1：都市間をつなぐ大道路
V2：市内の幹線道路
V3：市単位の主要街区を巡る縦方向の道路
V4：街区の中へ貫入する横方向の道路
V5、V6：各住居の戸口に至る道路
V7：縦方向の街区どうしを連絡する道路

コルビュジエの提案した都市計画で実現したものは少ないですが、1951年のチャンディガール計画（インド北部）では、美しい歩道が整備され、歩車分離が行われています（図9·7）。

3 歩車共存による地区交通計画

2 1で解説した近隣住区論は、新たに開発する地区には適用することができても、既存市街地において、完全な形で導入することは不可能でした。また、歩車分離が進むことにより、自動車

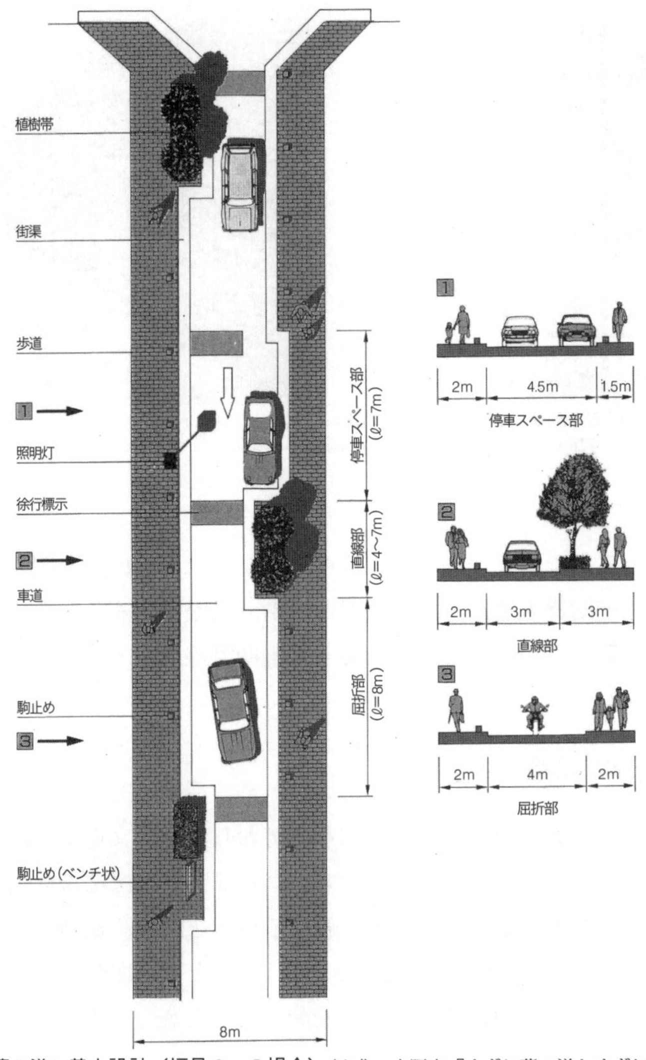

図 9･8 「ゆずり葉の道」基本設計（幅員 8m の場合）（出典：大阪市『ゆずり葉の道とゆずり葉ゾーン』1989 年）

図 9･9 コミュニティ道路の事例（山形市、七日町一番街コミュニティ道路）

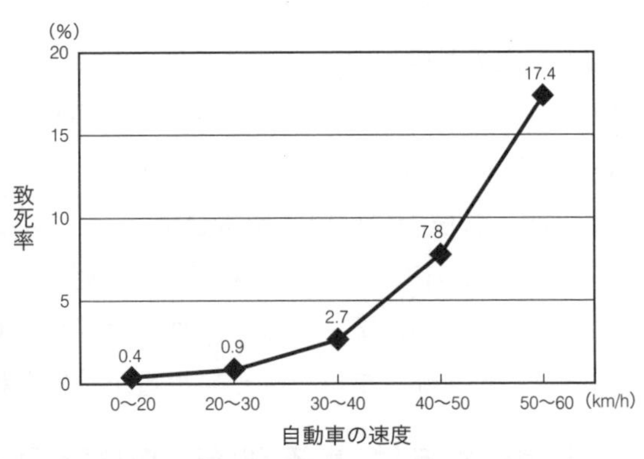

注1 2005年から2009年中に幅員5.5m未満の単路で発生した人対車両事故の分析による。
注2 致死率とは、死傷者数に対する死者数の割合をいう。

図 9･10 自動車の速度と歩行者の致死率（出典：警察庁『「ゾーン 30」の概要』2019 年）

の走行環境がよくなり、自動車の走行速度が上がってしまうという問題点も明らかになってきました。そこで、自動車の走行環境に工夫を加え、運転しづらいように認識させたり、地域全体に速度制限を導入し、走行速度を低減させようという試みが行われてきました。本節では、これらの取り組みについて解説します。

1 ボンエルフとコミュニティ道路

ボンエルフとは、生活道路において車道を蛇行させるなどして自動車の速度を下げさせ、歩行者との共存を図ろうとする道路のことです。1972年にオランダの古都デルフトに整備されたことが始まりとされています。ボンエルフはオランダ語で「生活の庭」を意味します。ボンエルフの施されている区間では、意図的に配置されたカーブや、路上駐車スペースとハンプ（4 (1) p.116）が設置されています。これらは、ドライバーに「運転しづらさ」を認識させることで、速度を抑制するものです。

このボンエルフに似たわが国の取り組みに、**コミュニティ道路**があります。1980年に大阪市阿倍野区長池町の幅員10mの市道「ゆずり葉の道」で整備されたのが最初の事例です。この道路はもともと対面通行で違法駐車が多い道路でした。ボンエルフと同様に、通行車両の速度を落とさせるため、道路にクランクを設けたり、路面に凹凸を付けました。さらに、歩道との境界に樹木を植えたり、障害物を置いて違法駐車を防ぐ処置がとられました。このコミュニティ道路の整備により、通行車両が減ったうえ通行速度も低下し、違法駐車が激減するなど成果がありました(図9･8、幅員8mの場合)。以後、この事例を参考にコミュニティ道路が全国各地で整備されています。図9･9は山形市の七日町一番街です。歩行者にやさしい環境を実現するために、商店街にコミュニティ道路が導入されました。前面の大通りである国道には自転車道が整備されています。

2 ゾーン30

ゾーン30とは、住宅地域などの区域全体をゾーンとして指定し、時速30km以下で走行するように交通規制を行うものです。わが国では、警察庁の通達により2012年度からゾーン30の整備が進んでいます。自動車の速度と歩行者の致死率をみると、自動車と歩行者が衝突した場合、自動車の速度が時速30km以下の時、歩行者の致死率が1%を切っています(図9･10)。

ゾーン30の区域の入口には最高時速30kmの速度規制の表示を設置し、中央線の消去、路側帯の設置・拡幅、ハンプや狭さくなどの物理的デバイスを設置します(図9･11)。居住者が安全に暮らせる地区を実現する施策です。

ゾーン30については、13章でも解説していますので、参照してください。

図9･11　ゾーン30の導入事例

図 9・12　シェアードスペース導入事例（イギリス、ロンドン、エキシビションロード）

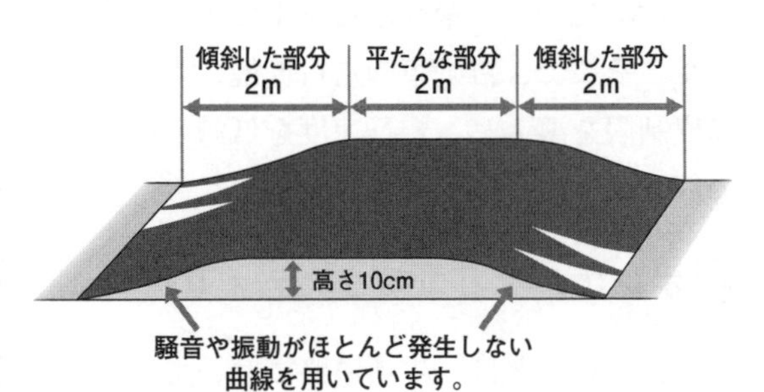

図 9・13　標準的なハンプ（台形ハンプ）（出典：国土交通省『歩行者の命を守る緊急戦略　みち（ハンプ）が大切な人の命を守ります～機能分化により、暮らしのみちを安全にします～』2016 年）

3 シェアードスペース

「シェアードスペース」は、オランダのハンス・モンダーマンが 1980 年代に提唱した、交通安全の向上を目的に自動車道と歩道の間の境界を取り払い、自動車・歩行者・自転車が道路空間を共有する手法です。自動車、歩行者、自転車それぞれが、空間を共有することにより、互いに注意して走行するようになり、自動車の走行速度の低減と、それに伴う事故などの軽減が図られています。

図 9・12 のロンドンの事例は、もともとは上り下り各 1 車線の道路でしたが、中央分離帯を撤去し、歩道の切り下げを行い、歩行者と自動車が同じ平面上を通行しています。また、標識などが撤去され、道路面も共通の舗装がなされています。写真の中央部にみられるように、歩道と車道の境界には排水溝と視覚障害者用ブロックのみが整備されています。わが国でも導入のための検討や社会実験が行われています。

4 物理的デバイス

生活道路において自動車の走行速度を低下させる方法として、ボンエルフ、コミュニティ道路、ゾーン 30、シェアードスペースをみてきました。ここでは、これら対策においても使用されている物理的デバイスのうち、ハンプとライジングボラードについて解説します。

(1) ハンプ

ハンプは、路面の一部分を盛り上げることにより通行する車両に上下動を与え、運転者に注意を促し、速度の抑制を図るものです。前方にハンプがあることを認識すれば、ハンプの手前で減速するようにもなります。設置箇所は、住宅地の入口や学校付近などで、住民や通学する子どもの安全を確保します。

図 9・13 は標準的な台形ハンプです。台形ハンプは、傾斜した部分と平坦な部分からなり、標準的な高さは 10cm です。平坦な部分は 2m、傾斜した部分にはサイン曲線を用います。平坦な部分がないハンプを弓形ハンプといい、台形ハンプよりも速度抑制効果が高いとされています。車両の速度が高い場合には、乗員に不快感を与えたり、周辺に騒音や振動を発生しやすいため、適切な設置場所を検討する必要があります。

上昇前

上昇後

図9・14　ライジングボラード導入事例（新潟県新潟市、ふるまちモール6）

(2) ライジングボラード

商店街などにおいて、時間帯により歩行者専用の規制がかかる道路や、自動車の通行が制限される道路の入口で、通行許可車両や無許可車両を自動で判別し、ボラード（車止め）を昇降するシステムです。規制の時間帯や許可車両を変更することも可能です。ボラードには、弾力のある素材を使い、ボラードと車両の破損を防ぎます。

ライジングボラードを導入することにより、バリケード設置の負担や出し忘れ、通行車両のドライバーとのトラブルなどを減らすことができます。

ヨーロッパではすでに普及しており、通学路や抜け道、観光地に設置されています。わが国では、2014年8月から運用を開始しました。

図9・14は新潟市の「ふるまちモール6」に設置されているライジングボラードの上昇前と上昇後の写真で、3本ボラードのうち真ん中の1本が昇降する例です。この商店街では、正午から午後8時まで車両の通行が禁止されています。これにより、歩行者が安心・安全に歩ける道路空間となり、まちの賑わい創出や魅力向上に役立っています。規制時間帯になると、ライジングボラードが上昇、下降します。また、許可車両や除外の申請があった車両にはリモコンが与えられ、ライジングボラードを操作し、通過することができます。

4 歩いて暮らせる環境をめざして

1 大通りからの自動車の排除

これまでの道路整備では、増加する自動車交通への対応をめざして、自動車に多くの道路空間を配分する道路づくりが行われてきました。自動車は9割の時間は駐車場などで停車しているといわれています。一方で自動車の利用が盛んな都市では、都市の面積の4割から5割程度が道路や駐車場に使用されていると指摘されています。このような都市は、密度が低くならざるを得ず、まち本来の魅力である集積による交流や効率の向上が実現できないことがあります。この状態に対し、自動車に使われていた空間を削減、場合によっては廃止し、歩行者空間や自転車のための空間として、まちなかの回遊性向上をめざす事例も生じています。

たとえば、小売業が盛んなドイツ西部のエッセン市は、中心部における買物客の利便性を向上するため、1958年に大聖堂の前を通るケトヴィガー通りから自動車を締め出し、歩行者空間としています。いわゆるモール（歩行者専用道路）として計画されたはじめての事例といわれています。

図9･15　平和通買物公園

わが国でも、1972年に北海道旭川市の旭川駅前から8条通に至るまでの平和通において、約1kmに渡る歩行者天国・平和通買物公園が開設されました。この開設にあたって、当初は商店街の一部から「歩行者天国（平和通買物公園）化で逆に買物客が減少する」「車利用の買物客が来なくなる」、交通関係者からは、「国道・道道である平和通から車両を締め出すことにより、周辺道路が混雑しないか？」という懸念が示されました。そこで、1969年8月に試験的に車両を締め出して歩行者天国を設置する社会実験が行われました。これは日本におけるはじめての社会実験といわれています。実験の結果、常設化したのですが、図9･15が、旭川駅の駅前広場から北に伸びる平和通買物公園です。緊急車両以外の自動車は通行できず、道路上にはベンチやストリートファニチャーが設置されています。現在に至るまで旭川市の賑わい創出に寄与しており、周辺道路の混雑もみられません。

2 トランジットモール

モール化することにより自動車を排除した結果、地域内の移動性が低下する可能性があります。そこで、モール内で公共交通（路面電車、LRT、バス、タクシーなど）の通行を許可する**トランジットモール**という取り組みも行われています。1967年にアメリカ・ミネアポリス市のモールにおいて、バス・タクシーのみ乗り入れを認めたことが最初の事例といわれています。

わが国においては、福井市、岐阜市、富山市において路面電車やLRTによるトランジットモールの社会実験が実施されましたが、今のところ本格実施した例はありません。バスが通行可能なトランジットモールの事例は、表9･1のとおりです。金沢市の横安江町商店街では、コミュニティバス「金沢ふらっとバス」が、前橋市の銀座通り商店街では、コミュニティバス「マイバス」が運行されています。那覇市の国際通りでは、許可された車両（区域内に車を所有する人）以外は通行を禁止し、トランジッドモール実施時間内は低速で走行するバスが運行されています。姫

表9･1　バスによるトランジットモール

都市名	区間長	場所	交通規制
金沢市	330m	商店街	歩行者専用、路線バスを除く、毎日（8～18時）
前橋市	600m	商店街	歩行者専用、路線バスを除く、毎日（9～18時）
那覇市	1,200m	商業集積地	車両通行止め、路線バスを除く、日曜日（12～18時）
姫路市	340m	駅前大通り	車両通行止め、路線バス・タクシーを除く

（出典：LRT等利用促進施策検討委員会『歩行者と路面電車の空間整備について～トランジットモールの導入に向けて～』（国土交通省資料、https://www.mlit.go.jp/common/001040147.pdf）を参考に著者が作成）

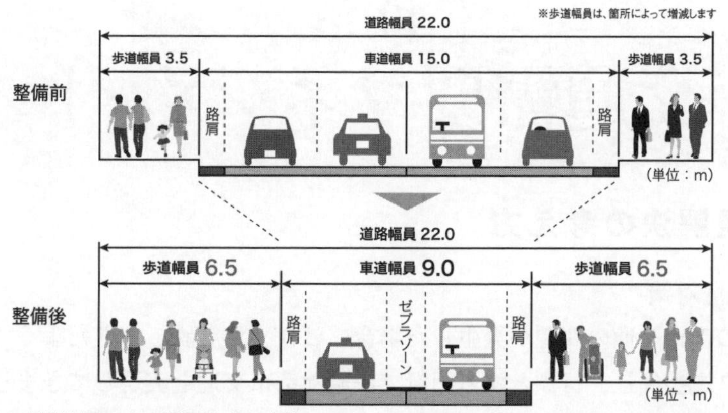

図 9･16　四条通の歩道拡幅による断面構成の変化（出典：京都市『人と公共交通優先の歩いて楽しい四条通』2015 年）

路市では、姫路駅北側の駅前広場整備により大手前通りにおいて車道を片側３車線から１車線に縮小し、歩道を拡幅し、さらに一般車の通行を制限して公共交通（バス･タクシー）優先としています。

図 9･17　歩道拡幅後の四条通

3 道路空間の再配分

モールのように自動車の通行を禁止しないまでも、自動車の走行に使われていた空間を削減し、歩行者や自転車が走行する空間に転換する道路空間の再配分という取り組みが行われています。

京都市の四条通は中心部を東西に貫く主要道路であり、沿道には百貨店やさまざまな施設があります。また、地下には阪急電鉄や地下鉄の駅があり、地元の人、旅行者ともに多くの人が訪れる地区です。四条通では、2015 年に車線を４車線から２車線に減少させ、歩道を最大で約２倍まで拡幅しました (図 9･16)。歩道空間を確保することにより都心の活性化が図られました (図 9･17)。

▒ 演習問題 9 ▒　あなたの住んでいる都市やなじみのある都市について、以下の対策をインターネット等で調べてください。都市の活性化や安全性の向上に寄与しているか考察してください。

(1)　歩車分離による交通対策の例（ニュータウン等）

(2)　歩車共存による交通対策の例（コミュニティ道路、ゾーン 30、トランジットモール等）

参考文献

1) クラレンス・A. ペリー 著、倉田和四生 訳『近隣住区論　新しいコミュニティ計画のために』鹿島出版会、1975 年
2) ウィリ・ボジガー 他 編、吉阪隆正 訳『ル・コルビュジエ全作品集 日本語版』A.D.A EDITA Tokyo、1991 年

10章
交通需要マネジメント

1 交通問題解決の考え方

1 ソフトな交通対策

道路渋滞などの都市交通の問題が発生した場合、これまで解説してきたように、鉄道やバス、道路ネットワークを整備し、目標とする円滑で快適な都市交通を実現してきました。このような交通施設整備（ハード整備）は費用と期間を要しますが、都市に人口や都市機能が急速に集中した時代には、交通施設の量の供給が優先されてきました。量が充足してきたら、今後はそれらをうまく活用する必要があります。

本章では、交通施設やシステムを有効活用することにより都市交通問題を解決する方法（ソフト対策）について解説します。ソフト対策には、**交通需要マネジメント**、**交通システム管理**、**モビリティマネジメント**といった方法があり、比較的、供用までに費用と時間があまりかからないことが特徴です（図10･1）。

2 交通施設の有効活用

自動車交通が増加すると、道路渋滞、NO_x（窒素酸化物）、SO_x（硫黄酸化物）、SPM（浮遊粒子状物質）の排出による沿道を中心とした大気環境の汚染、騒音による地域環境の悪化、交通事故の増加など多くの問題が発生します。これらの問題は、自動車交通量（需要）の増加が、道路などの交通施設の供給を上回ることによって生じています。地域環境の汚染、悪化などは、交通施設の供給を増やせば、その度合いがさらに悪化する可能性があります。たとえば渋滞問題をみても、供給を増やすだけでは十分な解決ができません。

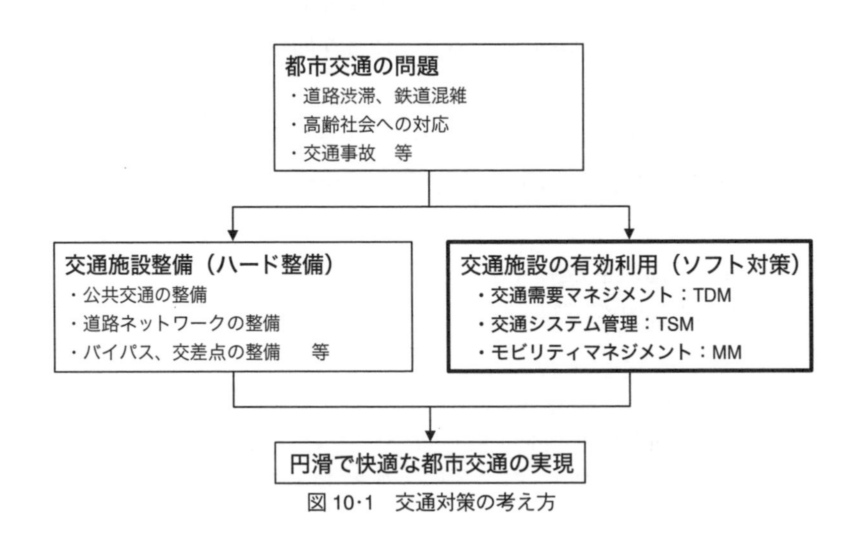

図10･1　交通対策の考え方

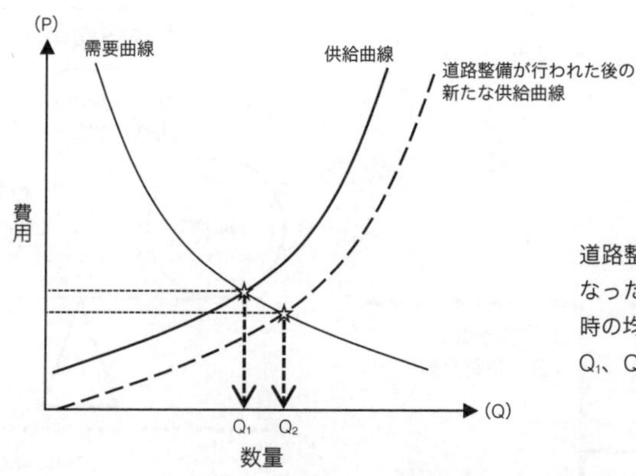

図10・2　道路整備による需給の変化

交通問題を解決しようとして供給に関する対策のみを行うと、供給の増加により広義の費用（金銭的な費用だけでなく、時間的な負担も含めます）が低下します。この様子を、図10・2に示すように、需要曲線と供給曲線を用いて説明してみましょう。道路整備が行われると、より安い費用（ここでは、時間の短縮も含め、負担が軽くなるという意味）で道路サービスが提供されるようになります。すなわち、供給曲線が下に移動し（同じ量のQが安い費用Pで供給されます）、需要曲線が変わらなくても、需要と供給が釣り合う均衡点は、（図10・2では）右下に移動します。すなわち、数量（需要）が増加します。

つまり、自動車交通量が増加することによって生じる問題を解決するために道路を整備すると、新たな交通量（派生交通）を生み出し、問題を解決することができません。そのため、需要自体を制御することが考えられました。このような交通需要を管理し、交通対策を実施するという手法を交通需要マネジメント（Traffic Demand Management：TDM）と呼びます。

TDMは、1973年の第一次オイルショックでガソリン価格の上昇に伴う燃料不足からその使用量の削減を図る必要性があったことと、アメリカで交通システム管理（Transportation System Management：TSM）の考え方が導入されたことが背景にあります。

TSMは道路などの交通施設の物理的な供給は変えず、信号運用などの交通システムを管理する対策でした。TSMの特徴は比較的低コストの短期的対策であることに加え、需要側の対策を含む概念であることです。このように、交通問題の解決のために、道路整備など交通の供給側からの対応を行うだけでなく、交通の需要側からも対応するという発想が生まれ、TDMにつながっていきました。

わが国においては、1990年代初頭にTDMが紹介されて以降、導入について検討され、2000年以降はさまざまな導入事例がみられるようになってきました。なお、狭義のTDMは「交通需要を抑制する交通対策」ですが、広義には、交通施設の有効活用などのソフト対策全体を指すこともあります。

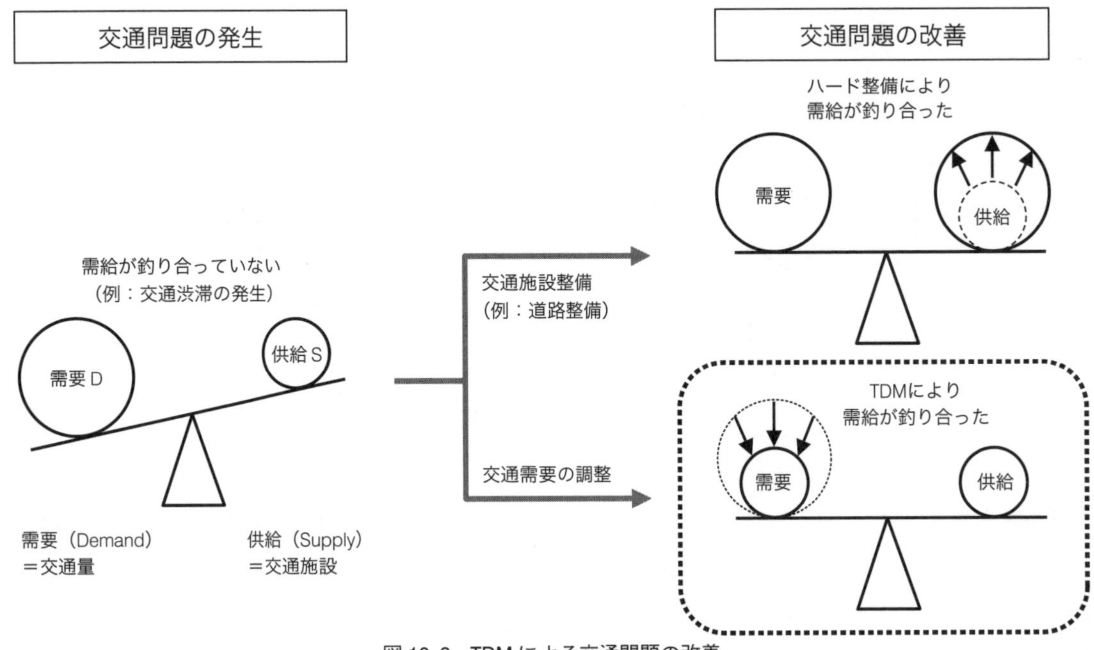

図 10･3　TDM による交通問題の改善

2 交通需要マネジメントの体系

1 交通需要管理マネジメントの考え方

わが国で交通需要マネジメント（TDM）が導入されてから約 30 年が経過し、交通計画の実務として定着しています。国土交通省によると、TDM は「自動車の効率的利用や公共交通機関への転換など交通行動の変更を促し、発生交通量の抑制や集中交通量の平準化など、交通需要の調整を図り、交通混雑を緩和し、環境改善などを実現する取り組み」とされています。イメージとしては、図 10･3 のように説明することができます。図の左では、交通需要が供給を上回って天秤が傾いており、交通問題（交通渋滞など）が発生しています。交通施設整備をすることにより天秤を釣り合わせるのがハード整備による解決方法です。これに対し、交通問題を解決すればよいのですから需要を調整してもよいのです。需要を小さくして天秤を釣り合わせるのが TDM です。

ただし、TDM だけで交通問題が改善できるわけではなく、交通計画を策定する場合には、交通施設整備と TDM を組み合わせて交通計画を策定することが重要です。

2 交通需要マネジメントの体系

狭義の TDM を大別すると「適切な交通手段への誘導」「交通需要の効率化」「適切な自動車利用への誘導」に分けることができます（図 10･4）。さらに、適切な交通手段への誘導は「交通手段の組み合わせ利用の促進」「公共交通の利用促進」「自転車利用の促進」に、交通需要の効率化は「自動車利用の工夫」「交通需要の低減・平準化」に、適切な自動車利用への誘導は「自動車交通の規制・誘導」「駐車政策による誘導」に分けられます。それぞれに TDM の事例を付しました。

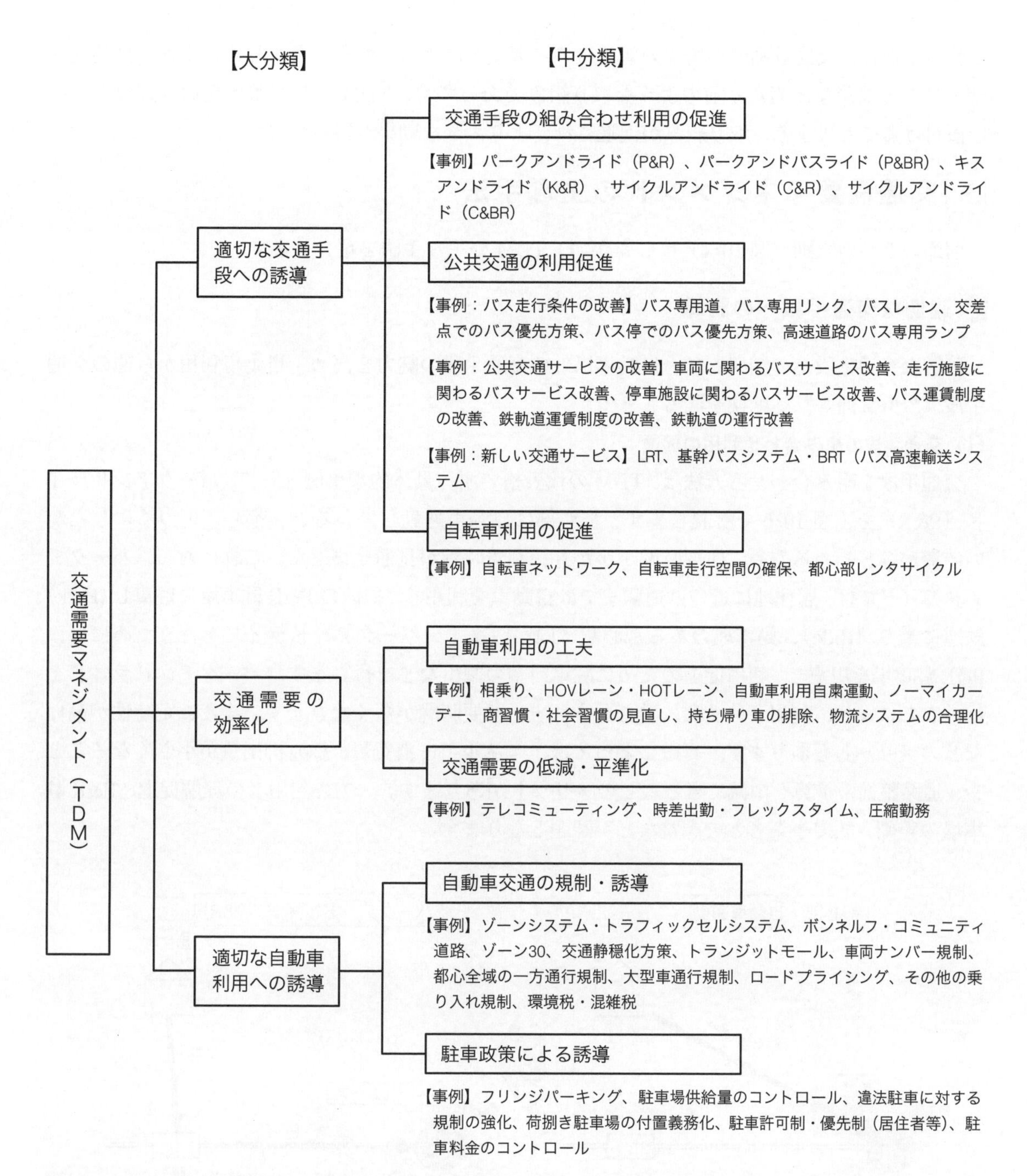

図10·4　TDMの体系と事例（出典：建設省都市局都市交通調査室 監修、都市交通適正化研究会 編著『都市交通問題の処方箋　都市交通適正化マニュアル』（大成出版社、1995年）を著者が一部改変※1）

これら事例は、交通計画の現場での新しいアイディアによって増えてきました。また、公共交通サービスの改善など当たり前のような取り組みであっても、TDMとして都市交通計画のなかに位置付けることにより、取り組みが促進され、より大きな効果が得られます。

3 交通需要マネジメントの主な手法

前節の3つの大別（図10・4）にしたがい、TDMの主な手法を紹介します。

1 適切な交通手段への誘導

適切な交通手段への誘導とは、自動車以外の交通手段の魅力を高め、自動車利用から他の交通手段（公共交通等）へ転換を図ることです。

(1) 交通手段の組み合わせ利用の促進

交通手段を組み合わせる方法は、TDMの代表格です。具体的な事例として、**パークアンドライド**（P&R）を、図10・5で解説します。都心部に自動車通勤していると、都心に近づくにしたがい渋滞がひどくなるため、所要時間がかかり、到着時刻が見通せません。これに対し、パークアンドライドでは、居住地に近い鉄道駅までは自動車を利用し、駅前のP&R駐車場に駐車し（**P**ark）、鉄道に乗り（**R**ide）、勤務地のある都心駅に向かいます。パークアンドライドを行うためには、P&R駐車場を用意し、利用促進のために駐車料金の割引などを行います。パークアンドライドを行うことにより、利用者は渋滞に巻き込まれず、所要時間が短くなります。また、定時性が高いなどのメリットもあります。行政にとっては、エネルギー消費量、CO_2排出量が小さくなることや、道路整備の予算を削減できるなどのメリットがあります。一方、利用者の理解促進、P&R駐車場の整備、鉄道事業者との調整などが課題となります。

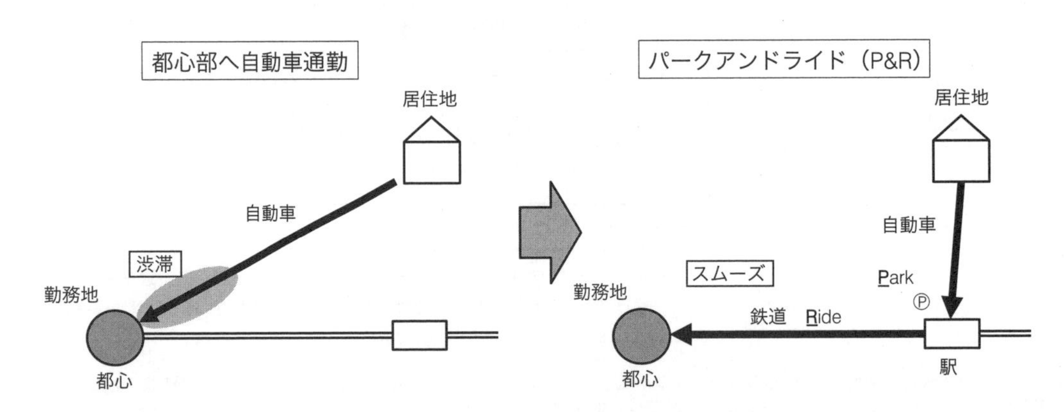

利用方法	必要な対応	メリット	課題
・居住地に近い鉄道駅までは自動車を利用。 ・駅前のP&R用駐車場に駐車し、鉄道で都心駅へ。	・駅前にP&R駐車場を用意。 ・P&R利用者は駐車料金を割引くなど。	〈利用者〉渋滞に巻き込まれず所要時間が短い。定時性が高い。電車内で読書などの時間がとれる。 〈行政〉エネルギー消費量、CO_2排出量が小さい。道路整備の予算削減。中心市街地、駅前の活性化。	・利用者の理解促進（P&Rのメリット、利用方法）。 ・P&R駐車場の整備、鉄道事業者との調整（割引等）。 ・鉄道駅での乗り換え利便性の向上。

図10・5　パークアンドライド

図 10･6　パークアンドバスライドの事例（カナダ、オタワ郊外）

図 10･7　名古屋市基幹バスシステム

パークアンドライドの鉄道利用区間をバス利用にしたものを**パークアンドバスライド**(P&BR)、家族などに送迎してもらい駅前に駐車せず鉄道に乗る方法を**キスアンドライド**(K&R)といいます。また、鉄道駅まで自転車を利用し、駅前に駐輪して鉄道に乗る方法をサイクルアンドライド（C&R)、C&R の鉄道利用区間をバス利用にしたものをサイクルアンドバスライド（C&BR）といいます。駅前駐車場に駐車し鉄道で通勤するというのは従来からみられる方法であり、特に目新しいことはありませんが、都市交通計画のなかに TDM として位置付けて実施することにより、市民や利用者からも認識され効果をあげることができます。

図 10･6 は、オタワ郊外のショッピングセンター内のバスターミナルです。幹線バスと支線バスを結節するターミナルの隣に駐車場があり、パークアンドバスライドにより都心部に行くことができます。

(2) 公共交通の利用促進

自動車よりも公共交通のほうが効率的に多くの人を輸送できます。公共交通の利用促進は、「バスの走行条件の改善」「公共交通サービスの改善」「新しい交通サービス」の事例があります。新しい交通サービスの事例として、名古屋市の基幹バスシステムを紹介します(図 10･7)。車線の中央の着色されたレーンは、朝、夕はバス専用レーンであり、それ以外の時間はバス優先レーンとなります。この写真の上部、バスレーン右側の道路にバスの停留所がみえます。このバスは、バスレーンと専用の停留所を通り、速達性、定時性、安全性が高い交通システムになっています。いわゆるバス高速輸送システム（Bus Rapid Transit：BRT）です。

図10･8　HOTレーンの例（アメリカ、ミネソタ州）（出典：塚田幸広「ITSによる革新的な道路交通マネジメントの潮流」『国土技術政策総合研究所講演会講演集 平成25年度』2013年）

(3) 自転車利用の促進

自転車利用の促進は、近年注目されており、自転車ネットワークの整備、自転車走行空間の確保、都心部のレンタサイクル、コミュニティサイクルなどの事例があります。道路渋滞や交通環境負荷の軽減、健康の向上などの効果が期待されています。

2 交通需要の効率化

自動車利用は、時間的・地理的に一時に集中することがあります。たとえば、朝、夕の通勤時間帯には通勤中の自動車で道路渋滞が発生します。渋滞に巻き込まれると自動車利用者に時間的な損失が生じるだけではなく、渋滞のなかで車両は加減速を行うため、燃料消費が大きくなり、大気汚染物質の排出も大きくなります。そのため、交通渋滞の改善は地域環境、地球環境の改善の面からも求められています。

(1) 自動車利用の工夫

自動車利用の工夫の例として、通勤において、近所の人と自家用車の相乗りをカープール、バン等による相乗りをバンプールと呼んでいます。このような多人数乗車の自動車やバスのみが走行できるレーンを、HOV（High-Occupancy Vehicle）レーンといいます。アメリカ等で整備され、自動車の走行速度の向上やバス利用者数の増加が確認されています。

近年では、HOVレーンの交通容量の余裕を有効活用しつつ、一般レーンの混雑を緩和するために、HOT（High-Occupancy Toll）レーンの整備が進んでいます。多人数乗車の車両（カープール、バス）は無料であり、最低乗員数に満たない車両には課金されます。混雑状況により課金額を変更するができ、一般レーンを含めた道路の有効利用が図られます。図10･8は、2005年に運用を開始したアメリカ・ミネソタ州のHOTレーン例です。混雑がない時間帯のため、料金設定は低くなっています。料金は、ETCの仕組みを活用し、最低乗員数の要件を満たさない車両がHOTレーンを走行した時に収受されます。

交通需要は、朝の通勤時間帯には住宅地から都心に向かう交通が、逆に夕方は都心から住宅地に戻る交通が多くなります。そのため、同じ道路においても片方のみ混んでおり、反対方向が空

図 10·9　リバーシブルレーンの例（スペイン、バルセロナ、ディアゴナル通）

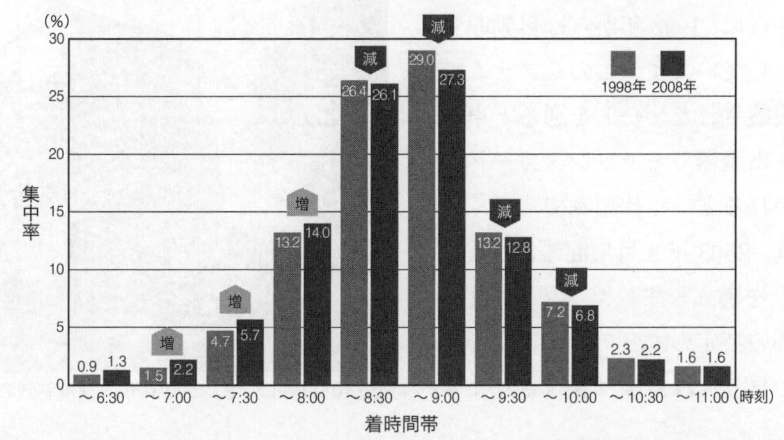

図 10·10　東京都市圏の通勤目的鉄道利用者の着時間帯別集中率（出典：東京都市圏交通計画協議会『人の動きから見える東京都市圏』2010 年）

いていることがあります。そこで、道路の方向別車線数を時間帯ごとに変動させることにより、交通需要に対応させるリバーシブルレーンが整備されています。図 10·9 は、バルセロナのディアゴナル通の本線であり、6 車線あります。もっとも右の車線はバス停に接するバス専用車線です。中央部の 3 つの車線が、時間帯によって方向が変わるリバーシブルレーンです。3 つの車線の方向は、上部に設置されている表示板に示されています。リバーシブルレーンを HOV レーンとすることにより、さらに道路を有効に活用している事例もあります。

(2)　交通需要の低減・平準化

交通需要の効率化の例として、時差出勤やフレックスタイム制があげられます。出勤時間をずらすことで、ピーク時間帯における交通量を分散させ、渋滞を緩和させます。また、自治体と企業の協力のもと、出勤時間を自由化するフレックスタイム制の導入も行われつつあります。図 10·10 で東京都市圏の通勤目的の鉄道利用者の着時間帯別集中率をみると、1998 年から 2008 年の 10 年間で、8 ～ 10 時台の集中が低下しています。この要因は、時差出勤、フレックスタイム制に加え、ピーク時間帯より前に出勤するといった自主的な行動の変更によるものと考えられます。

3 適切な自動車利用への誘導

適切な自動車利用への誘導は、道路や地域への乗り入れ規制を行ったり、駐車場利用に対し負担を求めることなどにより、自動車を利用する際の費用を大きくし、適切な自動車利用に導く方法です。

(1) 自動車交通の規制・誘導

自動車交通の規制・誘導の例として、一般道路の使用に対する課金・課税を行う**ロードプライシング**という取り組みが行われています。

シンガポールでは、都心部の混雑緩和のために1975年に進入制限区域を設け、午前中の通勤時間帯に進入する自動車から通行料の徴収を開始しました。さらに、1998年からは自動収受システムを導入しています。このシステムでは、道路上に設置されたゲートを通ると車内に設置している車載器でキャッシュカードから料金が支払われるという仕組みです。

ロンドンでは、2003年2月に混雑税（Congestion charge）を導入しました（図10･11）。ロンドン中心部の特定のエリア内に特定の時間帯に自動車で乗り入れる際に課税されます。

図10･11　ロンドンの混雑税・速度制限の地域を表す標識

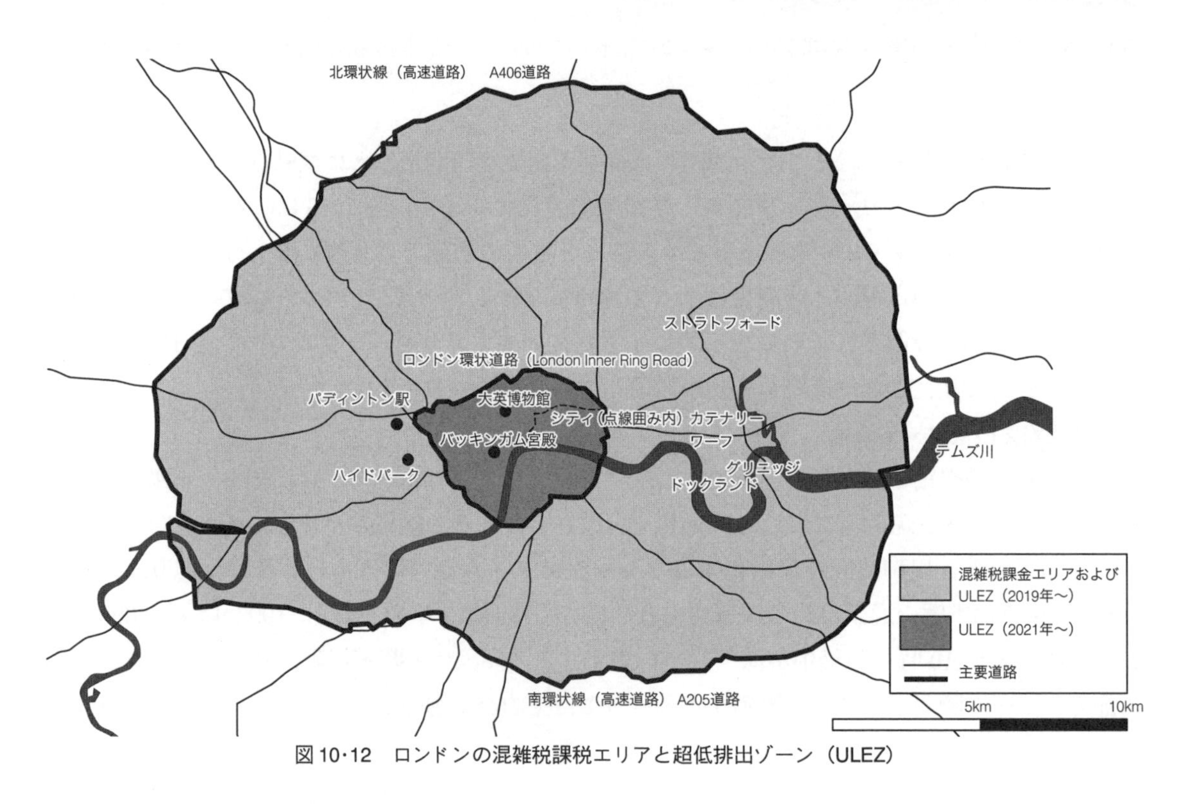

図10･12　ロンドンの混雑税課税エリアと超低排出ゾーン（ULEZ）

夜間の時間帯と土日祝日、年末年始は課税しません。課税エリア内に自動車で乗り入れる場合には、市内の指定された商店等で決められた金額（1日11.5ポンド、約1,600円）を支払うことが義務付けられています。図10・12に示すように、ロンドン環状道路（London Inner Ring Road）の内側を課税エリアとしています。なお、図10・11の右側の標識は、この地域が時速20マイル（約32km）までの速度制限のあるいわゆるゾーン30（p.115参照）であることを表す標識です。

ロンドンでは、混雑税の導入に加えて、大気環境の改善をめざし、2019年4月8日から年間を通じて排気ガスの排出量が多い車両から料金を徴収する超低排出ゾーン（Ultra Low Emission Zone：ULEZ）規制が設定されました（図10・12）。この制度では、2007年以前に製造されたバイク、2006年以前に製造された一般ガソリン車、2015年以前に製造されたディーゼル車には、都心部に入るために1日12.5ポンド（約1,800円）、バスやタンクローリーなどの大型車両には一日100ポンド（約14,000円）が課税されます。平日昼間、対象となる車両で中心部に乗り入れる場合は、混雑税と超低排出ゾーン規制による料金の両方を支払うことになります。超低排出ゾーンは2021年にエリアの拡大を予定しています。

わが国では、環境ロードプライシングという取り組みが行われています（図10・13）。兵庫県阪神地区や大阪市を通る阪神高速道路の3号神戸線は、市街地に近く混雑しています。さらに、3号神戸線の下には、国道43号線という幹線道路が通っており、大気環境問題の大きい地域として知られています。そこで、海側に位置し、住宅が比較的少ない5号湾岸線への自動車交通の移行を促しました。具体的には5号湾岸線を通過する都市間を輸送する貨物車や一部の普通車を対象に、2001年11月よりETCを装備している車両の料金を3割引きとしています。

図10・13　環境ロードプライシング（出典：阪神高速道路『環境ロードプライシングとは』（https://hanshin-exp.co.jp/drivers/etc/etc_waribiki/after/about/index.html））

(2) 駐車政策による誘導

駐車政策による適切な自動車利用の誘導の例として、**フリンジパーキング**があります。都心部への自動車の流入を抑制し、道路交通混雑の緩和を測るため、都心周辺（フリンジ）

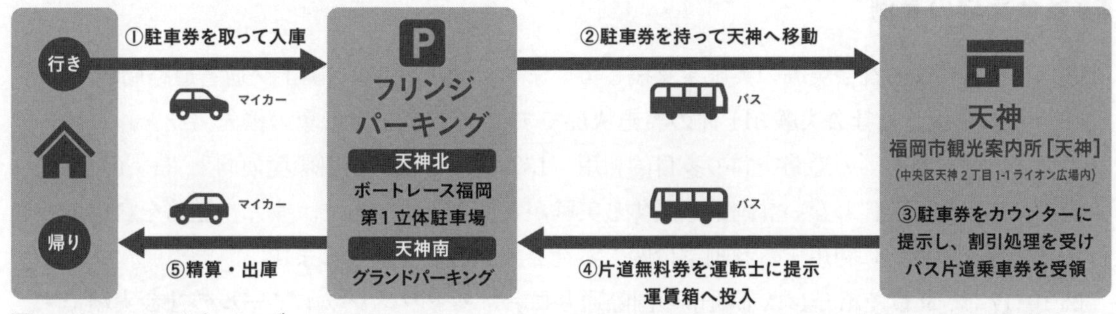

図10・14　フリンジパーキング（出典：西日本鉄道リーフレット『天神地区でのフリンジパーキングサービス（実証実験）スタート！』2019年）

の駐車場に自動車をとめ、バスなどの公共交通に乗り換えて都心部に行きます。2019年3月から1年間、福岡市天神地区において、フリンジパーキングの社会実験（次節で解説）が実施されました（図10・14）。利用者は、用意された2か所の駐車場（天神北、天神南）に自動車をとめ、バスで中心市街地の天神に行きます。駐車料金は最大500円（入庫当日に限り）に抑えられ、自動車の乗車人数分のバスの片道乗車券が提供されました。

4 対策の組み合わせ

ここまで解説してきた個々の対策だけでは、かならずしも地域の交通の問題を解決することはできない場合もあります。また、ある対策は効果があるものの、副作用が生じ得ることもあります。そのため、TDMの実施においては、複数の対策を組み合わせて、ある対策の短所を別の対策の長所で打ち消すなどパッケージを行うことが重要であるといわれています。

4 社会実験による交通需要マネジメントの実現

1 社会実験の考え方

構造系や水理系の研究室は、実験室で実験を行います。交通計画、都市計画の研究室では、社会において交通計画案に関する実験を行います。社会実験とは、計画プロセスのある段階において、市民、企業、行政等の計画関連主体が参加し、計画案を検証し、理解促進・合意形成を図るための、期間および地域を限定した試みです。本章で解説しているTDMには、**社会実験**を行い実現した事例が多くあります。

交通計画案の社会実験の流れを、図10・15に示しました。まず、地域の課題を明確化し社会実験の企画を立てます。次に、実験効果の評価指標や基準を検討し実験計画を設定します。社会実験を実施し、実験の評価結果をとりまとめます。計画内容に改善すべき点があれば、企画段階に戻り、改めて実験を実施します。社会実験の各段階において、社会実験の計画、実施内容、評価結果を広く市民に公表します。社会実験の評価結果に基づき、交通計画を本格実施するか、引き続き実験を行うか、想定した効果がない場合には交通計画の実施を取りやめます。実施取りやめは社会実験の失敗ではなく、「効果のない交通計画を実施せずにすんだ」という効果が得られたと考えます。

2 社会実験の事例

国は自治体による社会実験の実施を支援しています。図10・16は、国土交通省道路局が1999～2018年度に支援した社会実験311件の実施状況です。「歩行者・自転車の優先（23%）」「オープンカフェ、イベント等の道路空間の多目的利用（15%）」「自転車利用環境の向上（15%）」など、大規模な施設整備を伴わない計画案に関する実験が実施されています。また、道路を自動車の通行だけでなく多目的に利用する計画案に関する社会実験も多くみられます。

図10・17は、9章で紹介した那覇市の国際通りにおけるトランジットモールの社会実験です。国際通りは2車線の道路であり、慢性的な渋滞が発生しているとともに、沿線の中心商店街の停

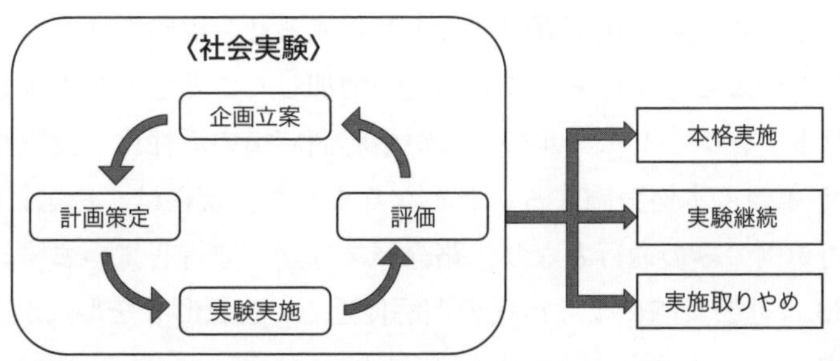

図 10･15　交通計画案の社会実験の流れ（出典：国土交通省『社会実験とは』（https://www.mlit.go.jp/road/demopro/about/about01.html））

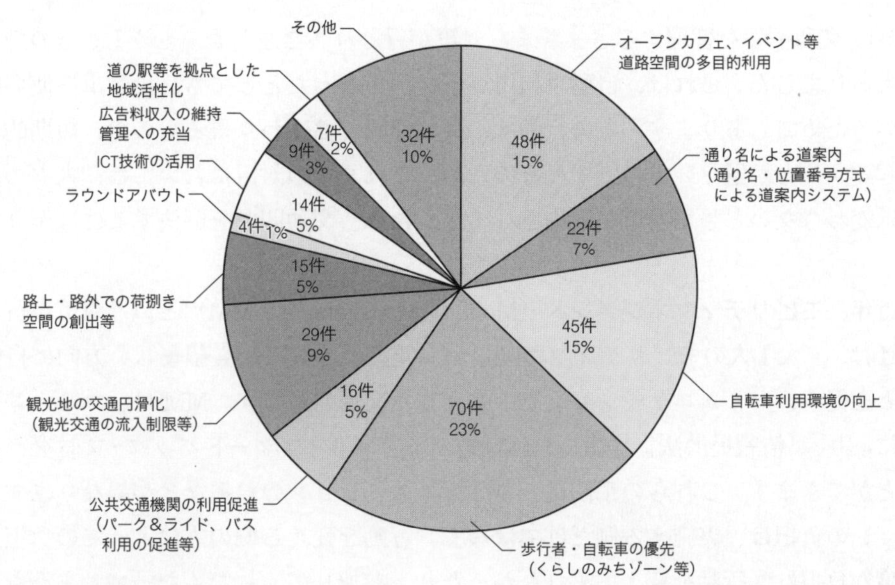

図 10･16　交通計画案の社会実験の事例（1999 ～ 2018 年度、311 件）（出典：国土交通省『社会実験パンフレット』2019 年）

図 10･17　トランジットモールの社会実験（那覇市国際通り、2003 年 11 月）（出典：国土交通省『社会実験パンフレット』2019 年）

滞が課題となっていました。自家用車等の通行を制限する社会実験を何度も実施し、周辺の幹線道路に大きな影響がないこと、歩行者や買い物客が増加したことなどを実証しました。また、アンケート調査によりトランジットモールの導入が中心商店街の活性化に役立つという意見が得られたことから、2007年から本格実施することとなりました。現在は、毎週日曜日、12時から18時の6時間は、許可車両のみの通行となり、路線バスは迂回運行しています。

このように、TDMは社会実験により市民の理解促進と、合意形成を得ながら効果を検証し、本格実施されています。

5 モビリティマネジメント

TDMでは、交通需要を管理するさまざまな対策が行われてきました。しかし、その効果は限定的な場合もありました。これは、自動車利用が不合理となったとしても、自動車を使い続けるという層がいるためでもあります。人の行動は、長い期間では変わり得るものの、短期的には大きな変化を起こすことが難しいものです。そのため、これまでの対策においては、人々の価値観は短期的には変わらないとして対策が実施されてきたため、交通問題を解決するには至りませんでした。

そこで近年、**モビリティマネジメント**（Mobility Management：MM）という対策が行われています。MMは、1人1人のモビリティ（移動）が、社会にも個人にも望ましい方向に自発的に変化することを促す、コミュニケーションを中心とした交通対策です。MMは、コミュニケーションの方法により、「情報提供法」「アドバイス法」「トラベル・フィードバック・プログラム」に分類することができます。これらの手法は、コミュニケーションの負担などが異なります。コミュニケーションの負担は、実施する側だけではなく、行動を変える側の人にとっての負担でもあります。過度な負担は、行動を変えてくれなかったり、参加してくれなくなってしまうため、それぞれの事例において、どのような参加者が見込まれるかを考えながら、適切な方法を選んでいくことが重要です。

1 情報提供法

情報提供法は、地域に関する情報をチラシ、時刻表、地図などを渡すことにより提供し、変化を促す方法です。わが国は、公共交通の路線図がこれまで十分には提供されてこなかったため、これから公共交通を利用しようとする人に、親切とはいえませんでした。わが国のバス路線図は単純でわかりやすいようにと模式図を用いることが多いです。しかし、人々は移動の時、自分の出発地と到着地やその間の関係を模式図で考えるのではなく、実際の地図で考えることが多いものです。そのため、公共交通を利用する時、実際の地図と模式図として表現された路線図を見比べて考える必要があります。したがって、実際の地図にバスの路線を重ねた路線図を作成することは有用な情報提供となり得ます。

また、興味をもってもらうための体験的な取り組みも行われています。たとえば、小学校などで実際のバス車両を使ったバスの乗り方教室が開かれています。また営業所でも、高齢者や子ども向けの講座を開催するなど、バスに関する情報を広く提供し、公共交通に関心をもってもらおうというアプローチが試みられています。こうした乗り方教室を経験した子どもから家族に話すことなどにより、家族の行動が変化していくことを期待しています。

2 アドバイス法

情報提供法は、利用者への一方的な情報提供でしたが、**アドバイス法**では、双方向の情報のやりとりやコミュニケーションが行われます。アドバイスを受ける人の移動の内容ついて、事前にアンケート調査などを実施し、その結果に基づいて、その人用のアドバイスを提供する手法です。このアドバイスには、1人1人個別のアドバイスを提供するものと集団を対象にアドバイスを提供するものがあります。

具体的には、たとえば、自動車の代わりにバスを利用する際に必要となるバス停の位置、時刻、所要時間、運賃などの移動についての有用な情報を個別に提供します。

3 トラベル・フィードバック・プログラム

アドバイス法に加えて、さらに1往復以上の情報のやりとりやコミュニケーションを行う手法が**トラベル・フィードバック・プログラム**（Travel Feedback Program：TFP）です。現在の移動実態や周辺の交通状況を把握し、それに合わせた形でフィードバックを行うことにより、行動についての注意を喚起し、行動の変容を促すものです。この手法も、個人に対してコミュニケーションを行うものと、集団に対して行うものとがあります。具体的な例としては、アンケート調査などから人々の毎日の移動を記録し、その記録から移動することによる二酸化炭素排出量などを算出し、この情報をアンケート回答者に知らせ、さらなる交通行動の変更や意識の変化の把握を行うものです。

■演習問題10■　図10·4に示したTDMの事例についてインターネット等で調べてください。興味のあるTDMについて、図10·5のように、「利用方法（文章に加え略図も書いてください）」「必要な対応」「メリット」「課題」を整理してください。また、そのTDMに関する社会実験の事例があったら、「実験内容」「実験結果の評価結果」「実験後の状況（本格実施、実験継続等）」について整理してください。

(1) 大分類「適切な交通手段への誘導」から2例

(2) 大分類「交通需要の効率化」から1例

(3) 大分類「適切な自動車利用への誘導」から1例

参考文献

・建設省都市局都市交通調査室 監修、都市交通適正化研究会 編著『都市交通問題の処方箋　都市交通適正化マニュアル』大成出版社、1995年

※1　大分類のうち「総合的施策の推進」「交通運用の改善」を省略した。また「適切な交通手段への誘導」を細分化し、最近の事例を追加した。

11章
高齢社会における交通計画

1 高齢者・移動困難者の動向

わが国は国際的にみて高齢化の進行した国です。身体障害者数も年々増加しており、妊産婦や乳幼児連れ、外国人、知的障害者、精神障害者、発達障害者などを加えると、外出に困難を感じている人（以下、移動困難者）の数は非常に多くなります。このようなことから、今後、移動困難者が安全・安心に移動できる交通システムを築くことが重要な課題となります。本章では、高齢社会の現状と、それに対応した交通のバリアフリーやユニバーサルデザインについて学びます。本節では、まず、**高齢者、移動困難者**の交通行動をみます。

わが国の全人口に占める65歳以上の高齢者の割合（高齢化率）は、1970年に7%を超え「高齢化社会」、1995年には14%を超え「高齢社会」、2010年には21%を超え「超高齢社会」となり

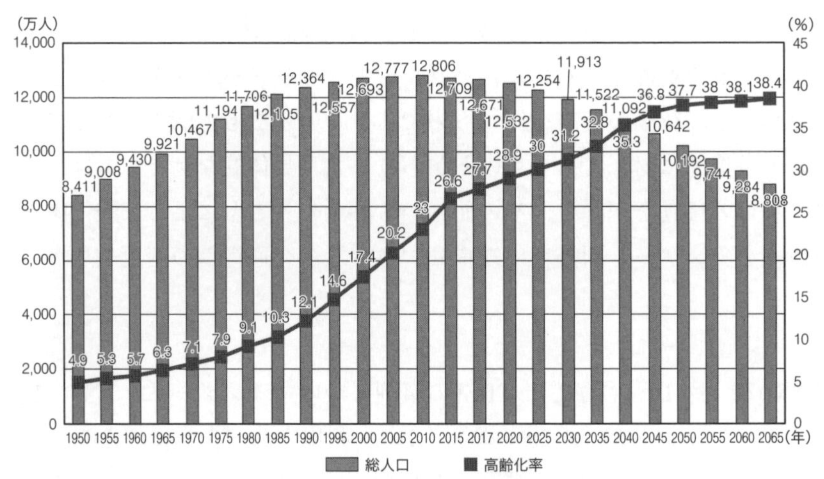

図11･1　高齢化の推移と将来推計（出典：内閣府『平成30年版高齢社会白書』（2018年）を参考に著者が作成）

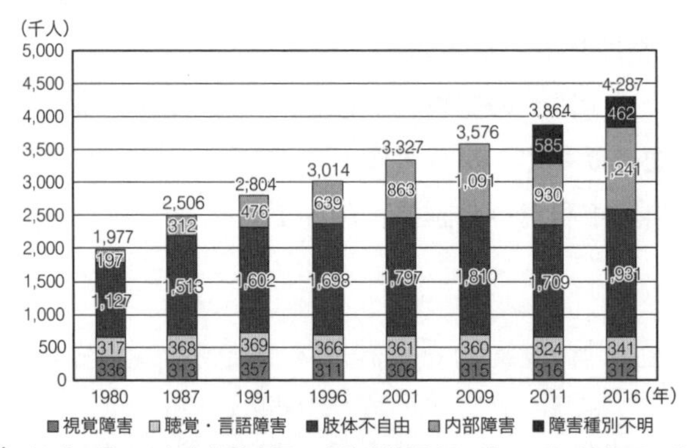

図11･2　身体障害者数の推移（出典：『2016年身体障害児・者等実態調査』、『2016年生活のしづらさなどに関する調査（全国在宅障害児・者等実態調査）』（共に厚生労働省）を参考に著者が作成）

ました。2017年の高齢化率は27.7%となっています。今後もこの高齢化率は上昇し、2060年には人口の38.1%が65歳以上の高齢者になると推計されています（図11･1）。また、わが国の身体障害者数は約430万人であり、1951年以降、5年ごとに行われている調査では年々増加してきました（図11･2）。身体障害者のうち65歳以上の人が約7割を占め、高齢者の増加とともに、身体障害者も増加しています。このように、わが国は超高齢社会となり、それに対応した交通システムを築くことが重要となります。

2 高齢者・移動困難者の交通行動特性

高齢者や障害者の交通行動特性をみてみましょう。高齢者の生成原単位は増加傾向にあり、特に70歳以上で顕著に増加しています（図11･3）。代表交通手段では、高齢者でも自動車利用が多く、徒歩が少ない傾向にあります（図11･4）。このように、高齢者のトリップ数は増加傾向にあり、元気な高齢者は、自家用車（自分で運転）で外出していることがうかがえます。しかし、図11･5に示すように、高齢者が第一当事者（過失が重い人、同程度の過失ならば人身傷害の程度が軽い人）となる交通死亡事故の発生件数は減少傾向にありますが、依然として75歳以上の高齢

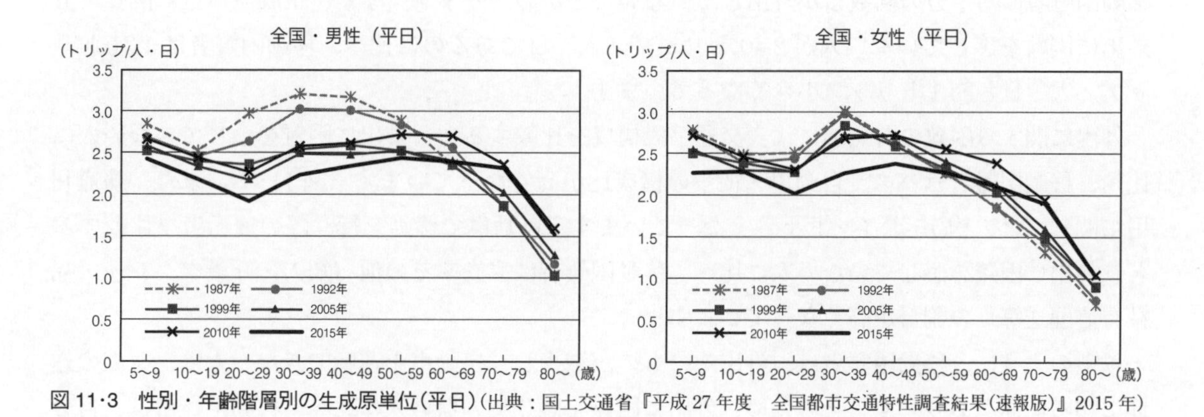

図11･3　性別・年齢階層別の生成原単位（平日）（出典：国土交通省『平成27年度　全国都市交通特性調査結果（速報版）』2015年）

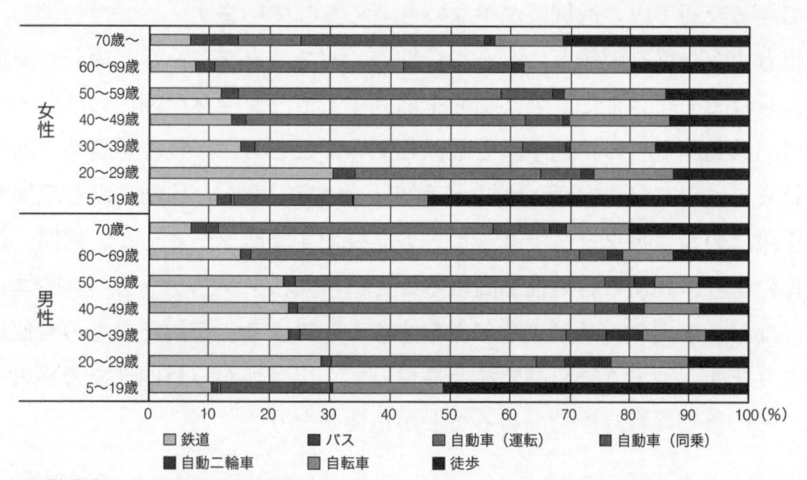

図11･4　性別・年齢階層別の代表交通手段別構成比（平日）（出典：国土交通省『平成27年度　全国都市交通特性調査結果』（2015年）を参考に著者が作成）

者の事故は多い状況です。また、免許人口10万人当たりの死亡事故発生件数をみると、70歳以上の年齢層において多く発生していることがわかります（図11･6）。

加齢により認知・判断機能は低下し、身体的機能も低下しますので、高齢者の死亡交通事故リスクは高くなります。つまり、今後高齢者の増加が見込まれるなか、運転に不安をもつ高齢者が、自家用車に依存しなくても生活できる交通環境の整備が重要な課題となります。

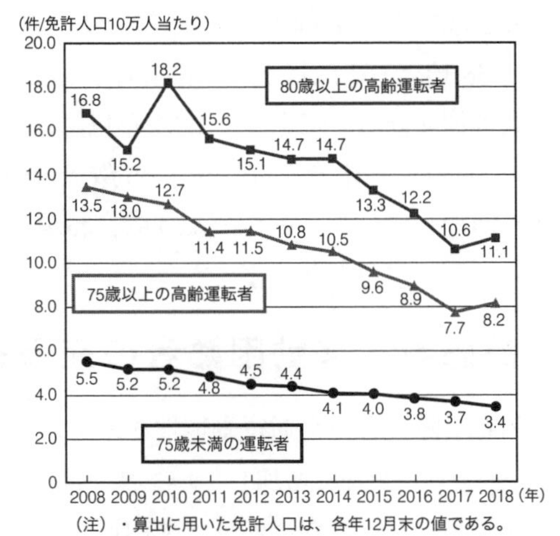

（注）・算出に用いた免許人口は、各年12月末の値である。

図11･5　高齢運転者による免許人口10万人当たり死亡事故件数（原付以上、第一当事者）（出典：警察庁交通局『平成30年における交通死亡事故の特徴等について』2019年）

次に、移動困難者の交通行動を図11･7に示します。大阪市において外出に困難を感じていない人の外出率が約8割であるのに対し、移動困難者は約半分の回数しか外出していないことがわかります。また、生成原単位に関しても、外出に困難を感じていない人が2.40トリップ／人・日であるのに比べ、移動困難者は1.31トリップ／人・日と約1トリップ小さくなっています。

外出に関する困難の有無別に代表交通手段構成を比較すると、外出に困難を感じていない人に比べ、移動困難者はバス、自動車、徒歩の構成比が高くなっています（図11･8）。また、鉄道利用に関しては、約15ポイント小さくなっています。自動車で移動を行う際の運転者を比較すると、外出に困難を感じていない人に比べ、移動困難者は家族やその他（知人・介護タクシー・福祉有償運送等）の割合が高くなっています。

以上のように、移動困難者は、外出そのものが減少し、自動車を運転できない人は、家族の送迎に頼る傾向があります。そのため、外出に困難を感じていない人に比べ、移動困難者は、自分の意志で外出できる交通手段の選択肢が少ないと考えられています。

高齢者や障害者を含む移動困難者にとって、鉄道、バス、タクシーなどの公共交通が重要な役割を担うと考えられます。さらに、公共交通を補完するボランティア団体の活動や地域の助け合い活動のなかで、移動困難者の移動手段を確保していくことも、今後、重要性を増すものと考えられます（これらについては、12章で詳しく解説します）。また、移動手段を確保するだけでなく、その移動手段に容易にアクセスできることも必要です。駅ターミナル、道路、建築物などのバリアフリー化により、利用の容易性を高めること、また、ノンステップバスやユニバーサルデザインタクシーなど、車両のバリアフリー化をすることにより、車両そのものも使いやすくすることも必要となります。つまり、超高齢社会において、出発地から目的地まで移動を確保すること、さらには、その移動の容易性を高めることが重要となります。

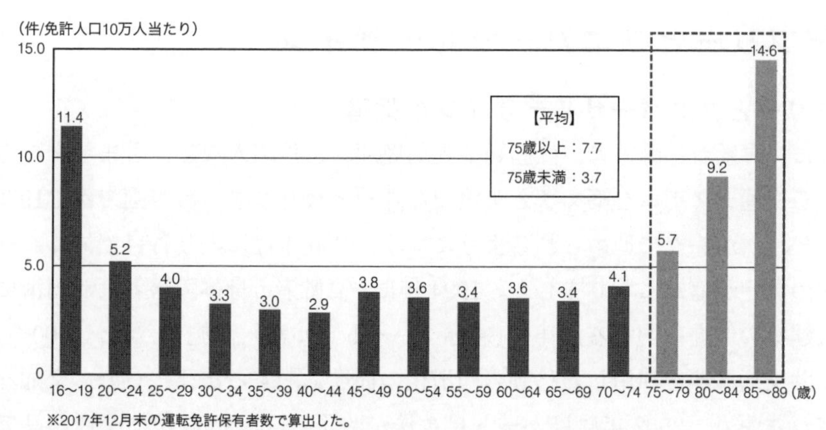

図 11·6　年齢階層別の免許人口 10 万人当たり死亡事故件数（原付以上第一当事者、2017 年）（出典：警察庁交通局『平成 29 年における交通死亡事故の特徴等について』2018 年）

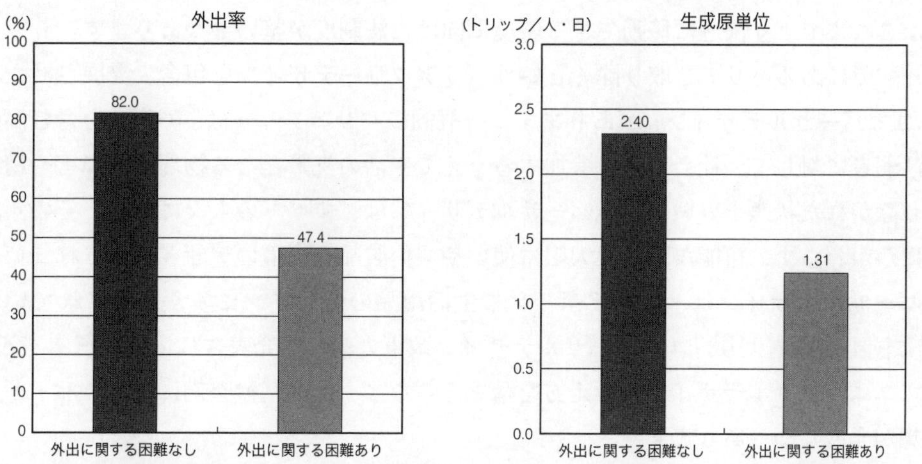

図 11·7　外出に関する困難有無別にみた外出率・生成原単位（2010 年）（出典：大阪市『人の動きからみる 大阪市のいま　第 5 回近畿圏パーソントリップ調査』2013 年）

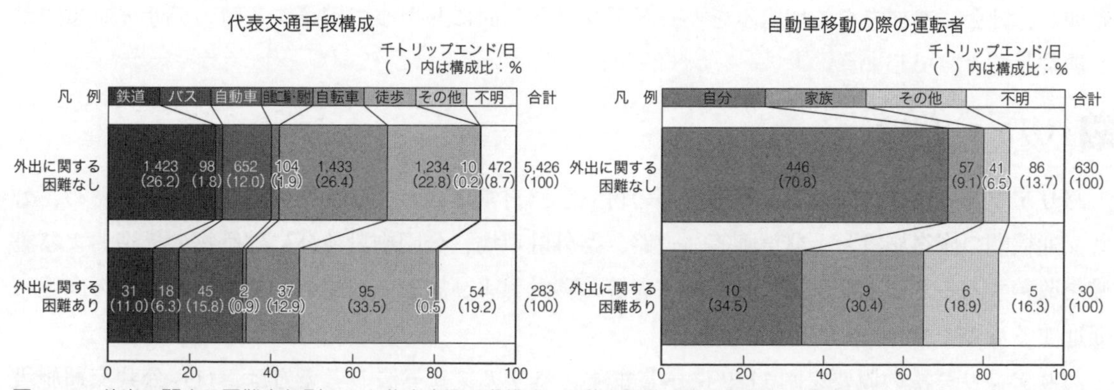

図 11·8　外出に関する困難有無別にみた代表交通手段構成・自動車移動の際の運転者（2010 年）（出典：大阪市『人の動きからみる 大阪市のいま　第 5 回近畿圏パーソントリップ調査』2013 年）

3 バリアフリーとユニバーサルデザイン

1 バリアフリーとユニバーサルデザインの促進

前節のように、高齢者、障害者、妊産婦や乳幼児連れ、外国人など、さまざまな方が安全・安心に移動できる交通システムを築くことが重要な課題となります。わが国では、1970年代以降、「福祉のまちづくり」が徐々に進められるようになり、1990年代に入り各自治体における福祉のまちづくり条例の制定が盛んになりました。1994年に「高齢者、身体障害者等が円滑に利用できる特定建築物の建築の促進に関する法律」（通称：ハートビル法）が施行され、2000年に「高齢者、障害者等の公共交通機関を利用した移動の円滑化の促進に関する法律」（通称:交通バリアフリー法）が施行されました。2002年にはハートビル法が改正され、2006年に交通バリアフリー法とハートビル法を統合した「高齢者、障害者等の移動等の円滑化の促進に関する法律」（通称:バリアフリー法）の施行により対象者や対象設備が拡大されました。また、2016年には、「障害を理由とする差別の解消の推進に関する法律」（通称:障害者差別解消法）が施行されるなど、高齢者、障害者がこれまでより快適に移動できる環境に向けた法制度が整いつつあります。

一方、すでにあるバリアを取り除くという**バリアフリーデザイン**を包含、発展させた考え方として、「**ユニバーサルデザイン**」があります。一般的にバリアフリーは、障害者を含む高齢者等の社会生活弱者に対して、社会生活に参加するうえで生活の支障となる物理的な障害や精神的な障壁が取り除かれた状態をいい、ユニバーサルデザインは、すべての人々に対し、その年齢や能力の違いにかかわらず、可能な限り最大限に使いやすい製品や環境のデザインとされています。

ユニバーサルデザインは、工業デザインや生活用品のデザインに多く適用されていますが、2005年に国土交通省より「ユニバーサルデザイン政策大綱」が発表され、社会資本・交通の整備についてユニバーサルデザインの考え方を踏まえるなど、社会基盤整備にもユニバーサルデザインの思想が発展しつつあります。

私たちが住むまちの整備はある程度進んできており、一からまちをつくるということはほとんどありません。つまり、まちづくりにおけるユニバーサルデザインとは、物理的な施設や空間のバリアをなくすバリアフリーを基本としながら、それにとどまらず、すべての人が自己の能力を発揮し、社会に参加できる仕組みをハード・ソフト両面にわたって構築する時のデザイン思想だと理解してよいでしょう。

2 バリアフリー法

バリアフリー法は、高齢者、障害者等の自立した日常生活および社会生活を確保するため、公共交通機関の旅客施設および車両等、道路、路外駐車場、公園施設並びに建築物の構造および設備を改善することにより、高齢者、障害者等の移動および施設の利用の利便性、安全性の向上の促進するものです。

バリアフリー法の概要を図11･9に示します。バリアフリー法の考え方は、(1) 公共交通施設や建築物のバリアフリー化の推進（個々の施設のバリアフリー化）、(2) 地域における重点的・

一体的なバリアフリー化の推進（面的・一体的なバリアフリー化）、(3) 心のバリアフリーの推進、の3つです。

バリアフリー法では、主務大臣による基本方針に基づき市町村が重点整備地区を定めて移動円滑化基本構想（バリアフリー基本構想）を策定します。重点整備地区とは、(1) 生活関連施設があり、かつ、それらの間の移動が通常徒歩で行なわれている地区、(2) 生活関連施設および生活関連経路についてバリアフリー化事業が特に必要な地区、(3) バリアフリー化の事業を重点的・一体的に行うことが総合的な都市機能の増進を図るうえで有効かつ適切な地区とされています。生活関連施設とは、高齢者や障害者が日常生活または社会生活において利用する旅客施設、官公庁施設、福祉施設などの施設をいい、生活関連経路とは、生活関連施設と施設相互間の経路をいいます。

バリアフリー法では、旅客施設の新設や大規模改修、車両等の新規導入の際には、移動円滑化基準に適合されることが義務付けられています。また、既存の施設については移動円滑化基準の適合への努力義務が課されています。さらに、前述の移動円滑化基本構想により、面的・一体的なバリアフリー化の推進を図ることになっています。公共交通施設や建築物等のバリアフリー化の現状（2017年度末）および整備目標を表11･1に示しました。

高齢者、障害者等の移動等の円滑化の促進に関する法律（改正後）の概要

※改正法は平成30年5月25日公布、平成30年11月1日施行（一部の規定は平成31年4月1日施行）

※太字は法改正を受けた規定

1．基本理念

バリアフリー法に基づく措置は、「共生社会の実現」「社会的障壁の除去」に資することを旨として行われなければならないことを基本理念として明記

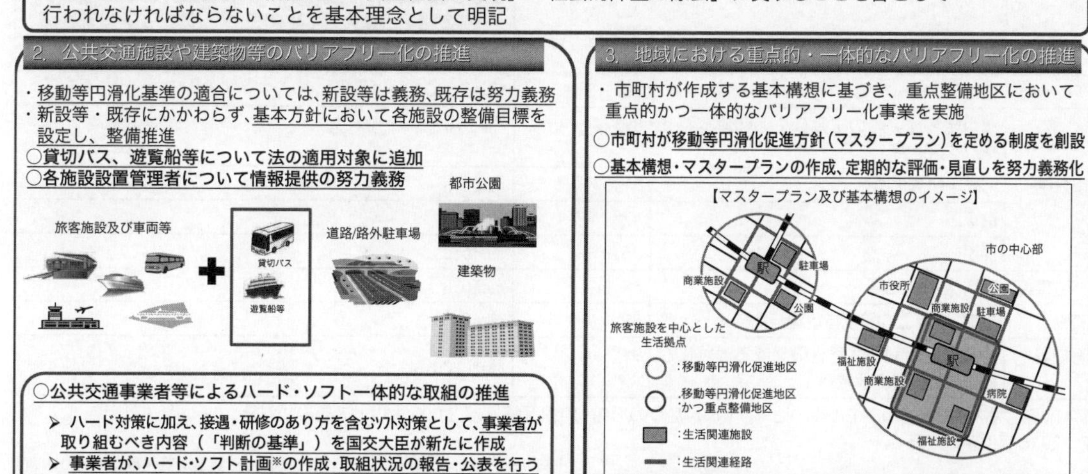

4．心のバリアフリーの推進、当事者による評価等

・バリアフリー化の促進に関する国民の理解・協力の促進等
（「心のバリアフリー」の重要なポイントとして、国及び国民の責務に高齢者、障害者等に対する支援を明記）

○国が、高齢者、障害者等の関係者で構成する会議を設置し、定期的に、移動等円滑化の進展の状況を把握し、評価する努力義務

図11･9　バリアフリー法の概要（出典：国土交通省『高齢者、障害者等の移動等の円滑化の促進に関する法律（改正後）の概要』2018年）

表 11･1　公共交通施設や建築物等のバリアフリー化の現状及び整備目標

			現状※1 （2017 年度末）	2020 年度末までの目標
鉄軌道	鉄軌道駅		89%	○ 3,000 人以上を原則 100% ○この場合、地域の要請及び支援の下、鉄軌道駅の構造等の制約条件を踏まえ可能な限りの整備を行う ○その他、地域の実情にかんがみ、利用者数のみならず利用実態をふまえて可能な限りバリアフリー化
		ホームドア・ 可動式ホーム柵	73 路線 725 駅	車両扉の統一等の技術的困難さ、停車時分の増大等のサービス低下、膨大な投資費用等の課題を総合的に勘案した上で、優先的に整備すべき駅を検討し、地域の支援の下、可能な限り設置を促進
	鉄軌道車両		71%	約 70%
バス	バスターミナル		94%	○ 3,000 人以上を原則 100% ○その他、地域の実情にかんがみ、利用者数のみならず利用実態等をふまえて可能な限りバリアフリー化
	乗合バス車両	ノンステップバス	56%	約 70%（対象から適用除外認定車両（高速バス等）を除外）
		リフト付きバス等	6%	約 25%（リフト付バス又はスロープ付きバス。適用除外認定車両（高速バス等）を対象）
	貸切バス車両		1,699 台	約 2,100 台
船舶	旅客船ターミナル		100%	○ 3,000 人以上を原則 100% ○離島との間の航路等に利用する公共旅客船ターミナルについて地域の実情を踏まえて順次バリアフリー化 ○その他、地域の実情にかんがみ、利用者数のみならず利用実態等をふまえて可能な限りバリアフリー化
	旅客船（旅客不定期航路事業の用に供する船舶を含む。）		44%	○約 50% ○ 5,000 人以上のターミナルに就航する船舶は原則 100% ○その他、利用実態等を踏まえて可能な限りバリアフリー化
航空	航空旅客ターミナル		89%	○ 3,000 人以上を原則 100% ○その他、地域の実情にかんがみ、利用者数のみならず利用実態等をふまえて可能な限りバリアフリー化
	航空機		98%	原則 100%
タクシー	福祉タクシー車両		20,113 台	約 44,000 台
道路	重点整備地区内の主要な生活関連経路を構成する道路		89%	原則 100%
都市公園	移動等円滑化園路		51%※2	約 60%
	駐車場		47%※2	約 60%
	便所		35%※2	約 45%
路外駐車場	特定路外駐車場		63%	約 70%
建築物	2000m^2 以上の特別特定建築物のストック		59%	約 60%
信号機等	主要な生活関連経路を構成する道路に設置されている信号機等		99%	原則 100%

※1　旅客施設は段差解消済みの施設の比率。1 日当たりの平均的な利用者数が 3,000 人以上のものが対象。
※2　2016 年度末の数値

（出典：国土交通省『第 42 回 障害者政策委員会 議事次第一資料 4』2019 年）

4 バリアフリー法による施設整備

バリアフリー法による整備では、鉄道駅・ターミナルなどの「旅客施設」、官公庁や福祉施設、病院、商業施設などの「建築物」、それらをつなぐ「道路」「路外駐車場」「都市公園」のバリアフリー整備が対象となっています。さらに、どこにどのような施設があるのか、バリアフリー化された経路はどこかなど、情報のバリアフリー化も必要です。ここでは主に旅客施設（鉄道駅）と道路のバリアフリー事例と整備の考え方を紹介します。

1 鉄道駅の整備

鉄道駅については、図11･10に示したように、乗車券を販売する場所から車両に乗降する場所（プラットホーム）までの経路、誘導案内設備、トイレや券売機などの施設･設備の整備が必要です。個々の具体的な整備については、国土交通省が「バリアフリー整備ガイドライン（旅客施設編）」を策定しています。

(1) 乗車券購入の円滑化

車いす使用者等であっても利用しやすい高さに券売機を設置し、車いす使用者が容易に券売機に接近できるように、「蹴込み」を設けるなどの配慮が必要です（図11･11)。操作性についても、タッチパネル式は視覚障害者が利用できないため、テンキーを設けるなどの配慮が必要となります。

(2) 改札口の整備

車いす使用者が改札口を通過する場合、既設の幅では利用が困難な場合が多いため、拡幅改札

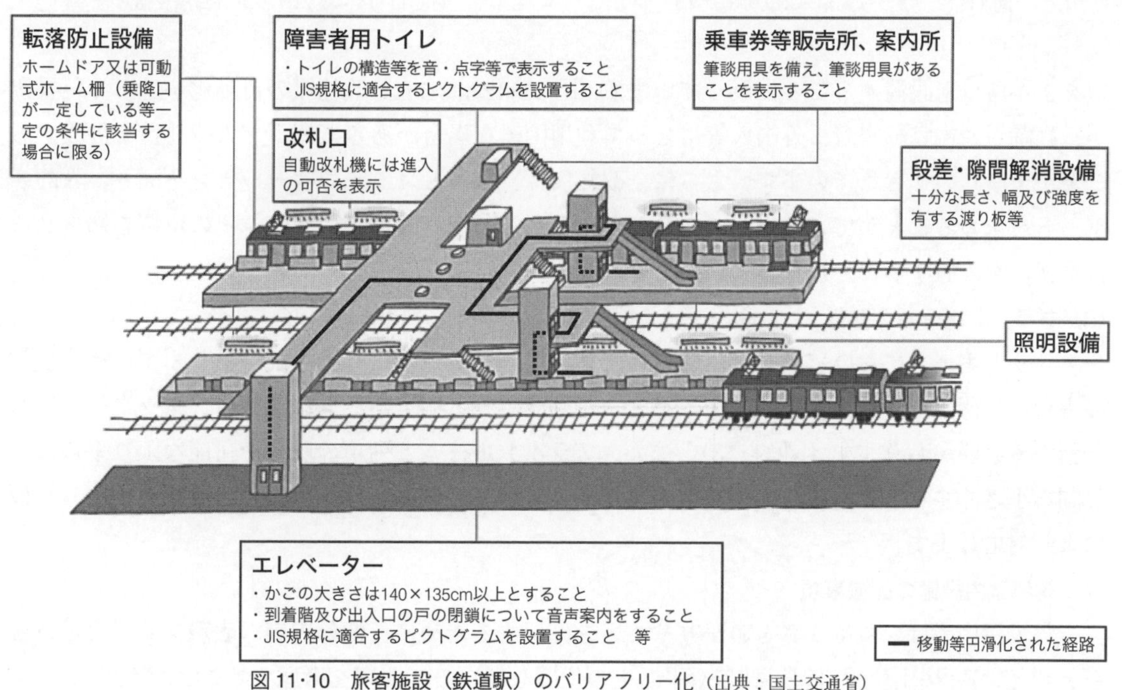

転落防止設備
ホームドア又は可動式ホーム柵（乗降口が一定している等一定の条件に該当する場合に限る）
障害者用トイレ
・トイレの構造等を音・点字等で表示すること
・JIS規格に適合するピクトグラムを設置すること
乗車券等販売所、案内所
筆談用具を備え、筆談用具があることを表示すること
改札口
自動改札機には進入の可否を表示
段差・隙間解消設備
十分な長さ、幅及び強度を有する渡り板等
照明設備
エレベーター
・かごの大きさは140×135cm以上とすること
・到着階及び出入口の戸の閉鎖について音声案内をすること
・JIS規格に適合するピクトグラムを設置すること　等
移動等円滑化された経路

図11･10　旅客施設（鉄道駅）のバリアフリー化（出典：国土交通省）

図 11・11　券売機（蹴込み）

図 11・12　改札口

図 11・13　プラットホームのホーム柵

図 11・14　案内サイン（白黒反転）

口を 1 か所以上設置することになっています（図 11・12）。また、改札機の自動化が進んでいますが、高齢者や視覚障害者、外国人等にとって利用困難な場合があるため、有人改札口を併設することが望ましいとされています。さらに、改札口は、駅員とコミュニケーションを図り、人的サポートを求めることができる場所であることに配慮し、視覚障害者に対し、その位置を知らせる音響案内を設置することになっています。

(3) プラットホームの整備

プラットホームにおいては、転落防止のための措置を重点的に行う必要があります。特に視覚障害者の転落防止の観点から、ホームドア、可動式ホーム柵、ホーム縁端警告ブロック等の措置を講ずる必要があります（図 11・13）。また、プラットホームと列車の段差を可能な限り平らにし、隙間を小さくするとともに、やむを得ず段差や隙間が生じる場合は、段差・隙間解消機や渡り板により対応します。

(4) 誘導案内設備の配慮事項

視覚表示施設は、見やすさとわかりやすさを確保するために、情報内容、表現様式（表示方法とデザイン）、掲出位置（掲出高さや平面上の位置など）の 3 要素を考慮することが不可欠です。

表 11･2　バリアフリー法における歩道整備（歩道一般部）の基準

基準項目	重点整備地区の歩道に適用
歩道の形式	セミフラット式を基本（歩道面を車道面より高く、かつ縁石天端高さより低くする構造）
歩道面と車道面の高低差	5cm を原則
歩道の縁石の高さ	15cm 以上
歩道の縦断勾配（進行方向）	5%以下
歩道の横断勾配（横方向）	1%以下（透水性舗装の場合）
歩道の平坦部の有効幅	2m 以上
歩道の舗装	透水性舗装
歩道と車道の段差	2cm を標準（条件付きで 2cm 以下も可）

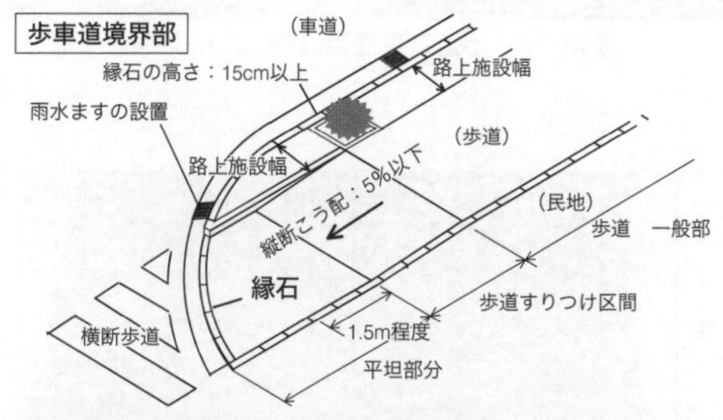

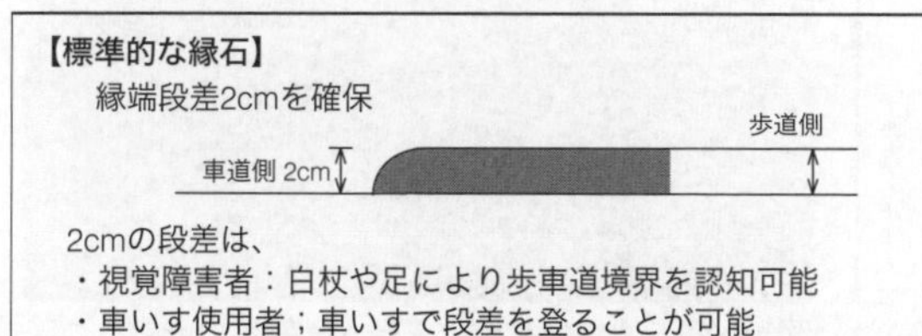

図 11･15　バリアフリー法における歩道整備の基準
（出典：国土交通省『道路の移動円滑化整備ガイドラインにおいて規定されている主な内容』(http://www.mlit.go.jp/kisha/kisha02/06/061218/061218_3.pdf) 2002 年）

図 11･16　波打ち歩道（提供：北川博巳氏）

図 11･14 には、視認性を高めた白黒反転の案内サインを示しました。さらに、状況変化による情報をタイムリーに表示する方法として、可変式情報表示装置を整備することも必要となります。

2 道路の整備

歩行空間の基本的課題として、十分な「ゆとり」のある空間を確保することが重要となります。わが国の道路空間は狭小で、歩行空間のない道路も多く存在します。そのため、車いす利用者や障害者等、すべての人が安心して通れる歩行空間を確保することが重要となります。さらに、バリアフリー化された歩行空間ネットワークは、不連続では意味をなさず、施設から施設をつなぎその連続性を確保することが必要です。具体的な整備については、道路の移動円滑化ガイドライン[2]が策定されています。バリアフリー法による歩道整備の基準を表 11･2、図 11･15 に示しました。

かつて、わが国の歩道は 15 ～ 25cm の高さで車道と区分されていました。しかし、この段差付

図 11･17　セミフラット歩道（提供：北川博巳氏）

図 11･18　歩道と車道の段差（2cm 以下）

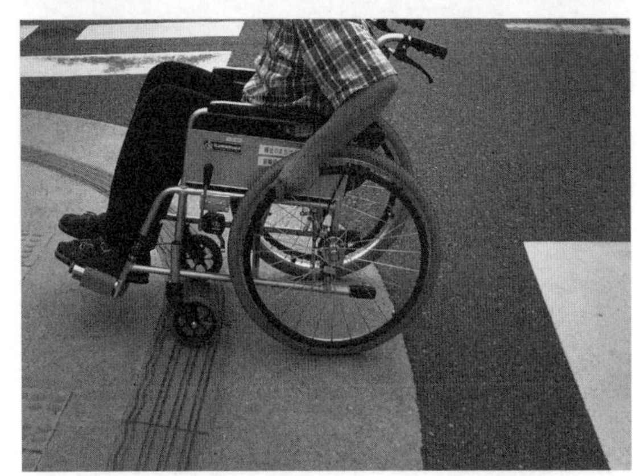

図 11･19　兵庫県方式の縁石（提供：兵庫県立福祉のまちづくり研究所）

図 11･20　透水性舗装と非透水性舗装の歩道

き歩道は、交差点や車両乗り入れ部などの横断部が連続する地区でアップダウンを繰り返す、いわゆる波打ち歩道（図 11･16）となり、車いす使用者の走行に問題が生じていました。そこで、歩道の標準高さを 5cm とし、段差や勾配が小さくできるセミフラット方式（図 11･17）を基本とすることになりました。歩道と車道の段差は、車いす使用者にとっては、まったく段差のないほうが望ましいのですが、視覚障害者にとっては、段差がないと歩車道境界を認識できないため、両者の官能試験から 2cm と決まりました。しかし、すべての車いす使用者が 2cm の段差を乗り越えられるわけではなく、車いす使用者と視覚障害者の移動の両立をめざし、さまざまな縁石の構造が工夫されています。（図 11･18）。兵庫県では、縁石の表面

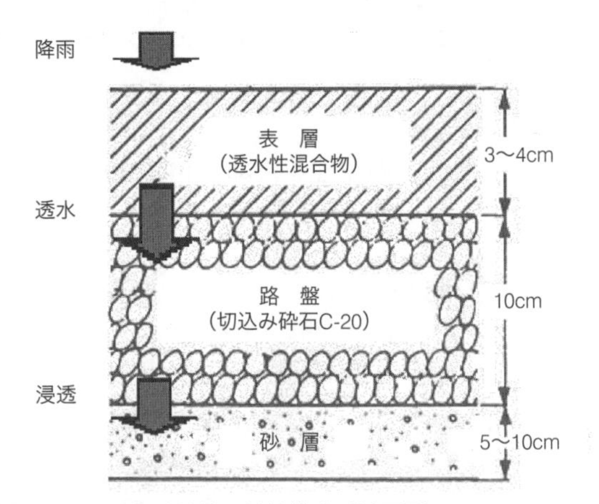

図 11･21　透水性舗装の舗装構成（断面図）（出典：国土交通省『道路舗装に関する設計基準』（http://www.mlit.go.jp/sogoseisaku/inter/keizai/gijyutu/pdf/road_design_j2.pdf））

に線状の溝を掘ることで、段差を解消し、視覚障害者が、白杖などで歩車道境界を検知できるように工夫されています（図 11･19）。

また、透水性舗装（図 11･20、図 11･21）は空隙率の大きなアスファルト舗装です。歩行者への水跳ねを減少させるとともに、夜間において雨水による光の乱反射が減少し、視認性が高まる効果もあります。

■演習問題 11■　あなたが通学する大学・学校の最寄り駅から大学・学校までの経路について、徒歩と公共交通利用を想定し、バリアフリー化されているか写真を撮影しながら調査してください。

(1)　経路上のバリアについて、写真を用い説明してください。バリアフリー化が不連続では意味をなしません。

(2)　『バリアフリー整備ガイドライン[1)]』『道路の移動等円滑化整備ガイドライン[2)]』を参考に、バリアを解消する方法について提案してください。

参考文献

1）国土交通省『バリアフリー整備ガイドライン（旅客施設編）』2019 年
2）（一財）国土技術研究センター『増補 改訂版 道路の移動等円滑化整備ガイドライン』2011 年
・三星昭宏・髙橋儀平・磯部友彦『建築・交通・まちづくりをつなぐ 共生のユニバーサルデザイン』学芸出版社、2014 年
・田中直人『建築・都市のユニバーサルデザイン　その考え方と実践手法』彰国社、2012 年

12章
市民生活とモビリティ

1 地域の公共交通の現状

市民生活のモビリティ確保には、公共交通が重要な役割を担っています。わが国では従来、公共交通ネットワークは、民間事業者が輸送サービスを提供するという形で進められてきました。しかしながら、今後見込まれる人口減少により、民間事業者による採算ベースのもとでの輸送サービスの提供が不可能となる地域が増加するおそれがあります。こうした地域においては、高齢化の進展に伴い、自家用車を運転できない高齢者等の移動手段としての公共交通の重要性が増大

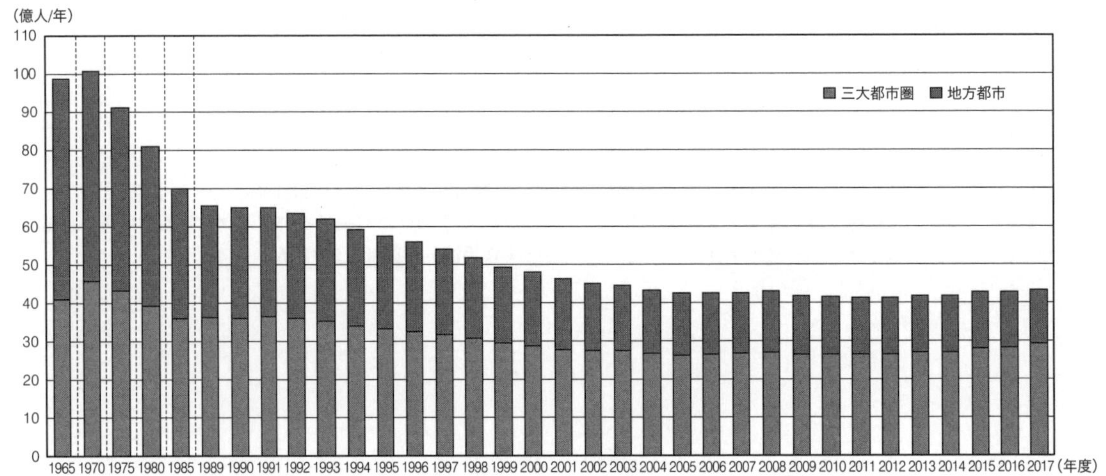

図 12・1　乗合バスの年間輸送人員の推移（全国）（出典：国土交通省『統計情報』（http://www.mlit.go.jp/statistics/details/jidosha_list.html）内「自動車関係情報・データーバスの車両数、輸送人員及び走行キロ」を参考に著者が作成）

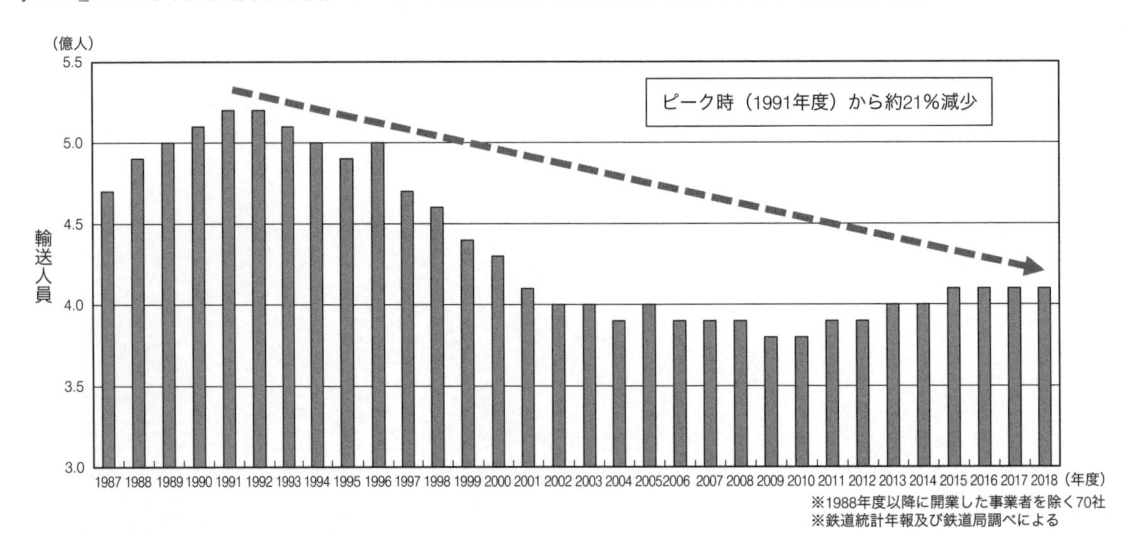

図 12・2　地方鉄道の年間輸送人員の推移（出典：国土交通省『地域鉄道の現状』（http://www.mlit.go.jp/common/001259400.pdf））

しており、自治体をはじめとする交通に関わるさまざまな主体が相互に協力し、地域が一体となって交通ネットワークを形成することが不可欠となっています。さらに、民間事業者による輸送サービスの提供が可能なエリアにおいても、都市機能や居住の誘導といったまちづくり施策などと連携し、将来にわたって持続可能な交通ネットワークを構築していくことが求められています。

図12･1は乗合バスの年間輸送人員の推移を示したものです。年間約100億人をピークにそれ以降減少傾向にあり、特に地方都市圏での減少が大きいです。三大都市圏では、近年やや増加しています。乗合バスは、利用者の減少により、大幅な減便や廃止に至るケースも少なくなく、乗合バス事業者自体が倒産したり、事業から撤退する事例も出てきています。つまり、地域のバス交通維持が今後の重要な課題となってきています。図12･2は、地方鉄道の年間輸送人員を示しており、1990年代はじめより減少を続けてきましたが、近年、やや持ち直しています。

2 市民生活のモビリティを確保するための交通手段

モータリゼーションの進展や人口減少、少子高齢化など、地域のモビリティ確保に関する状況は厳しさを増しています。地域の公共交通は、公共交通ネットワークの縮小やサービス水準の低下が、さらなる利用者の減少を招くなど、いわゆる「負のスパイラル」に陥っている状況がみられています。特に、自動車を運転できない人々のモビリティを確保するためには、地域の公共交通サービスやさまざまなモビリティ確保の手段提供が不可欠となります。本節では、市民生活を支えるモビリティ確保のための交通手段について解説します。

1 市民生活のモビリティを確保するための交通手段の運行形態

市民生活のモビリティを確保するための交通手段には、一般の路線バス以外にもさまざまな運行形態があります。図12･3は交通手段の運行形態について、輸送密度（1回の運行で輸送できる

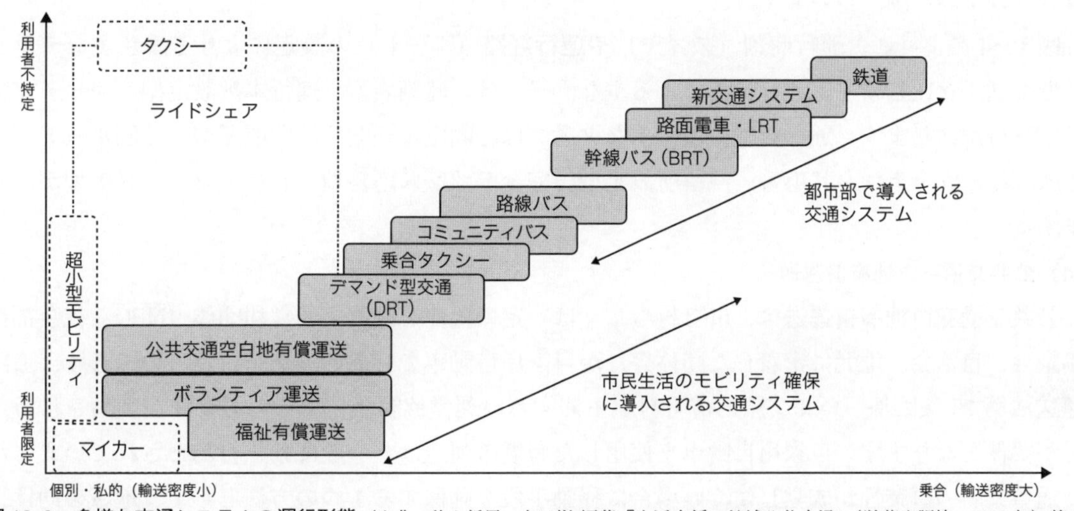

図12･3　多様な交通システムの運行形態（出典：秋山哲男・吉田樹 編著『生活支援の地域公共交通』（学芸出版社、2009年）等を参考に著者が作成）

人数）と利用者特性を整理した図です。

主に都市部で導入される交通システムとしては、鉄道、都市モノレール、新交通システム、路面電車・LRT、幹線バス（BRT＝バス高速輸送システム）、路線バスなどがあります。

地域のモビリティを確保するために導入されるシステムとしては、路線バス、コミュニティバス、乗合タクシー、デマンド型交通（DRT）、交通空白地有償運送、福祉有償運送などがあります。また、タクシーも地域の交通を構成する重要な公共交通であり、個々の利用者、地域のニーズにきめ細かな対応をすることができる輸送機関です。

以下に地域のモビリティを確保するために導入される主な交通システムを説明します。

(1) コミュニティバス

コミュニティバスは市町村などが運営主体となり、道路運送法に基づく「一般乗合旅客自動車運送事業」の許可を受けた交通事業者に運行を委託する形態です。運行経路や時刻表が決められている点では、一般の路線バスと変わりませんが、一般の路線バスが運行できなかった地域を運行したり、停留所間隔を短くしたりするなど、きめ細かなサービスを乗合で提供しています。

(2) 乗合タクシー

道路運送法に基づく「一般乗合旅客自動車運送事業」の許可を受けた交通事業者が、乗務員（運転士）を含めて乗車定員が11人に満たない小型車両（いわゆるジャンボタクシー、セダン車両など）を使用して運行する形態です。運行経路や時刻表が固定されているケースが多いですが、乗降場所は必ずしも停留所に限定していない場合もあります。

(3) デマンド型交通（DRT）

デマンド型交通（Demand Responsive Transport：DRT）は、利用者の事前予約に応じて、その都度、運行経路や時刻表を設定して運行する形態です。基本的には、予約のあった停車地のみを結んで運行することから、面的なエリアを効率的に運行することが可能です。このような特徴から、需要の少ない地域でも導入が可能であると考えられており、人口密度の低い過疎的な地域で導入されている例が多いです。

図12･4のように、運行時刻（ダイヤ）や運行経路（ルート）の設定によりさまざまなデマンド型交通が存在します。運行時刻による主なタイプは、時刻表型、運行本数設定型、完全デマンド応答型があります。運行経路による主なタイプは、固定ルート／停留所間型、迂回ルート／停留所間型、完全デマンド応答／停留所設定型、完全デマンド応答型／ドア・ツー・ドア型があります。

(4) 公共交通空白地有償運送

公共交通空白地有償運送は、市町村もしくは一定の要件を満たす非営利団体（NPO、社会福祉協議会、自治会、地元に密着した団体等）が自家用自動車で有償の運送を行うものであり、道路運送法第79条に基づいて、原則市町村が主催する「運営協議会」でその必要性が判断されることが要件となります。自家用自動車を使用した有償の運送は、一般に禁止行為とされていますが、交通事業者の事業性が成立しにくい場合に移動手段を確保する1つの方法として、地域の助け合い活動による運行が近年増えつつあります。

■「運行時刻（ダイヤ）の設定」からみたタイプ

主なタイプ	概要
「時刻表」型	あらかじめ運行するスケジュールが決まっており、それに沿って運行するタイプ
「運行本数設定」型	30分に1本など、あらかじめ運行する本数（頻度）が決まっており、出発地からの出発の頻度が決められているタイプ
「完全デマンド応答」型	頻度、時刻等について決められておらず、利用者からの希望を受けて運行するタイプ（タクシーに近い形態）

■「運行経路（ルート）の設定」からみたタイプ

主なタイプ	イメージ
固定ルート／停留所間型	あらかじめ決められたルートがあり、利用者からの事前の要望（予約）があった停留所のみ停車するタイプ 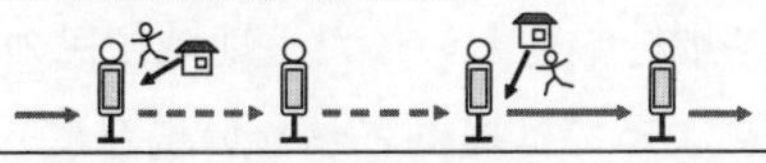
迂回ルート／停留所間型	あらかじめ迂回するルートが決められており、利用者からの事前の要望（予約）に応じて、停留所間の決められたルートを迂回運行するタイプ 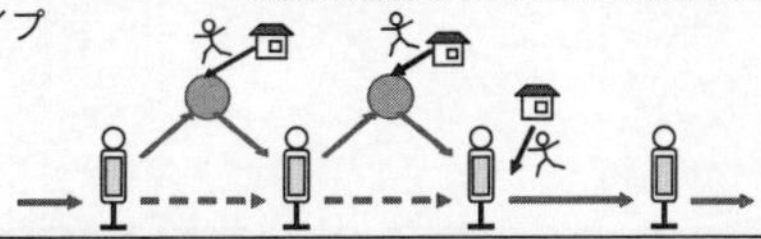
完全デマンド応答／停留所設定型	利用者からの事前の要望（予約）に応じて、どのルートで運行するか（どの停留所を経由するか）を決めるタイプ（乗降場所が決められている） 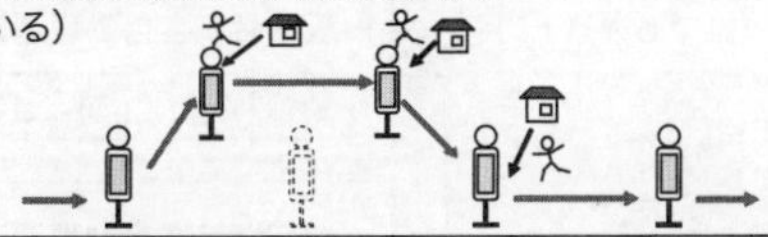
完全デマンド応答／ドア・ツー・ドア型	利用者からの事前の要望（予約）に応じて、利用者を出発地まで迎えに行き、目的地まで送り届けるタイプ（乗降場所が決められていない） 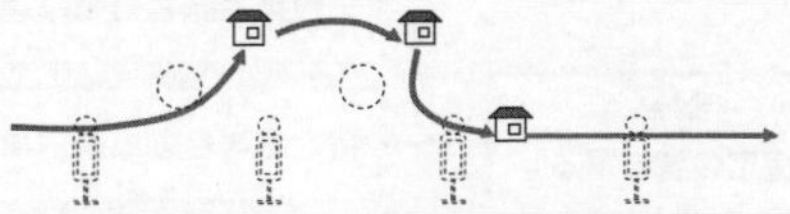

凡例　一般の停留所　自宅（利用者出発地）　予約がない場合のルート　迂回対応停留所　運行ルート　徒歩

図12・4　デマンド型交通の主なタイプ（出典：栃木県生活交通対策協議会『改訂　とちぎ生活交通ネットワークガイドライン』2014年）

(5) 福祉有償運送

介助が必要な高齢者や障害のある人を対象者として限定し、一定の要件を満たす非営利団体が自家用自動車で有償の運送を行うものであり、道路運送法第79条に基づいて、原則市町村が主催する「運営協議会」でその必要性が判断されることが要件となります（図12・5）。

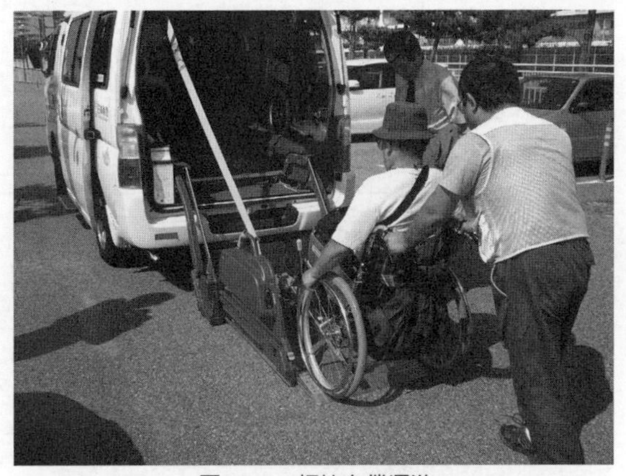

図12・5　福祉有償運送

(6) ボランティア運送（道路運送法によらない無償運送）

道路運送法に基づく許可や登録を必要としな

い運送です。従来の公共交通を補完するボランティア団体や地域の助け合い活動による輸送サービスであり、利用者はガソリン代などの実費のみを負担します。

2 道路運送法に基づく事業形態分類

移動手段の確保策は、**道路運送法**に基づく車両の種別によると、大きく「事業用自動車（緑ナンバー・道路運送法第4条許可）」と「自家用自動車（白ナンバー・道路運送法第79条登録）」によるものに分類されます（図12･6）。

道路運送法では、自家用自動車を使用した有償運送は原則として認められていませんが、公共交通空白地での輸送や福祉輸送といった、地域住民の生活維持に必要な輸送について、それらがバス・タクシー事業によっては提供されない場合に、市町村やNPO法人などが自家用自動車を用いて有償で運送することが認められています。

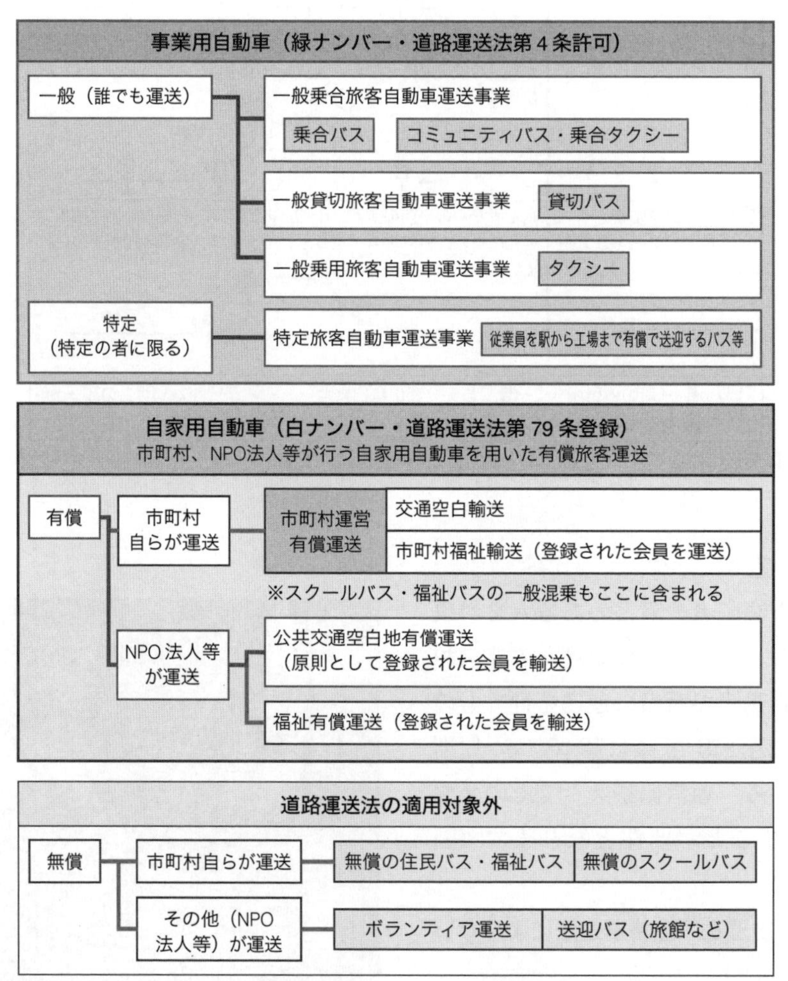

図12･6　道路運送法に基づく事業形態分類（出典：岡山県『共助による交通手段導入ガイドライン〜公共交通空白地有償運送の導入に向けて〜』2016年）

表 12・1　関係主体の関わり方による地域交通サービスの分類

分類	内容と特徴
【分類 1】交通事業者による場合（市場が成立している場合）	・民間事業者による乗り合いバスなどの運行
	・一定規模の需要がないと成立しない
【分類 2】行政が関与し確保する場合	・自治体による運行、運行の委託または運行費に対する補助
	・市場が成立しない採算性の悪い路線、地域での実施が多い ・運賃や運行便数などのサービス水準は、自治体の方針や財政力によって異なる
【分類 3】住民組織自ら確保する場合	・住民が移動手段の確保に主体的に参画する（公共交通空白地有償運送、福祉有償運送など）
	・ボランティアで移動手段を提供することもできる ・輸送の安全確保や利用者の保護といった点において、十分でない部分がある ・運転者の確保や採算性の問題により、運行の継続が困難になる場合がある

3 地域が支える交通サービス

1 地域が支える交通の考え方

移動手段を確保することは、本来はその地域における交通事業者や行政の役割となります。しかし、人口減少や高齢化の進むなか、交通事業者や行政だけで移動手段を確保することは困難であり、住民の関与が不可欠となります。

移動手段の確保策は、関係主体の関わり方の度合いにより、交通事業者による場合（市場が成立している場合）、行政が関与し確保する場合（民間への公的補助や市民・NPO 団体への運行補助、運行委託など）、住民組織自ら確保する場合（公共交通空白地有償運送、福祉有償運送、ボランティア運送など）に分類されます（表 12・1）。

2 地域が支える交通サービスの事例

(1) 地域住民が主体となり行政・事業者と連携した事例

【分類 1】コミュニティバス「ぐるっと生瀬」（兵庫県西宮市）

地域住民が計画段階から主体的に関わり、専門家・交通事業者・行政等と協働のもと、地域にふさわしい、住民目線で身の丈にあった持続可能なコミュニティバスの運行をめざし、利用促進策を積極的に実施しています。その結果、本格運行開始後、利用者数は年々増加し、運行 3 年目に、輸送人員が 98.0 人／日、収支比率が 96.5％と非常に高い値を維持しています。地域住民が主体となって、交通事業者による市場を成立させた事例であるといえます。

・運行期間：2015.10.1〜
・運行時間：8:30〜19:20（2018.10.1〜）
・運賃：大人300円、小人200円、小学生未満は無料
・路線等：5路線を計24便
・車両：14人乗り小型バス1台
・関係法令：道路運送法第4条
・運行事業者：阪急タクシー

図 12・7　コミュニティバス「ぐるっと生瀬」（兵庫県西宮市）

市北東部に位置する生瀬地域は、公共交通不便地域かつ地形的勾配が急であるため、徒歩等による移動も困難な地域となっており、また、多くの地域住民が必要とする医療、福祉を含んだ生活サービス施設を利用するためには、隣接市の鉄道駅まで移動する必要がありました。

このような地域特性にあるなか、当該地域の高齢化率は約30％（2018年9月30日現在）と高く、自家用車による移動が困難な高齢者等に対する日常生活に最低限必要な移動手段の確保が長年の課題となっていました。

そこで、この課題を解消するため、地域が主体となり、身の丈にあった持続可能な乗合交通の運行をめざすこととし、計3回の試験運行を経て、採算性と利便性を考慮した運行計画のもと、2015年10月より本格運行を開始しました（図12･7）。

(2) 行政が主体となり交通空白地の解消を行った事例（市町村有償運送）

【分類2】市営バス「イナカー」（兵庫県豊岡市）

バス事業者による路線休止や市町合併を機に、既存のコミュニティバスやスクールバスを統合・再編する形で導入された市営バスです（図12･8）。導入時には、既存車両の改装や最低限の設備投資などで経費を節減しました。一定の条件をもとに、路線評価・見直しを毎年実施し、次期運行計画を決定しています。月間利用者数は、一般利用が約2,100人、通園通学利用が約2,600人です（2018年3月時点）。

(3) NPOが主体となり自家用車による有償運送を行っている事例（公共交通空白地有償運送）

【分類3】「ささえ合い交通」（京都府京丹後市）

「丹後町デマンドバス」を運行するNPOが実施主体となり、米ウーバー社のアプリを活用して運行しています（図12･9）。6町が合併した京丹後市のうち、乗車は旧丹後町に限定されていま

・運行期間：2008.10.1～
・運賃：初乗り（2.5km未満）100円で、以後2.5kmごとに100円加算（上限400円）
・路線等：市内8路線、平日79便、土曜日10便（2008年4月）
・関係法令：道路運送法第78条の市町村運営有償運送
・運営主体：豊岡市
・運行主体：全但バス㈱、㈱ランドウェイ

図12･8　市営バス「イナカー」（兵庫県豊岡市）

・運行期間：2016.5～
・運賃：初乗り1.5kmまで480円/回、以遠は120円/km加算（距離制）
・路線等：区域を決めた運行
・車両：ボランティア運転者（有償）の自家用車
・関係法令：道路運送法第78条の公共交通空白地有償運送
・運行主体：NPO法人「気張る！ふるさと丹後町」

図12･9　ささえ合い交通（京都府京丹後市）

すが、京丹後市全域での降車が可能です(町内は乗降自由)。運転者はボランティアドライバー18名で、ほかに運行管理担当者が3名おり、毎日対面点呼を実施しています。地域の要望に合わせアプリを現地仕様に修正し、クレジットカード決済のみであった利用料金を、運転者へ現金で支払えるようにしたり、アプリが使用できない利用者に代わってサポーターが配車依頼できるようにしたりと工夫しています。また、道路運送法の改正に伴い市長から観光客の利用の承認を得たことで、観光利用も多くなっています。多言語対応済の米ウーバー社のアプリは、言葉や通貨の壁がないため、外国人観光客にとっても使いやすく好評です。

4 健康とまちづくり

1 歩行とまちづくり

これまでは、モビリティ確保の方法について述べてきました。本節では、そうしたモビリティ確保、さらには、都市の構造が健康に与える影響について解説します。超高齢社会であるわが国においては、多くの高齢者が地域において活動的に暮らせるとともに、助けが必要な高齢者に対しては、住み慣れた地域で自分らしい暮らしを人生の最後まで続けることができるよう、住まい・医療・介護・予防・生活支援が一体的に提供される必要があります。このような社会を実現するためには、市民のライフスタイルだけでなく、都市の姿も変えていく必要があります。

「歩く」という活動に着目すると、自動車利用の増加に伴い、代表交通手段における徒歩の割合は減少しています(図12・10)。また、歩数の平均値の推移をみると、この数年は減少傾向であることがわかります(図12・11)。

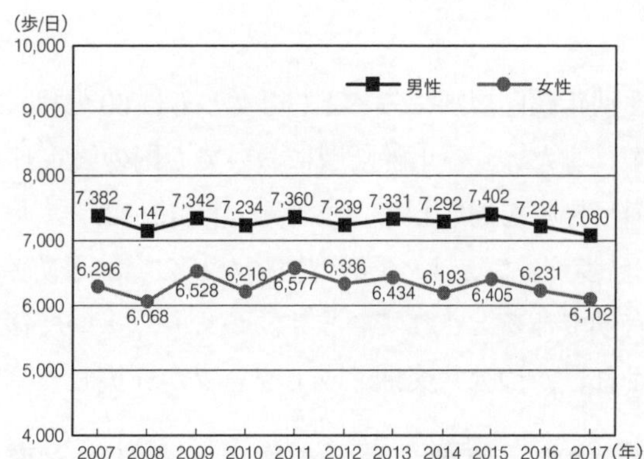

図12・11　歩数の平均値の推移(年齢調整済み、20歳以上)
(出典:厚生労働省『平成29年国民健康・栄養調査−結果の概要』2018年)

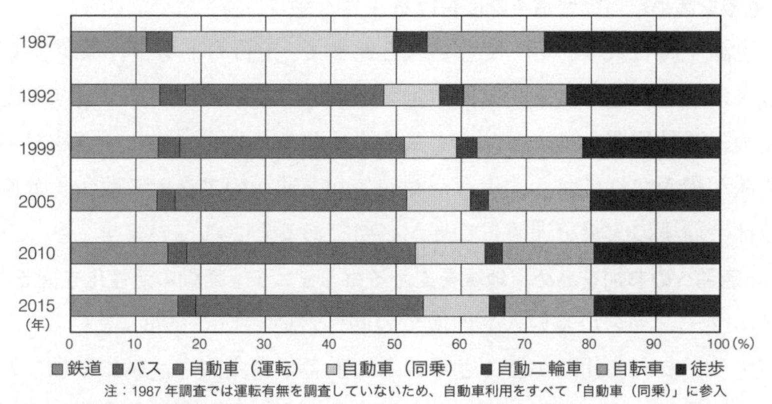

図12・10　代表交通手段分担率の推移(全国)(出典:国土交通省『平成27年度　全国都市交通特性調査結果(速報版)』2015年)

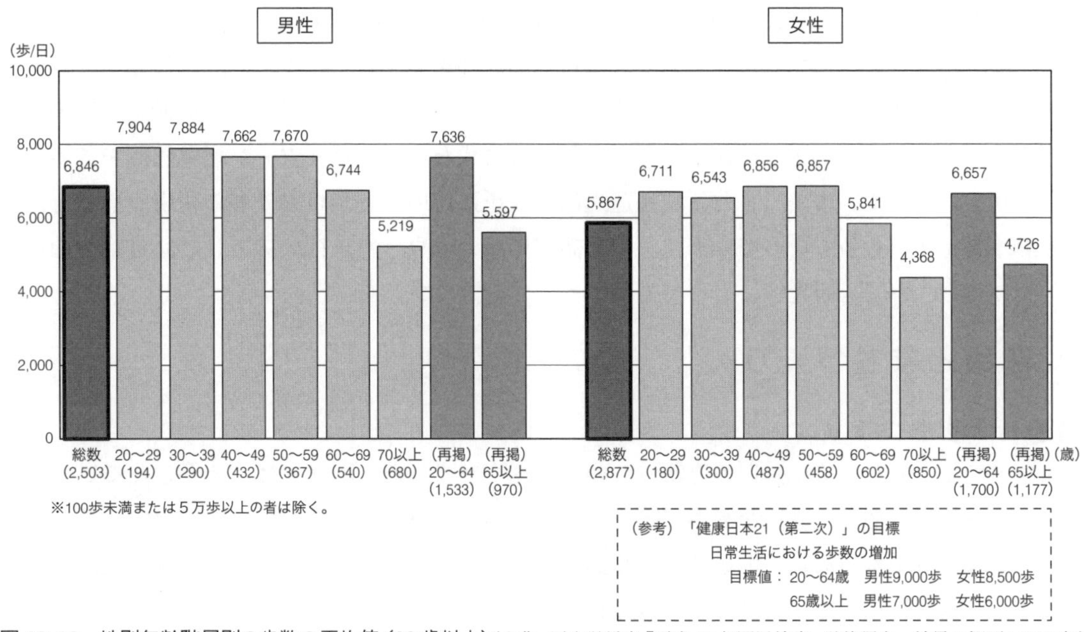

図 12･12　性別年齢階層別の歩数の平均値（20 歳以上）（出典：厚生労働省『平成 29 年国民健康・栄養調査－結果の概要』2018 年）

性別年齢階層別にみると、男女ともに60歳代、70歳以上となるにしたがい歩数が減少していきます。また、どの年齢階層においても国の設定した日常生活における歩数の目標値（「健康日本21」の目標）を達成していません（図 12･12）。

「歩く」ことは、生活習慣病などの発症予防や健康増進、高齢者の介護予防や認知症の予防にも有効であるとされています。つまり、歩いて移動できる範囲のなかに暮らしに必要な機能が集積され、かつ公共交通ネットワークが充実したコンパクトな都市構造への転換が必要となります。

2 健康・医療・福祉のまちづくりに必要な取り組み

国土交通省の健康・医療・福祉の「まちづくりの推進ガイドライン」では、以下の５つの取り組みが効果的であるとしています。

(1) 住民の健康意識を高め、運動習慣を身に付ける

健康に対する意識の高い人は、そうでない人と比べて、１日の平均歩行数が多く、１日 8000 歩を達成している人は、運動器の衰えや低体力化が進行しづらい傾向があります。そのため、住民の健康意識を高め、運動習慣を身に付けてもらう必要があります。また、健康意識や運動習慣は、社会環境との関係が指摘されており、歩行空間や公共交通へのアクセス改善、公園や緑地環境の整備等の地域の社会環境の改善を進めることが必要であるとされています。

(2) コミュニティ活動への参加を高め、地域を支えるコミュニティ活動の活性化を図る

人とのコミュニケーションが多い人や地域での助け合い活動に参加している人は、１日当たりの平均歩行数が多く、友人・仲間がたくさんいる高齢者や自主的な活動に参加したことがある高齢者は、生きがいを感じる人の割合が高いとされています。そのため、交流サロン等の地域のコ

図12･13 （左）賑わいのあるまち（ブラジル、クリチバ）、（右）郊外のまち（アメリカ、ミルウォーキー郊外）
（提供：松井一彰氏）

ミュニティ活動への参加等を通じて、社会参加を促す仕組みを整えることが重要とされています。

(3) 日常生活圏域・徒歩圏域に都市機能を計画的に確保する

交流施設が徒歩圏域に多くある地区の高齢者は地域活動やサークル等への参加率が高く、外出頻度も高く、また、公園が徒歩圏域にある高齢者は運動頻度が高いとされています。そのため、高齢者等が徒歩で移動できる徒歩圏域には、特に利用頻度の高い機能（生鮮品の買い回り施設、定期的に通う診療所等）や歩行を促進するような機能（交流を促す場等）を確保することが望ましいとされています。

(4) まち歩きを促す歩行空間を形成する

高齢者が徒歩で外出するために必要な要因として沿道景観、休憩施設が重視されています。そのため、緑化等を含めた景観形成等を行ったりすることによって、まち歩きしやすい街路空間を整備することや、歩行経路の安全性の確保やバリアフリー化整備によって、歩行ネットワークを面的に構築していくことが必要となります。

(5) 公共交通の利用環境を高める

鉄道駅の徒歩圏外で運転免許を保有していない人は、免許を保有している人と比べて外出率が低く、高齢者は居住地からバス停までの距離が離れるにしたがい、自立した外出行動をしなくなる傾向があります。そのため、公共交通ネットワークの充実に加え、公共交通間の乗り継ぎ利便性やハード（駅･車両のバリアフリー環境）、ソフト（運行ダイヤ等）の両面から利用しやすさを高める必要があります。

3 健康なまちづくりへ

コンパクトシティの意義として、少子高齢社会への対応、地球環境問題への対応、都市経営コストの削減、持続可能な社会の実現などがあげられてきました。図12･13に示すような、賑わいのあるまちと郊外のまちの両立を実現しようとするものです。

近年は、健康なまちづくりにおいてもコンパクトシティは有効であるとされています。国土交

市街地イメージ

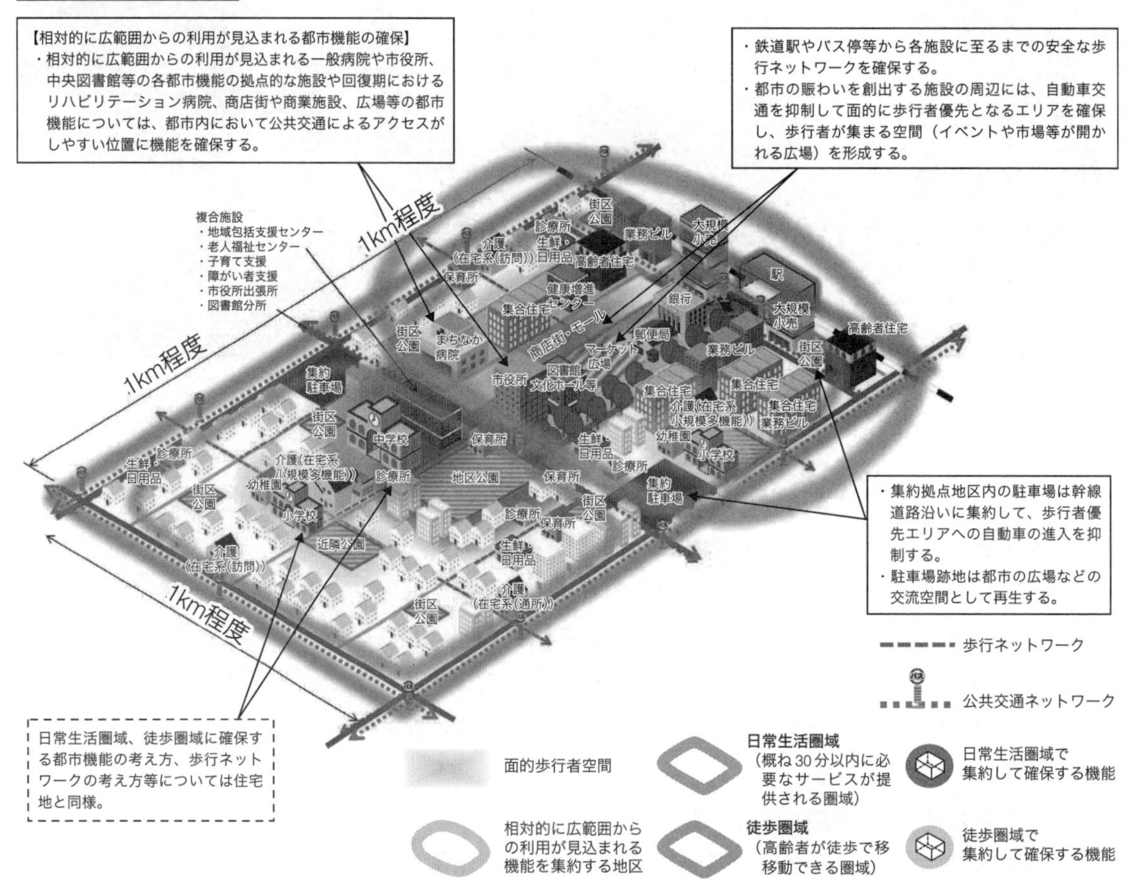

図 12･14 「健康・医療・福祉のまちづくり」のイメージ（市街地）（出典：国土交通省『健康・医療・福祉のまちづくりの推進ガイドライン』2014 年）

通省は、「健康・医療・福祉のまちづくりの推進ガイドライン」を策定し、歩いて暮らせるコンパクトなまちづくりを推進しています（図 12･14）。これにより、市民の健康状態が向上するとともに、医療費が削減でき、福祉が向上するのです。

■演習問題 12■ あなたの住んでいる都市やなじみのある都市、興味のある都市について、以下のことに取り組んでください。

(1) 鉄道の駅別乗降数、乗合バスの輸送人員などのデータをインターネット等で入手し、表計算ソフトを用い経年的な変化を図化してください。

(2) 市民生活のモビリティを確保するための公共交通（コミュニティバス、乗合タクシー、デマンド型交通等）を調べ、サービスの内容（運賃、路線、運行本数）、運営・運行主体、利用状況を整理してください。

(3) 万歩計を用いて、あなたの 1 日の歩行数を調べ、目標値を達成しているか確認してください（20 ～ 64 歳：男性 9,000 歩／日、女性 8,500 歩／日）。

参考文献

・秋山哲男・吉田樹 編著『生活支援の地域公共交通』学芸出版社、2007 年
・国土交通省総合政策局公共交通政策部『地域公共交通支援センター－地域公共交通活性化事例 検索ページ』(http://koutsu-shien-center.jp/jirei/#top)
・岡山県『共助による交通手段導入ガイドライン～公共交通空白地有償運送の導入に向けて～』2016 年
・(一財) トヨタ・モビリティ基金『みんなで作る地域に合った移動の仕組み』2018 年
・国土交通省『健康・医療・福祉のまちづくりの推進ガイドライン』2014 年

13章
安全・安心・快適な交通計画

1 交通に関わる法律と交通安全基本計画

日本国内の道路については法律で規則が定められており、その規則にしたがって道路を使用することが義務付けられています。交通に関わる法律は1つのみではなく複数の法律が制定され、道路の交通安全が守られています（表13･1）。道路上での車両の運転・使用などについては主に道路交通法による規定が該当し、また、自動車の保管場所や損害賠償が生じるような事態に備えた法律もあります。これらの法律は直接的、間接的に交通と関連をもったものであり、それぞれの法律に違反すると罰せられます。

交通安全に関する法律としては、**交通安全対策基本法**（1970年6月1日制定）があり、その法律に基づいて国の交通安全基本計画が策定されています。この基本計画は、「陸上、海上及び航空交通の安全に関する総合的かつ長期的な施策の大綱等を定める」ものです。中央交通安全対策会議において1971年に第一次の交通安全基本計画が作成され、以降5年ごとに作成されています。2016年3月11日には中央交通安全対策会議において、5か年計画である第10次交通安全基本計

表13･1　交通に関わる法律（抜粋）

名称	法律の目的
道路交通法 （1960年）	道路における危険を防止し、その他交通の安全と円滑を図り、及び道路の交通に起因する障害の防止に資することを目的とする。
交通安全対策基本法 （1970年）	交通の安全に関し、国及び地方公共団体、車両、船舶及び航空機の使用者、車両の運転者、船員及び航空機乗組員等の責務を明らかにするとともに、国及び地方公共団体を通じて必要な体制を確立し、並びに交通安全計画の策定その他国及び地方公共団体の施策の基本を定めることにより、交通安全対策の総合的かつ計画的な推進を図り、もつて公共の福祉の増進に寄与することを目的とする。
道路運送車両法 （1951年）	道路運送車両に関し、所有権についての公証を行い、並びに安全性の確保及び整備についての技術の向上を図り、あわせて自動車の整備事業の健全な発達に資することにより、公共の福祉を増進することを目的とする。
自動車の保管場所の確保等に関する法律 （1962年）	自動車の保有者等に自動車の保管場所を確保し、道路を自動車の保管場所として使用しないよう義務づけるとともに、自動車の駐車に関する規制を強化することにより、道路使用の適正化、道路における危険の防止及び道路交通の円滑化を図ることを目的とする。
自動車損害賠償保障法 （1995年）	自動車の運行によつて人の生命又は身体が害された場合における損害賠償を保障する制度を確立することにより、被害者の保護を図り、あわせて自動車運送の健全な発達に資することを目的とする。
道路法 （1952年）	道路網の整備を図るため、道路に関して、路線の指定及び認定、管理、構造、保全、費用の負担区分等に関する事項を定め、もつて交通の発達に寄与し、公共の福祉を増進することを目的とする。
道路運送法 （1951年）	貨物自動車運送事業法（平成元年法律第八十三号）と相まつて、道路運送事業の運営を適正かつ合理的なものとし、並びに道路運送の分野における利用者の需要の多様化及び高度化に的確に対応したサービスの円滑かつ確実な提供を促進することにより、輸送の安全を確保し、道路運送の利用者の利益の保護及びその利便の増進を図るとともに、道路運送の総合的な発達を図り、もつて公共の福祉を増進することを目的とする。
貨物自動車運送事業法 （1989年）	貨物自動車運送事業の運営を適正かつ合理的なものとするとともに、貨物自動車運送に関するこの法律及びこの法律に基づく措置の遵守等を図るための民間団体等による自主的な活動を促進することにより、輸送の安全を確保するとともに、貨物自動車運送事業の健全な発達を図り、もって公共の福祉の増進に資することを目的とする。

表13・2 第10次交通安全基本計画の理念

交通社会を構成する三要素	人間、交通機関および交通環境という3つの要素について、それら相互の関連を考慮しながら、交通事故の科学的な調査・分析等にもとづいた施策を策定し、強力に推進。
情報通信技術（ICT）の活用	情報社会が急速に進展する中で、安全で安心な交通社会を構築するためには情報の活用が重要であることから、ICTの取組等を積極的に推進。
救助・救急活動及び被害者支援の充実	交通事故が発生した場合の被害を最小限に抑えるため、迅速な救助・救急活動の充実、負傷者の治療の充実等が重要。また、犯罪被害者等基本法の制定を踏まえ、交通安全の分野においても一層の被害者支援の充実を図る。
参加・協働型の交通安全活動の推進	国及び地方公共団体の行う交通の安全に関する施策に計画段階から国民が参加できる仕組みづくり、国民が主体的に行う交通安全総点検等により、参加・協働型の交通安全活動を推進する。
効果的・効率的な対策の実施	地域の交通実態に応じて、少ない予算で最大限の効果が挙げられる対策に集中して取り組むとともに、ライフサイクルコストを見通した効率的な予算執行に配慮する。
公共交通機関等における一層の安全確保	公共交通機関等の保安監査の充実・強化を図るとともに、運輸安全マネジメント評価を充実強化する。公共交通機関等へのテロや犯罪等の危害行為のないよう、政府のテロ対策等とあいまって公共交通機関等への安全を確保する。

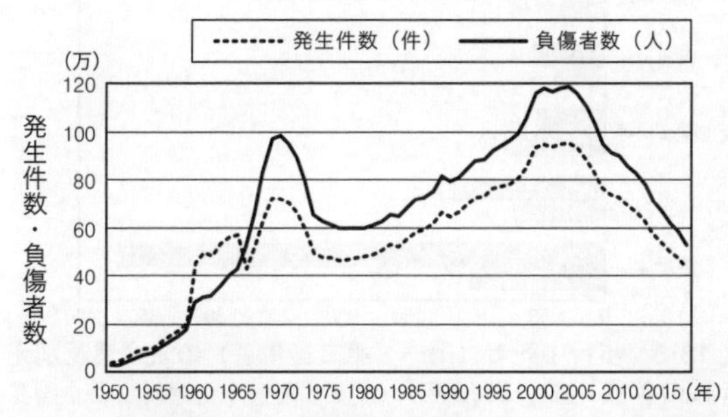

図13・1 交通事故発生件数と負傷者数の推移（出典：警察庁交通局交通企画課『交通事故統計』）

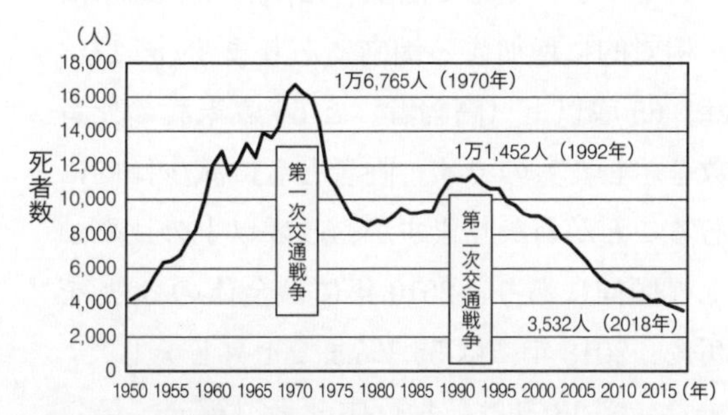

図13・2 交通事故死者数の推移（出典：警察庁交通局交通企画課『交通事故統計』）

画（計画期間：2016年度〜2020年度）が作成されました（表13・2）。

その基本理念としては、高齢者および歩行者等の交通弱者の安全確保等、「人優先」の交通安全思想を基本としつつ、これまで実施してきた各種施策の深化はもちろんのこと、交通安全の確保に資する先端技術を積極的に取り入れた新たな時代における対策に取り組むことにより、交通事故のない安全で安心な社会の実現をめざしています。

2 交通事故の現状

わが国における交通事故死者数、死傷者数、死傷事故件数は、戦後の急激な交通量の増大に伴い大幅に増加し、1970年には死者数が1万6,765人に達し「**第一次交通戦争**」と呼ばれました。これに対処するため、さまざまな交通対策を講じたことにより、死者数は急激に減少しましたが、1990年代から再び増加傾向となり、1992年には死者数が1万1,452人となりました（**第二次交通戦争**）。その後、重点的な事故対策、通学路における歩行空間の整備などさまざまな交通事故対策を実施したことにより、死傷者数および死傷事故件数は2005年以降減少傾向に転じています。2018年には、死者数が3,532人とピーク時の30.8%まで減少しました（図13・1、図13・2）。図13・3は、状態別の死者数を示したものであり、もっとも多いのは歩行中で、ほぼ同じ件数で自動車乗車中となっています。

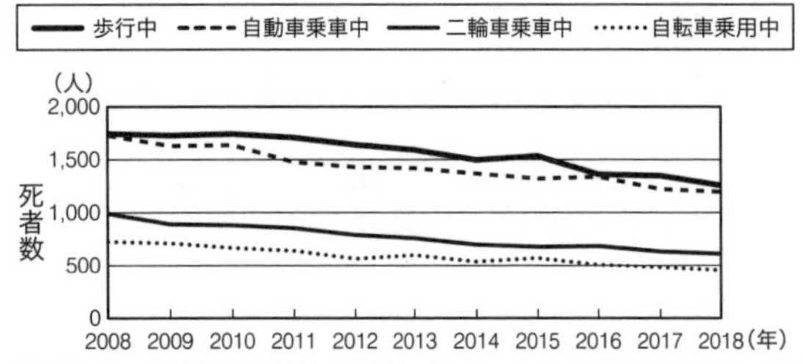

図 13・3　状態別死者数の推移（出典：警察庁交通局交通企画課『交通事故統計』）

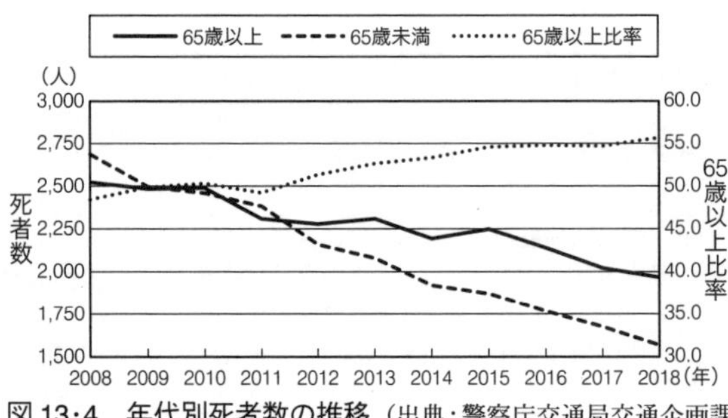

図 13・4　年代別死者数の推移（出典：警察庁交通局交通企画課『交通事故統計』）

交通事故発生件数や死傷者数は年々減少していますが、一方で高齢者に関わる交通事故が相対的に増加する傾向にあります。図 13・4 は、65 歳以上（高齢者）と 65 歳未満の死者数を示したものです。両者ともに減少傾向にあることがわかりますが、65 歳以上の比率が上昇傾向にあり、2010 年には全体の 50% を超え、2018 年には 55.7% まで上昇しました。また、図 13・5 は、歩行中死者（第一・第二当事者）の法令違反別死者数を高齢者とそれ以外とで比較した結果です（2018 年）。高齢者では「違反なし」が全体の 42%（370 件）ともっとも多いですが、「横断違反」が 33%（288 件）となっており、横断歩道以外での横断が結果的に死亡事故につながっていることがわかります。

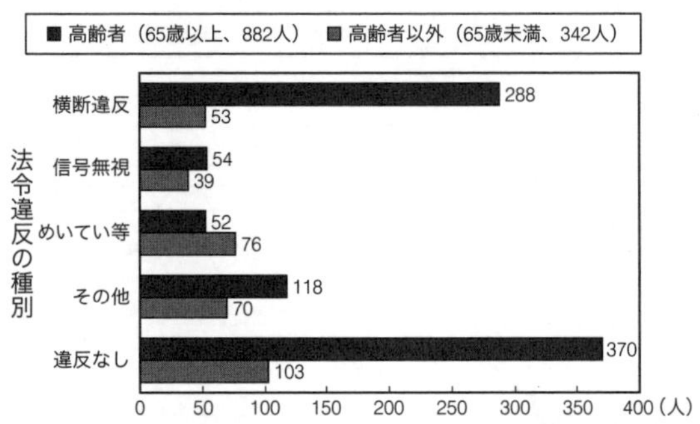

図 13・5　歩行中死者（第一・第二当事者）の法令違反別死者数の年代比較（2018 年）（出典：警察庁交通局交通企画課『交通事故統計』）

3 交通安全対策

交通事故を減少させるためには、交通事故の実態や要因を科学的かつ総合的に解明し、これを踏まえた効果的な交通安全対策を立案・実施することが不可欠です。交通事故の要因としては、4 つの要素（運転者、走行環境、車両、運行管理）が考えられます。

内閣府が発表した「平成 30 年中の道路交通事故の状況」によると、交通死亡事故発生件数を法令違反別（第 1 当事者）にみると、安全運転義務違反が 56.5% を占め、なかでも漫然運転（15.3%）、運転操作不適（13.5%）、安全不確認（11.1%）、脇見運転（10.9%）が多いことが報告されています。最近では高齢者による交通事故も大きな社会問題となっており、アクセルとブレーキの踏み間違いや高速道路等の逆走問題など高齢化社会の急激な進展に伴う新たな課題も増えてきています。こうしたヒューマンエラーによる交通事故を防ぐためにはどうすればよいのでしょうか。有効な手段としてあげられるのが、事故発生率が大幅に低くなると考えられている自動運転車の実用化であり、一刻も早い安全な自動運転車の開発が待たれます。

1 1970年代から1990年代の交通安全対策

第一次交通戦争（1970年前後、図13･2）の交通情勢としては、運転免許保有者数や自動車保有台数の増加、高速道路等の道路整備の進展に伴い自動車走行キロ数が大幅に増加しました。しかし、信号機や歩道等の交通安全施設等の整備が不十分であり、その結果、自動車の重大事故や歩行者衝突事故による死者が大幅に増加しました。主な交通安全対策としては以下のような取り組みが実施されました（第一次交通安全基本計画、1971～75年度）。

・歩道、歩道橋、ガードレール、照明等の整備
・自動車の構造・装置の安全性の確保
・事業所等の運転者における労働条件改善の推進
・交通事故被害者の救急体制の整備
・被害者・遺族に対する損害賠償の適正化
・子供の遊び場の確保（児童公園の整備、校庭の開放）
・信号機や道路標識・標示、横断歩道の整備等をはじめとする交通安全施設等の整備推進
・交通安全に関する知識の普及等をはじめとする交通安全教育の推進

第二次交通戦争（1992年前後）の交通情勢としては、運転免許保有者数や乗用車を中心とした自動車保有台数の増加等により、自動車走行キロが引き続き増加、さらに第二次ベビーブーム世代（1971年～1974年生まれ）が運転免許取得年齢に達し、運転技能が十分でない若者の運転が増加しました。その結果、自動車の重大事故による死者が大幅に増加しました。主な交通安全対策としては以下のような取り組みが実施されました（第5次交通安全基本計画、1991～95年度）。

・交通事故の総合的な調査研究
・高度救命処置用機材、心電図伝送システム等の救助・救急設備の整備
・ASV（先進安全自動車）の開発
・初心運転者講習の導入等による運転者教育の充実
・シートベルトやチャイルドシートの着用義務化等による被害軽減対策の強化
・飲酒運転や無免許運転の罰則引上げ等をはじめとする悪質・危険運転者対策の強化
・LED式信号灯器、歩車分離信号制御をはじめとする交通安全施設等の高度化の推進

2 幹線道路の交通安全対策

交通事故は特定の箇所に集中して発生するという特徴があります。幹線道路における集中的な交通事故対策を実施するために、警察庁と国土交通省が合同で死傷事故率が高く、または死傷事故が多発している交差点や単路部を「事故危険箇所」として指定し、都道府県公安委員会と道路管理者が連携した対策が実施されています。

具体的には、「道路改良」「交通安全施設の設置」「信号機の設置・改良」などがあります。以下にいくつかの具体的な交通安全対策を紹介します。

図 13・6　右折レーンの延伸（出典：国土交通省『交通安全対策の取組』(https://www.mlit.go.jp/road/road/traffic/sesaku/torikumi.html)）

図 13・7　導流路半径縮小（出典：図 13・6 と同じ）

図 13・8　導流標示の設置（出典：図 13・6 と同じ）

図 13・9　視線誘導標の設置（出典：図 13・6 と同じ）

(1) 道路改良

図 13・6 では、右折レーン長不足により直進車線まで延びた右折待ち車両の列に、直進車が追突する事故を防止するため、右折レーンを延伸し、十分な右折レーン長を確保しています。

図 13・7 では、左折時の走行速度が高くなり横断歩行者や横断自転車を見落とし衝突する事故を防ぐため、導流路半径の縮小により左折時の走行速度を抑制しています。

(2) 交通安全施設の設置

図 13・8 では、右折時の走行位置が不明確であるために、歩行者や対向車への注意が行き届かなくなり衝突する事故を防ぐため、交差点に導流標示を設置し走行位置を明確化しています。

図 13・9 では、線形が把握しにくいカーブ区間において車線逸脱による事故を防止するため、視線誘導標を設置して線形を把握しやすいようにしています。

(3) 排水性舗装

排水性舗装とは、空隙率の高い多孔質なアスファルト混合物を表層に用い、その下に不透水性の基層を設けることにより、表層に浸透した水が不透水性の層の上を流れて排水処理施設に速やかに排水され、路盤以下へは水が浸透しない構造としたものです（図 13・10）。

排水性舗装の機能としては、以下のようなことがあげられます。

・雨天時の滑り抵抗性の向上（ハイドロプレーニング現象の緩和）
・走行車両による水撥ね、水しぶきの緩和による視認性の向上
・雨天夜間時におけるヘッドライトによる路面反射の緩和
・雨天時における路面表示の視認性の向上
・走行車両による道路交通騒音の低減
・沿道への水撥ねの抑制

排水性舗装は、騒音の低減にも効果があります（14章、図14・4参照）。また排水性舗装に類似したものとして透水性舗装があります。11章の図11・20、図11・21を参照してください。

(4) ラウンドアバウト

ラウンドアバウトとは交差点の一種です。道路がリング状になった交差点であり、信号機がないことが特徴で、環状交差点とも呼ばれています（図13・11）。ラウンドアバウトは長く信号を待つ必要がないため渋滞ができにくくなります。通常の交差点では右折時の事

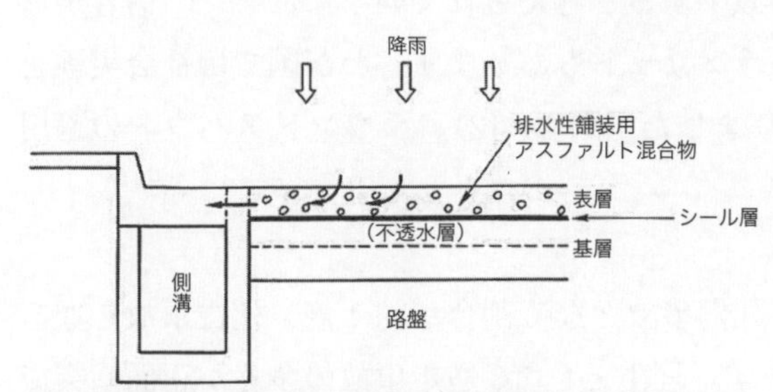

図13・10　排水性舗装の舗装構成（断面図）（出典：国土交通省『道路舗装に関する設計基準』(http://www.mlit.go.jp/sogoseisaku/inter/keizai/gijyutu/pdf/road_design_j2.pdf)）

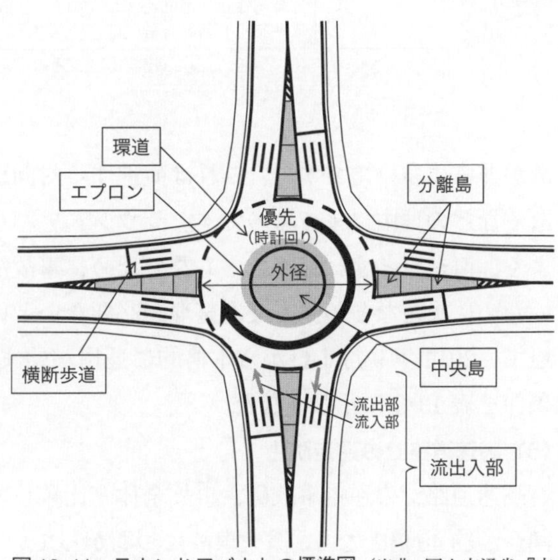

図13・11　ラウンドアバウトの標準図（出典：国土交通省『交通安全対策－ラウンドアバウトとは何ですか？』(https://www.mlit.go.jp/road/soudan/soudan_06_07.html)）

図13・12　ラウンドアバウトの事例（左）長野県軽井沢町旧軽井沢：2013年度社会実験中、（右）長野県軽井沢町借宿：2018年12月供用）

表 13・3　ラウンドアバウトの適用条件と設置にあたっての留意事項

適用条件	交通量	1日当たり総流入交通量1万台未満
	幾何構造	外径は、車両の種類、隣接して接続する道路の交差角度、及び分離等の有無を踏まえ、車両の通行軌跡を考慮して設計。中央島は乗り上げを前提としない
留意事項	交通量	横断歩行者・自転車が多い場合は、それらの交通確保に留意
	幾何構造	①形状は正円もしくは正円に近い形状が望ましい
		②環道については、停車帯を設置しない
		③分離島は設置することが望ましい
		④中央島は通行する車両の見通しを十分確保できる構造とする
		⑤流出入部は安全かつ円滑に流出入できる構造とする
		⑥幅員は走行性や安全性を踏まえるものとする
		⑦環道とエプロンの境界は利用者が認知できるよう区分する（例：段差を設ける）
	交通安全施設	①照明は必要に応じ設置することが望ましい
		②中央島に反射板等を設置することが望ましい
		③案内標識「方面および距離」「方面および方向の予告」「方面および方向」および警戒標識「ロータリーあり」を、必要に応じ設置することが望ましい

（出典：国土交通省『望ましいラウンドアバウトの構造について』（2014年）を参考に著者が作成）

故が非常に多いのですが、これは直進する対向車の影などになってバイクや歩行者がみえにくくなるなどの理由によるものです。ラウンドアバウトを通行中は常に道路の左側を注意していればよく、直進車とすれ違うこともないため、事故が減少すると考えられています。また、信号がないために災害などの際も交通整理が必要ないというメリットもあります。わが国では社会実験を経て、2014年9月1日から本格的に運用が始まりました（図13・12）。ラウンドアバウトの適用条件を表13・3に示しました。

（5）高速道路での逆走防止

高速道路での逆走事故は、事故全体と比較して死傷事故となる割合が約4倍、死亡事故となる割合が約40倍となり、重大事故につながっています。理由として、逆走事故の多くが正面衝突であることがあります。高速走行中の車どうしがぶつかるのですから被害も大きくなります。また、周りの車も巻き込まれてしまえばさらなる重大事故につながります。

高速道路での逆走の理由は、大きく3つに分けられます。

【過失】案内標示を見逃し、道を間違えて逆走

・一般道から高速道路に入ろうとしてインターチェンジ（IC）出口に進入し、そのまま本線を逆走

・ICで誤ってオフランプに進入し、本線を逆走　（平面Y型ICの平面交差部）

・サービスエリア（SA）、パーキングエリア（PA）で誤ってオフランプに進入し、本線を逆走

【故意】行き先の間違いに気づき、正しい行き先に向かおうとして逆走

・料金所通過後の分岐点またはジャンクション（JCT）で行き先方向を間違っているのに気づき、本線合流部でUターンし逆走

・誤って降りる予定の手前のICまたはJCTに進入したため、本線に戻ろうとして、反対車線との合流点でオフランプに侵入し、本線を逆走

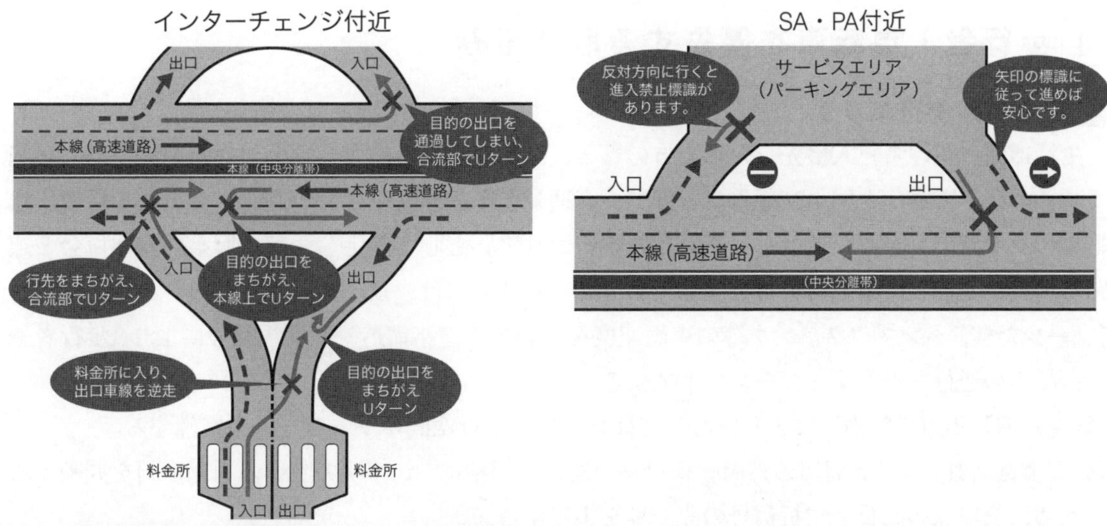

図 13･13　高速道路 IC、SA・PA における主な逆走発生箇所（出典：西日本高速道路『安全を守る取り組み－逆走防止対策』(https://www.w-nexco.co.jp/safety_drive/technology_re_run/)）

図 13･14　高速道路における逆走防止対策の事例（出典：西日本高速道路『安全を守る取り組み－逆走防止対策』(https://www.w-nexco.co.jp/safety_drive/technology_re_run/)）

・料金所通過後の分岐点での行き先方向の間違い、 または降りる予定の IC の通過のため、戻ろうとして本線で U ターンし逆走

【認知症・飲酒等】正常な判断ができない、高速道路のルールや高速道路であるという認識がない

・高速道路に入った認識なし

・認知症の疑い

・精神異常、飲酒など

図 13･13 に、高速道路 IC、SA・PA における主な逆走発生箇所を示しました。高速道路会社は、逆走を防ぐために、多様な逆走対策を実施しています。図 13･14 の左は、本線合流部における対策であり、大型矢印路面標示、ラバーポール、高輝度矢印板を設置しています。右は、注意喚起看板を設置した例です。

4 歩行者・自転車を優先する取り組み

1 あんしん歩行エリア

生活道路における「人優先」の考え方のもと、面的かつ総合的な交通事故対策を集中的に実施するために、警察庁と国土交通省が合同で、交通死傷事故の発生割合が高く、緊急に歩行者・自転車の安全対策が必要な地区を**「あんしん歩行エリア」**として指定し、都道府県公安委員会と道路管理者が連携して事故対策を実施しています。具体的には、以下のようなものがあります。

【ゾーン対策】ハンプやクランク等の車両速度を抑制する道路構造や速度規制等により、歩行者や自転車の通行を優先するゾーンを形成する。

【経路対策】歩道の整備等により安心して移動できる歩行空間ネットワークを整備する。

【外周道路対策】エリア周辺の外周幹線道路の通行を円滑にし、エリア内への通過車両を抑制するため、交差点の改良や右折信号の設置等を実施する。

2 歩行者・自転車を優先するゾーンの形成（ゾーン対策）

ゾーン30は、生活道路における歩行者等の安全な通行を確保することを目的として、区域（ゾーン）を定めて最高速度30km/hの速度規制を実施するとともに、その他の安全対策を必要に応じて組み合わせ、ゾーン内における速度抑制やゾーン内を抜け道として通行する行為の抑制等を図る交通安全対策です。クランクやハンプ等の車両速度を抑制する構造を有する道路整備を面的に実施し、歩行者や自転車優先のゾーンを形成します（図13･15）。

3 歩行空間ネットワークの整備（経路対策）

歩行者や自転車の安全を確保するためには、歩行者・自転車・自動車の適切な分離や安全・安心な歩行空間の確保を図ることが必要です。また歩行空間ネットワークデータを整備することにより、バリアフリーマップの作成やバリアフリールートのナビゲーションなどICTを活用した歩行者移動支援サービスを提供することで、高齢者、障害者等の利便性向上を実現できます。

図13･16に歩行空間ネットワークデータの活用例を示しました。階段、歩道の幅員、段差等のネットワークデータを用いることにより、車いす使用者にはバリアフリールートを、健常者には最短ルートを案内することができます。

4 自転車走行空間の整備（経路対策）

自転車は、買物や通勤、通学、子供の送迎等、日常生活における身近な移動手段やサイクリング等のレジャーの手段等として、多くの人々に利用されています。都市内交通等においても重要な移動手段となっており、高齢化が進展するなかで自動車の運転に不安を感じる高齢者の自転車利用率の上昇等、その役割は一層大きくなることが予想されます。

しかしわが国において自転車が安全に通行できる空間は未だ整備途上にあり、自転車先進国である欧米諸国と比較して、人口当たりの自転車乗用中死傷者数の割合が高い状況にあります。過

図 13·15　ゾーン 30 における歩行者・自転車の安全対策（出典：国土交通省『交通安全対策の取組』（https://www.mlit.go.jp/road/road/traffic/sesaku/torikumi.html））

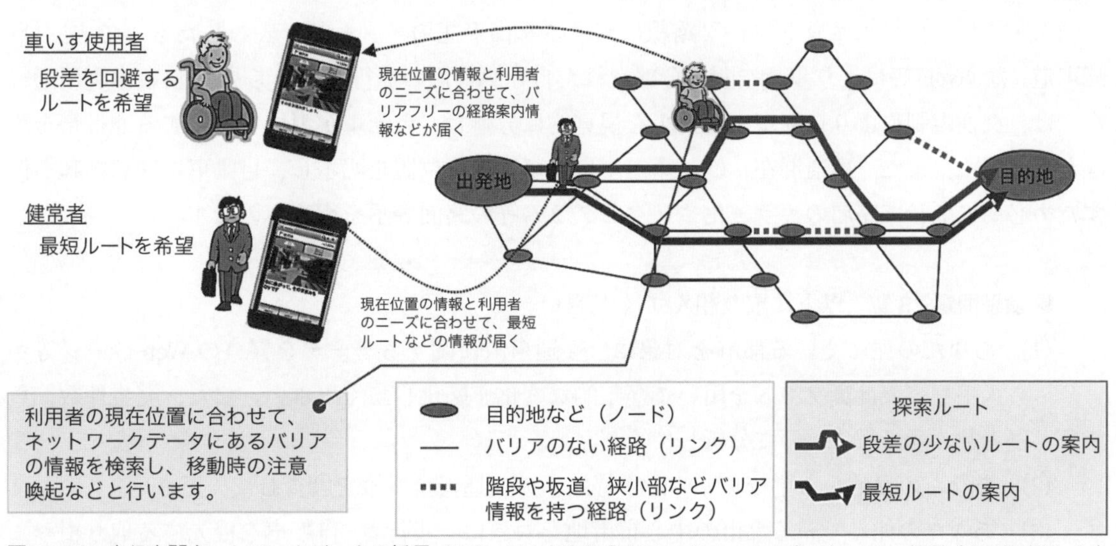

図 13·16　歩行空間ネットワークデータの活用（出典：国土交通省『バリアフリー・ナビプロジェクトの概要（ICT を活用した歩行者移動支援）』2017 年）

自転車道	自転車専用通行帯	車道混在 （自転車と自動車を混在通行とする道路）
縁石線等の工作物により構造的に分離された自転車専用の通行空間。	交通規制により指定された、自転車が専用で通行する車両通行帯。 自転車と自動車を視覚的に分離。	自転車と自動車が車道で混在。自転車の通行位置を明示し、自動車に注意喚起するため必要に応じて路肩のカラー化、帯状の路面表示やピクトグラム等を設置。

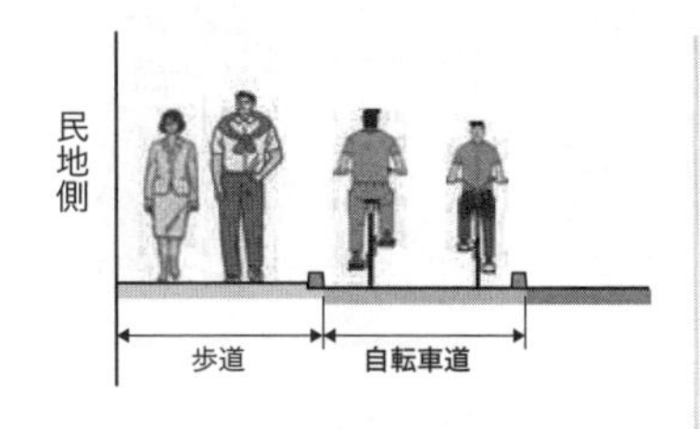

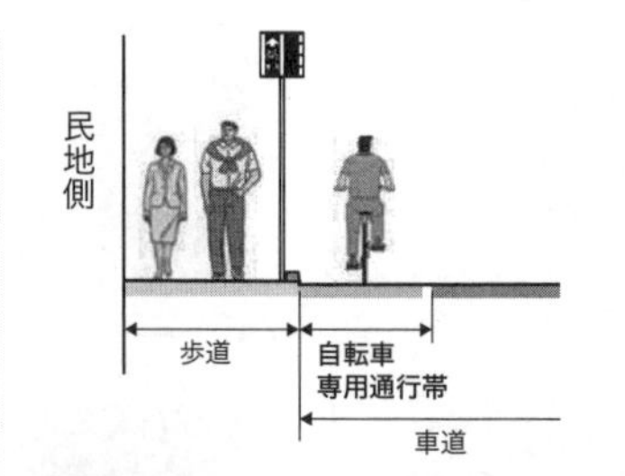

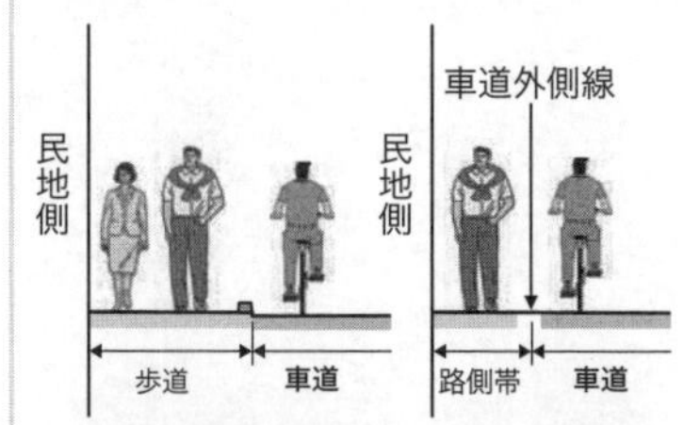

図 13･17　自転車ネットワーク路線における整備形態のイメージ（出典：国土交通省関東地方整備局『知ってますか？自転車利用環境のこと』（https://www.ktr.mlit.go.jp/road/chiiki/jitensha.html））

去10年間でわが国全体の全交通事故件数、自転車対自動車の事故件数がともに4割減となっているにもかかわらず、自転車対歩行者の事故件数は横ばいの状況にあります。自転車乗車中の死傷者数は、年齢別では7～18歳の若年層（小・中学生、高校生世代）の割合が高く、利用目的では通勤・通学の割合が高い状況にあります。

図13･17は、自転車ネットワーク路線における整備形態のイメージを表わしたものです。「自転車道」は、縁石等により歩行空間と分離された自転車専用の通行空間であり、「自転車専用通行帯」は、交通規制により自転車と自動車を視覚的に分離し、自転車が専用で通行する通行帯を設けたものです。また「車道混在」は、車道に自転車の通行位置を明示し、自動車に注意喚起を促すため必要に応じて路肩のカラー化やピクトグラム等の路面表示を行うものです。

▩演習問題13▩　以下に取り組んでください。

(1)　あなたの住んでいる都市を対象に、交通事故に関するデータを警察のWebページ等から入手し、表計算ソフトを用いて経年的な変化を図化してください。また、発生件数、負傷者数、死者数について分析してください。

(2)　あなたの自宅から学校までの通学経路上の交通安全対策を調査してください。

(3)　あなたの住んでいる都市の中心市街地を対象に、歩行者・自転車を優先する取り組みについて調査してください。

14章
交通と環境の調和

1 交通システムと環境問題

道路整備や交通システムによる環境への影響は多岐に渡っており、大気汚染や騒音・振動問題だけではなく、交通事故、エネルギー問題、地域コミュニティの分断、景観や健康の悪化などさまざまな課題が山積していることがわかります。したがって、道路整備や交通システムの運用にあたっては、さまざまな面で環境に配慮した対策が必要となります。特に関わりの深いものとしては、**沿道環境対策**、**自然環境対策**および**地球環境対策**があります（表14･1）。

沿道環境対策としては、自動車から排出される大気汚染物質の削減や騒音・振動対策、さらには都市のヒートアイランド現象への対策などがあります。自然環境対策としては、生物多様性の保全や良好な景観形成などがあります。道路のルート計画や構造形式の選定にあたっては、自然環境の保全に配慮するとともに、野生動物と自動車との接触を防ぐための施設を設置するなど、地域の生態系に配慮した「エコロード」などの取り組みを進めることが重要です。

地球環境対策としてもっとも重要なものの1つに地球温暖化対策があり、自動車から排出される二酸化炭素などの温室効果ガスの削減は喫緊の課題となっています。温室効果ガスとは、赤外線を吸収する能力をもつ気体のことであり、主なものとしては、二酸化炭素 、メタン、亜酸化窒素、対流圏のオゾン、フロンなどがあります。

わが国の二酸化炭素排出量は2017年度で約11億9,000万トンであり、自動車、鉄道、バス、飛行機、船舶などの運輸部門からの発生量は約2億1,300万トン（全体の17.9%）となっています。また、運輸部門のなかでも自動車（自家用乗用車、営業用貨物車、自家用貨物車、バス、タクシー、二輪車）が約1億8,400万トンと全体の86%を占めています。さらにそのなかでももっとも多いのは自家用乗用車であり運輸部門全体の約46%を占め、これは日本全体の二酸化炭素排出量の8.3%にあたります（図14･1）。

1人当たりの旅客輸送量の効率性をみても自家用乗用車の二酸化炭素排出量は137g･CO_2/人キロと、バスの2.4倍、鉄道の7.2倍と非常に省エネ効率が低いことがわかります（図14･2）。したがって、二酸化炭素の排出削減のためには、自家用乗用車の利用をいかに削減するかが課題となります。

温室効果ガスの排出削減にあたっては、自動車の低炭素化・脱炭素化といった自動車単体の対策などの既存政策の推進に加え、公共交通の利用を促進して自動車に依存しないなど、環境的に持続可能な交通（Environmentally Sustainable Transport：EST）をめざす必要があります。ESTとは、長期的視野に立って交通・環境政策を策定・実施する取り組みで、人々に対して未来の交通のあるべき姿を示すことにより、人々の意識改革を促し、環境負荷の少ない交通行動や生活様式を選択することを期待するものです。具体的な事例としては、公共交通の利用促進、自動車交通

表 14·1　交通システムによる環境への影響と対策

環境への影響	大気汚染	自動車の排気ガスは人々の健康と自然環境に害を与える
	騒音と振動	騒音・振動は生産性と健康に悪影響を及ぼす
	交通事故	毎年多くの人々の命が交通事故により失われている
	地球の気候変動	日本の二酸化炭素排出量の約 2 割を運輸部門が占め、そのほとんどが自動車から排出される
	廃棄物の処理	自動車および自動車部品の廃棄は埋め立て問題を悪化させる一因となっている
	交通渋滞	渋滞のために浪費された時間は生産性全体に影響を与える
	エネルギー保障	石油燃料を使用した輸送交通手段への依存は国家の安全保障に影響を及ぼす
	経済効率	自動車にかかる費用への投資の分、他の分野への投資資本が減る
	分断	道路が地域コミュニティを分断し、市民の交流を妨げる
	景観への侵害	自動車、道路、駐車場は都市の自然景観に馴染まない
	住空間の損失	道路と駐車エリアに都市空間の多くが消費されている
	健康悪化	自動車に依存した社会は人々の身体活動や運動が不足し、健康悪化につながる

沿道環境対策	自動車から排出される大気汚染物質の削減・振動対策 都市のヒートアイランド現象への対策
自然環境対策	生物多様性の保全 良好な景観形成 道路のルート計画における自然環境保全への配慮や野生動物などの保護対策
地球環境対策	温室効果ガスの排出削減 公共交通の利用促進 環境負荷の少ない都市構造の創出

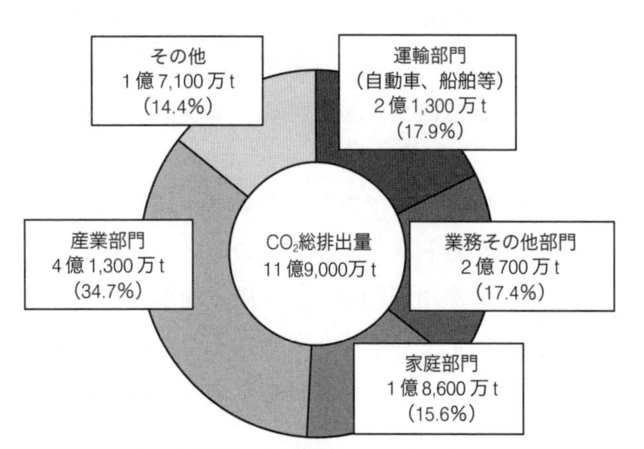

運輸部門	排出量（万 t）	比率（%）
自家用乗用車	9,850	46.2
営業用貨物車	4,240	19.9
自家用貨物車	3,532	16.6
バス	417	2.0
タクシー	269	1.3
二輪車	80	0.4
航空	1,040	4.9
内航海運	1,025	4.8
鉄道	867	4.1
計	21,320	100.0

図 14·1　日本の部門別 CO_2 排出量（2017 年度）（出典:国土交通省『運輸部門における二酸化炭素排出量』（https://www.mlit.go.jp/sogoseisaku/environment/sosei_environment_tk_000007.html、2019 年）をもとに作成）

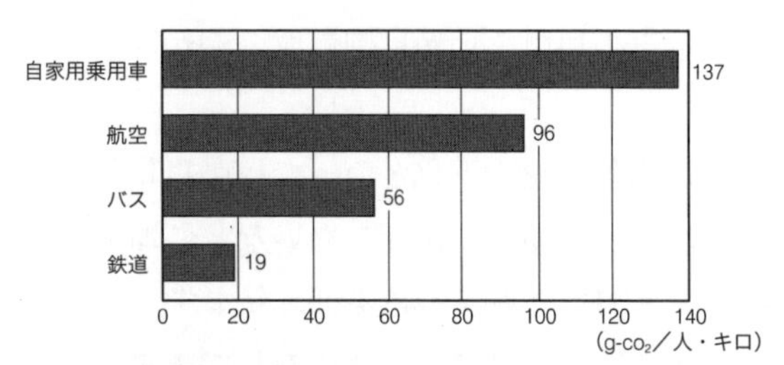

図 14·2　旅客輸送量当たりの CO_2 排出量（2017 年度）
（出典:国土交通省『運輸部門における二酸化炭素排出量』（https://www.mlit.go.jp/sogoseisaku/environment/sosei_environment_tk_000007.html）2019 年

表 14・2　環境的に持続可能な交通対策例

環境的に持続可能な交通（EST）対策	公共交通機関の利用促進	通勤交通マネジメント	マイカー通勤の自粛 時差出勤の推進 パークアンドライド（P&R） パークアンドバスライド（P&BR） エコ通勤の取り組み支援
		LRT の整備、鉄道の活性化等	LRT プロジェクトの推進 IC カードの導入 交通結節点整備 都市鉄道新線の整備 都市鉄道の複々線化 駅のバリアフリー化
		バスの活性化	公共交通優先システム（PTPS）の導入 バス停の改善 バスロケーションシステムの導入 バス高速輸送システム（BRT）の整備 共通 IC カードの導入
	自動車交通流の円滑化	道路整備等	交差点改良 路上工事の縮減 ボトルネック踏切の解消
		交通規制等	バス専用・優先道路の設置 違法駐車対策の推進
	歩行者・自転車対策	関連の基盤整備等	歩道、自転車道、駐輪場等の整備 トランジットモールの導入
	低公害車の導入	低公害車等の導入	CNG バスの導入促進 低公害車両の優遇
	普及啓発	普及啓発活動	広報活動の実施 シンポジウム、イベント等の実施

流の円滑化、歩行者・自転車対策、低公害車の導入、普及啓蒙活動などがあります（表 14・2）。

一方、自動車の利用は都市の人口密度とも大きく関わっています。人口密度の高い都市では、鉄道やバスなどの公共交通機関が発達しているため自動車の依存度が低く、逆に地方都市などでは自動車に依存した都市構造となっています。図 14・3 は、市街化区域の人口密度と１人当たりの全自動車二酸化炭素排出量との関係を表わしたものです。図から明らかなように人口密度が高くなるほど排出量が低下することがわかります。このことから人口密度の低い地域における自動車に過度に依存しない事業活動や生活様式の変革、環境負荷の少ない都市構造の創出など新しい取り組みが必要となります。

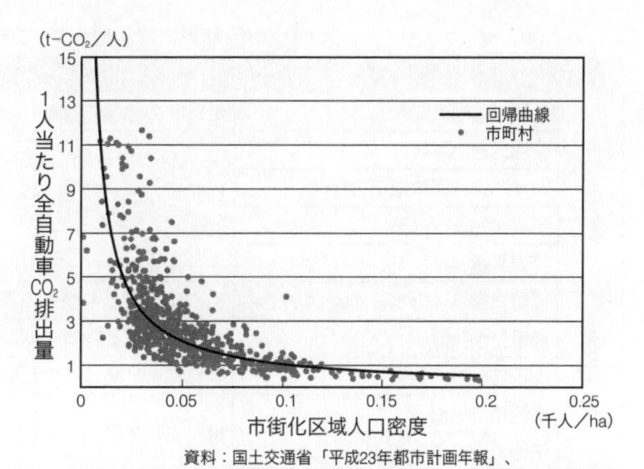

図 14・3　市街化区域人口密度と１人当たり自動車 CO_2 排出量の関係（出典：環境省『平成 27 年版 環境・循環型社会・生物多様性白書』2015 年）

2 交通静音化への取り組み

道路交通騒音に関する環境基準は、地域の類型（土地利用の状況）と地域の区分（道路の状況）、

表 14·3　道路騒音の環境基準

地域の類型及び区分		基準値	
		昼間（6 時から 22 時）	夜間（22 時から翌 6 時）
地域の類型	AA	50dB 以下	40dB 以下
	A 及び B	55dB 以下	45dB 以下
	C	60dB 以下	50dB 以下
地域の区分	A 地域のうち 2 車線以上の道路に面する地域	60dB 以下	55dB 以下
	B 地域のうち 2 車線以上の道路に面する地域、及び C 地域のうち車線を有する道路に面する地域	65dB 以下	60dB 以下
	幹線交通を担う道路に近接する空間の特例	70dB 以下	65dB 以下

AA：療養施設、社会福祉施設等が集合して設置され特に静音を要する地域
A ：専ら居住の用に供される地域
B ：主として居住の用に供される地域
C ：相当数の住居と合わせて商業・工業の用に供される地域

表 14·4　道路種類別の環境基準の達成状況

	昼夜とも基準値以下（%）	昼のみ基準値以下（%）	夜のみ基準値以下（%）	昼夜とも基準値超過（%）
全国	93.9	2.8	0.4	2.9
高速自動車道	93.3	2.6	0.6	3.5
都市高速道	90.0	3.7	0.2	6.0
一般国道	89.5	4.7	0.5	5.3
都道府県道	95.1	2.5	0.4	2.0
市区町村道	96.7	1.1	0.4	1.9

（出典：環境省『平成 29 年度自動車交通騒音状況』を参考に著者が作成）

表 14·5　自動車による騒音や大気汚染等に関する環境対策と効果

具体的な対策		効果	対象とする環境問題
発生源対策	低騒音車両の開発	走行時の騒音の低減	騒音
	交通信号の系統化	自動車からの排出ガス（NO_X、PM、CO_2）の減少	大気汚染、騒音・振動、地球温暖化、ヒートアイランド
	バイパス、環状道路の整備		
	ボトルネック対策		
	交通需要マネジメント（TDM）		
道路構造対策	低騒音舗装（排水性舗装）の敷設	自動車のタイヤからの走行音を小さくする	騒音
	遮音壁の設置	沿道に対する騒音の低減	騒音
	環境施設帯の整備	大気拡散、騒音等の距離減衰	大気汚染、騒音・振動
	街路樹の植樹	排気ガスの浄化や CO_2 の吸収	大気汚染、ヒートアイランド、地球温暖化
	法面の樹林化		

および時間帯（昼間と夜間）により上限値が定められています（表 14·3）。表 14·4 は、2017 年度における道路種類別の環境基準達成状況を示したものであり、全国では昼間・夜間のいずれかまたは両方で環境基準を超過している割合は全体が 6.1%であるのに対し、道路種類別では、一般国道の 10.5%がもっとも高く、次いで都市高速道路の 10.0%となっています。

道路交通騒音は、自動車のエンジン、吸排気系、駆動系、タイヤ系などから発生する自動車騒音と交通量、運行車種、走行速度、道路構造などが原因となる道路騒音とが複雑に絡み合って伝搬します。その対策は、発生源対策と道路構造対策とに分けることができます（表 14·5）。

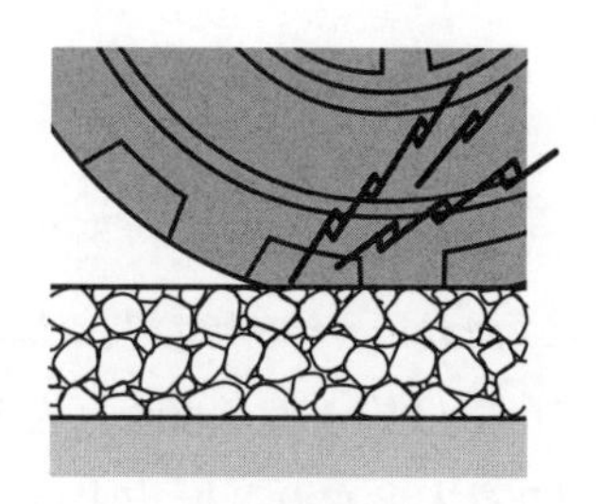

通常舗装
タイヤ溝と舗装面の間に挟まれた空気の逃げ道がなく、空気圧縮騒音、膨張音が発生する。

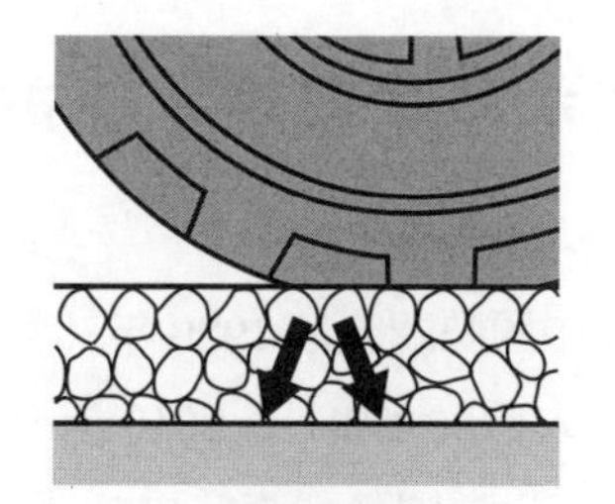

低騒音舗装
空隙に空気が逃げ、音が生じにくい。

図 14･4　低騒音舗装による騒音低減効果（出典:国土交通省近畿地方整備局『低騒音舗装』(https://www.kkr.mlit.go.jp/road/sesaku/environment/roadside/low_noise_pave.html)）

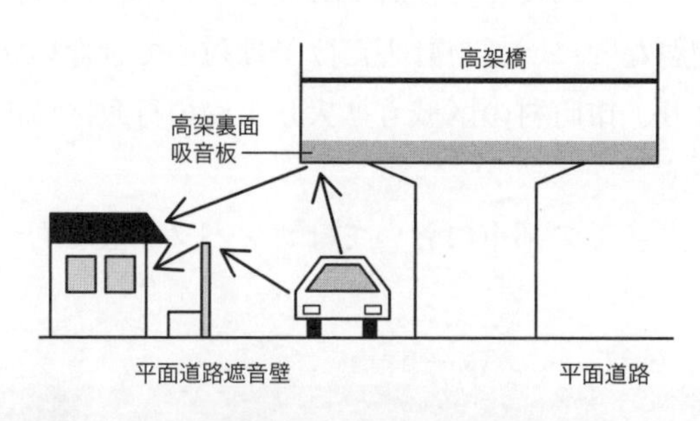

図 14･5　高架橋における裏面吸音板（出典:国土交通省近畿地方整備局『環境を守る取り組み－遮音壁（https://www.kkr.mlit.go.jp/road/sesaku/environment/roadside/noise_insulation_wall.html)）

発生源対策としては、低騒音車両の開発、交通信号の系統化などによる発進停止回数の削減などがあります。またバイパスなどの道路ネットワークの整備や交差点などのボトルネック対策を実施することにより、交通流の分散や自動車の速度を向上させることで、自動車からの騒音や排出ガスを減少させることが可能です。さらには、自動車から公共交通への転換や時差出勤、パークアンドライド（P&R）などの交通需要マネジメント（TDM）の適用により自動車交通量の削減を図ることも大きな効果が期待できます。

道路構造対策は、自動車の走行による道路沿線の騒音や排気ガス等の影響を直接的に緩和することを目的としています。具体的な対策としては、低騒音舗装の敷設、遮音壁の設置、街路樹の植樹や法面の樹林化などがあります。

低騒音舗装による騒音低減の仕組みを図 14･4 に示しました。自動車が走行する時、タイヤと路面の間に空気が入り、これが騒音の原因となります。低騒音舗装は空隙率が高いため、こうした空気を舗装の中に逃がすことができ、その結果、騒音を 3dB 程度低減する効果があります。

遮音壁は走行する自動車から直接伝わる騒音を減少させるものであり、5dB 程度の低減効果があります。また、道路の上を高架道路が走る場合、高架の裏面に音が反射して伝わってしまうことがあるため、高架裏面の吸音板によって騒音を軽減させる対策があります（図 14･5）。

3 持続可能な地球環境・都市環境

1 コンパクトなまちづくりへ

わが国の第1回の国勢調査は1920年（大正9年）に行われ、その時の人口は約5,596万人でした。その後は年々人口が増加し、2010年（平成22年）には約1億2,806万人となりましたが、2015年（平成27年）の国勢調査結果では約1億2,711万人となり、歴史上はじめての人口減少となりました。今後は人口減少がさらに加速することが予想されています。これまでの人口増加社会では、特に都市に集中する人々のために郊外型大規模住宅団地の建設や公共施設の郊外移転などが各地で発生し、それに対応するために新たに鉄道やバス路線が新設されました。すなわち、従来の交通計画は、需要追随型としての整備が行われてきた経緯があります。本格的な人口減少や高齢社会の到来、また中山間地域の過疎問題などに、都市計画だけでは対応できない状況になっています。さらには「平成の大合併」により、市町村の区域も拡大し1つの行政区域内に都市と過疎が共存するような事態も発生しています。

このような社会構造の変化に対応するため、多くの都市においてはコンパクトなまちづくりを

表14·6　コンパクトなまちづくりをめざす背景

課題	取り組みの方向性
①人口減少	拡大から縮小へ方向転換し、都市構造を再構築する。
②少子高齢化	高齢社会においては自動車の利用が困難となる世帯が多くなるため、公共交通機関と徒歩で利用可能な施設が必要であり、利便性の高い地域に公共施設等を集中させる。
③経済的合理性	郊外化が進むと道路や上下水道といった社会資本の建設費用や維持管理費用が増大するため、都市施設の集中や縮小が必要となる。
④環境問題	人の移動を公共交通機関にシフトして、自動車利用を減少させることにより地球温暖化問題などに対応する。
⑤防災上の取り組み	津波や土砂災害などの自然災害に対し、危険性の高い沿岸部や中山間部から危険性の低い地域へ人々や施設を移動させる。

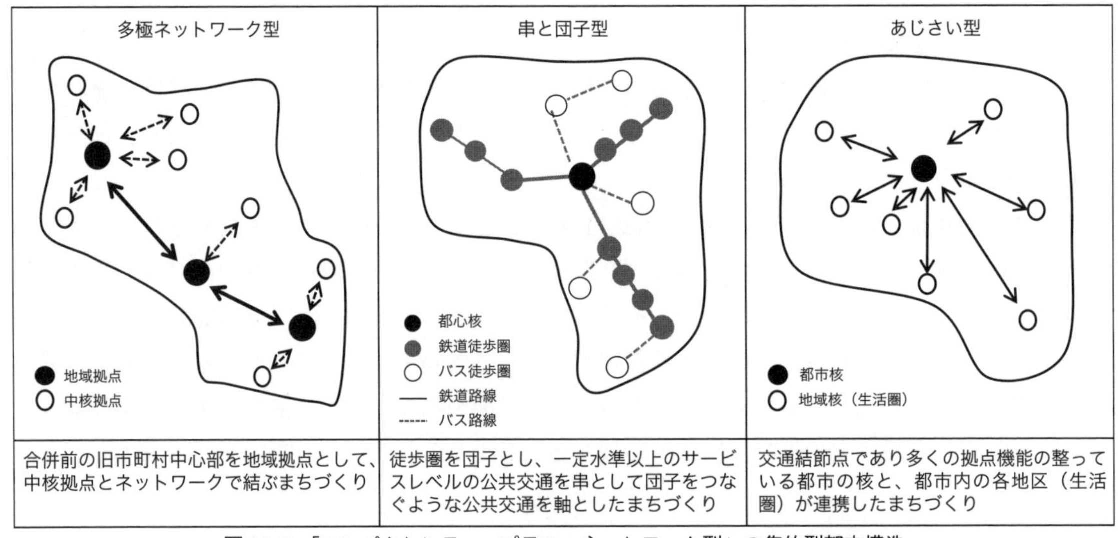

図14·6 「コンパクトシティ・プラス・ネットワーク型」の集約型都市構造

めざしています。その背景には表14･6に示すように本格的な人口減少や少子高齢社会の到来、財政問題や環境問題などがあります。都市をコンパクトにすることにより、これらの課題に対応できる可能性があるとされています。そのためには従来の都市計画と交通計画を同時かつ戦略的に展開することが求められ、**「コンパクトシティ・プラス・ネットワーク型」**（→1章）の都市構造形成が推進されています。

図14･6は、「コンパクトシティ・プラス・ネットワーク型」の集約型都市構造を示したものです。それぞれ「多極ネットワーク型」「串と団子型」「あじさい型」と称しており、その都市の実情に合わせた公共交通整備と土地利用を想定しています。どのような都市構造を選択するかは、その都市の歴史や文化、さらには都市施設の配置や公共交通の整備状況により異なりますが、いずれも公共交通軸を中心とした集約型の都市構造をめざしていることは共通しています。人口減少・高齢化が進むなか、特に地方都市においては、地域の活力を維持するとともに、医療・福祉・商業等の生活機能を確保し、高齢者が安心して暮らせるよう、地域公共交通と連携して、コンパクトなまちづくりを進めることをめざしています。

2 立地適正化計画制度の導入

多くの都市では、住宅や商業施設などの郊外立地が進んだ結果、市街地が拡散し、低密度な市街地を形成しています。このままでは人口減少・少子高齢化により都市機能を維持できなくなることが考えられます。このため、2014年に都市再生特別措置法が改正され、人口減少・少子高齢化社会の現状を踏まえ、市町村がコンパクトなまちづくりを推進するための**立地適正化計画**を策定することができるようになりました。

立地適正化計画は、都市全体の構造を見直し、医療・福祉・商業などの生活サービス施設や居住機能等がまとまって立地するような土地利用の誘導を行い、安心できる健康で快適な生活環境の実現をめざすものです。その意義と役割は表14･7に示すとおりです。

表14･7　立地適正化計画の意義と役割

意義	役割
①都市全体を見渡したマスタープランの策定	立地適正化計画は、居住機能や医療・福祉、商業、公共交通等の様々な都市機能の誘導により、都市全域を見渡したマスタープランとして位置付ける。
②都市計画と公共交通の一体化	居住や都市の生活を支える機能の誘導によるコンパクトなまちづくりと地域交通の再編との連携によるまちづくりを進める。
③都市計画と民間施設誘導の融合	民間施設の整備に対する支援や立地を緩やかに誘導する仕組みを用意し、インフラ整備や土地利用規制など従来の制度と立地適正化計画との融合による新しいまちづくりが可能になる。
④市町村の主体性と都道府県の広域調整	都道府県は、立地適正化計画を作成している市町村の意見に配慮し、広域的な調整を図ることが期待される。
⑤市街地空洞化防止のための選択肢	居住や民間施設の立地を緩やかにコントロールでき、市街地空洞化防止のための新たな選択肢として活用することが可能となる。
⑥時間軸をもったアクションプラン	計画の達成状況を評価し、状況に合わせて都市計画や居住誘導区域を不断に見直すなど、時間軸をもったアクションプランを運用することで効果的なまちづくりが可能となる。
⑦まちづくりへの公的不動産の活用	財政状況の悪化や施設の老朽化等を背景として、公的不動産の見直しと連携し、将来のまちのあり方を見据えた公共施設の再配置や公的不動産を活用した民間機能の誘導を進める。

（出典：国土交通省『立地適正化計画の意義と役割　～コンパクトシティ・プラス・ネットワークの推進～』（https://www.mlit.go.jp/en/toshi/city_plan/compactcity_network2.html））

立地適正化計画には２つの柱があります。１つめは都市機能誘導区域の設定であり、２つめは居住誘導区域の設定です。前者は、生活サービスを誘導するエリアと当該エリアに誘導する施設を設定するものであり、都市機能（福祉・医療・商業施設等）の立地促進、歩いて暮らせるまちづくり、および区域外の都市機能立地の緩やかなコントロールを目的としたものです。後者は、居住を誘導し人口密度を維持するためのエリアを設定するものであり、区域内における居住環境の向上や区域外の居住の緩やかなコントロールを行うものです。合わせて、区域外での一定規模以上の住宅開発については、届出制度の導入や開発許可対象として抑制することも可能です。

3 地域公共交通網形成計画制度の導入

地域公共交通の活性化および再生に関する法律（以下、活性化再生法）の改正が2014年に施行され、**地域公共交通網形成計画**（以下、網形成計画）の策定ができるようになりました。この計画は、地域公共交通の現状や問題点、課題の整理を踏まえて公共交通ネットワーク全体を一体的に形づくり、持続させることを目的に地域全体の公共交通のあり方や住民・交通事業者・行政の役割を定めるものです。その際、公共交通ネットワークの利便性および効率性を向上させつつ、面的な再構築を行う場合には、地域公共交通再編実施計画（以下、再編実施計画）の策定ができるようになりました。

網形成計画とは、「地域にとって望ましい公共交通網のすがた」を明らかにする「マスタープラン（ビジョン＋事業体系を記載するもの）」としての役割を果たすものです。国が定める基本方針に基づき、地方公共団体が協議会を開催しつつ、交通事業者等との協議のうえで策定します。まちづくりと連携し、かつ面的な公共交通ネットワークを再構築するために実施する事業（地域公

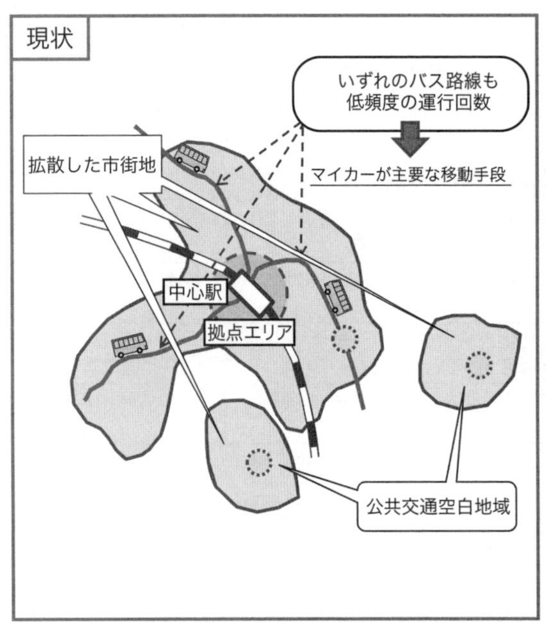

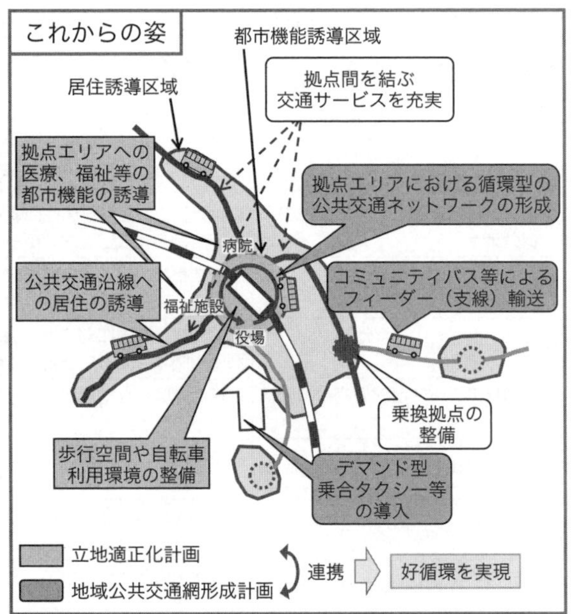

図 14·7　コンパクトなまちづくりと公共交通の再編イメージ（出典：国土交通省『令和元年版　国土交通白書』（2019年）に著者が『居住誘導区域』『都市機能誘導区域』を追加）

表 14・8　網形成計画の意義と役割

意義	役割
①地域公共交通政策の「憲法」	網形成計画・再編実施計画は、「自分たちの地域ではこのような考え方で公共交通ネットワークを整備します」という宣言文です。地域の方々から寄せられる「なぜこの地域にバスが通っていて、別の地域には通っていないのか？」、「どういう基準で公共交通サービスを導入しているのか？」といった、交通政策の在り方や個別事業の実施理由や効果に関する問いかけに明確に回答することができるようになります。また、計画に事業の位置付けが明確化されることによって事業実施の根拠となり、予算化や補助申請、庁内での協議がスムーズとなることも考えられます。
②まちづくりとの連携強化	まちづくりと連携した面的な公共交通ネットワークを再構築することが明記され、コンパクトな都市構造の実現を支援する網形成計画の検討が可能になります。
③関係者間の連携強化	法定協議会を設置して、協議・意見交換・合意のもとに計画策定を進めることで、行政の動きと歩調を合わせた民間の計画を立てることができるとともに、新たな問題を解決するための協調行動を話し合うこともできます。また、こうした関係者間の連携の強化を継続することは、公共交通の正のスパイラルへの転換のきっかけづくりとなり得ます。
④公共交通機関同士の役割分担の明確化と連携強化	網形成計画は単一の公共交通機関の運行計画ではなく、地域全体の公共交通を「ネットワーク」として総合的に捉えるものです。網形成計画の策定をきっかけに、地域全体のネットワークのあり方について、鉄道、バス、タクシーなどを一体として検討し、各地域で活用できる公共交通機関全体の連携を強めたり、効率性を高めるための方針や目標、事業を関係者全員で考えたりすることができる点がメリットです。
⑤公共交通担当者の「遺言」	地方公共団体の職員は数年間で異動してしまうことが多く、いくら優れた公共交通施策を実施しても、引継ぎがうまく機能しない場合、担当者の変更によって方針がぶれてしまったり、事業が頓挫してしまったりする危険性があります。しかし、網形成計画・再編実施計画が「遺言」として次の担当者に引き継がれることにより、政策の継続性が確保され、公共交通を着実に改善するとともに、諸手続の省力化ができるメリットもあります。

（出典：国土交通省『地域公共交通網形成計画及び地域公共交通再編実施計画作成のための手引き第４版』2018 年）

共交通特定事業などさまざまな取り組み）について記載されます。「網」形成という言葉が示しているとおり、網形成計画ではこれまでの計画のなかで十分に扱われてこなかったまちづくりとの連携や、地域全体を見渡した面的な公共交通ネットワークの再構築を検討する必要があります（図 14・7）。再編実施計画とは、「マスタープラン（＝網形成計画）」を実現するための実施計画の一つです。網形成計画において、地域公共交通特定事業のうち「地域公共交通再編事業」に関する事項を記載した場合、同事業の実施計画である「地域公共交通再編実施計画」を作成することができます。この計画は、地方公共団体が事業者等の同意のもとに策定します。

網形成計画・再編実施計画の策定による意義と役割については表 14・8 に示すようなことが考えられます。

4 持続可能な交通まちづくりに向けて

1 網形成計画の策定事例

網形成計画の策定事例として、前橋市の事例を取り上げます。前橋市では 2018 年 3 月に地域公共交通網形成計画を策定しました。前橋市における公共交通の課題としては、大きく市域全体の課題、中心市街地の課題、交通弱者に関する課題およびまちづくりの課題があります（表 14・9）。これらの課題を解決するために、「バスの利便性向上を中心とした公共交通軸の強化」と「公共交通によるまちなか回遊性の向上」を目標として具体的な施策を掲げています（表 14・10、図 14・8）。

表 14･9　前橋市における公共交通の問題点

市全体の公共交通の課題	①路線バスの運行サービス水準が需要と一致しておらず、路線ごとに役割が明確になっていない
	②行先や経由地がわかりにくいバス路線網
	③運行本数が少なく乗り継ぎも不便
	④前橋駅からの放射路線が主体のバス路線網となっており、中心部で複雑に輻輳している
	⑤路線バスの定時性が確保されていない
	⑥バス路線がネットワークされていない
	⑦公共交通不便地区が存在
	⑧交通系 IC カードが使えない
	⑨委託路線バスの補助金額が増加傾向にある
中心市街地の公共交通の課題	①路線バスのダイヤがパターン化されていない
	②前橋駅の列車の発着に必ずしも路線バスが接続していないほか、一部を除き終バスの発車が早い
	③前橋駅と中央前橋駅が結節されていない
	④前橋駅と主要拠点が離れており、その間に形状が複雑な本町二丁目交差点があるため、路線バスや歩行者・自転車などの通行がしにくい
	⑤主要拠点間を回遊しやすい路線になっていない
	⑥県庁前や中央前橋駅などにおいて、バス停が分散している
交通弱者と公共交通の課題	①運転免許をもたない高齢者の外出率が低い
	②交通弱者が外出する際は、家族などの運転する自動車に同乗するなど、送迎の負担が大きい
	③高校生などの通学に路線バスが利用しにくい
	④高齢者免許保有率の上昇と高齢者事故割合の増加
	⑤公共交通が充実していないために運転免許証を自主返納しにくい
	⑥ノンステップバスの導入などバリアフリー化を求める人が多い
まちづくりの課題	①市街地が低密度で広がっており、効率的な公共交通ネットワークの形成が難しい
	②他の都市と比較して高い自動車分担率
	③既成市街地の人口減少が著しい
	④郊外型大型店舗などの分散立地による中心市街地の求心力の低下

表 14･10　前橋市地域公共交通網形成計画における取り組むべき目標と施策

目標	施策パッケージ	個別施策
バスの利便性向上を中心とした公共交通軸の強化	拠点間を結ぶ公共交通軸の強化・形成	①幹線バス路線の明確化
		②幹線バスの定時性確保
		③鉄軌道間のネットワーク化
	各拠点へのアクセス性の向上	①公共交通不便地域の解消（地域内交通の導入）
		②鉄道駅や主要バス停における結節強化
		③ JR 群馬総社駅西口の開設
	公共交通の利便性向上	①バリアフリー化
		②バス待ち環境の快適化
		③わかりやすい情報案内
		④バスドライバーのサービス向上
		⑤サイクルトレインの推進
		⑥サイクルアンドバスライドの推進
		⑦交通系 IC カードの導入
公共交通によるまちなか回遊性の向上	まちなかの回遊性の向上	①都心幹線の形成
		②コミュニティサイクルの導入
		③歩行・自転車利用環境の改善
		④本町二丁目交差点周辺の改良
	都心地域への自動車利用抑制	①パークアンドライド等の推進
		②都心周辺部の駐車場の集約化

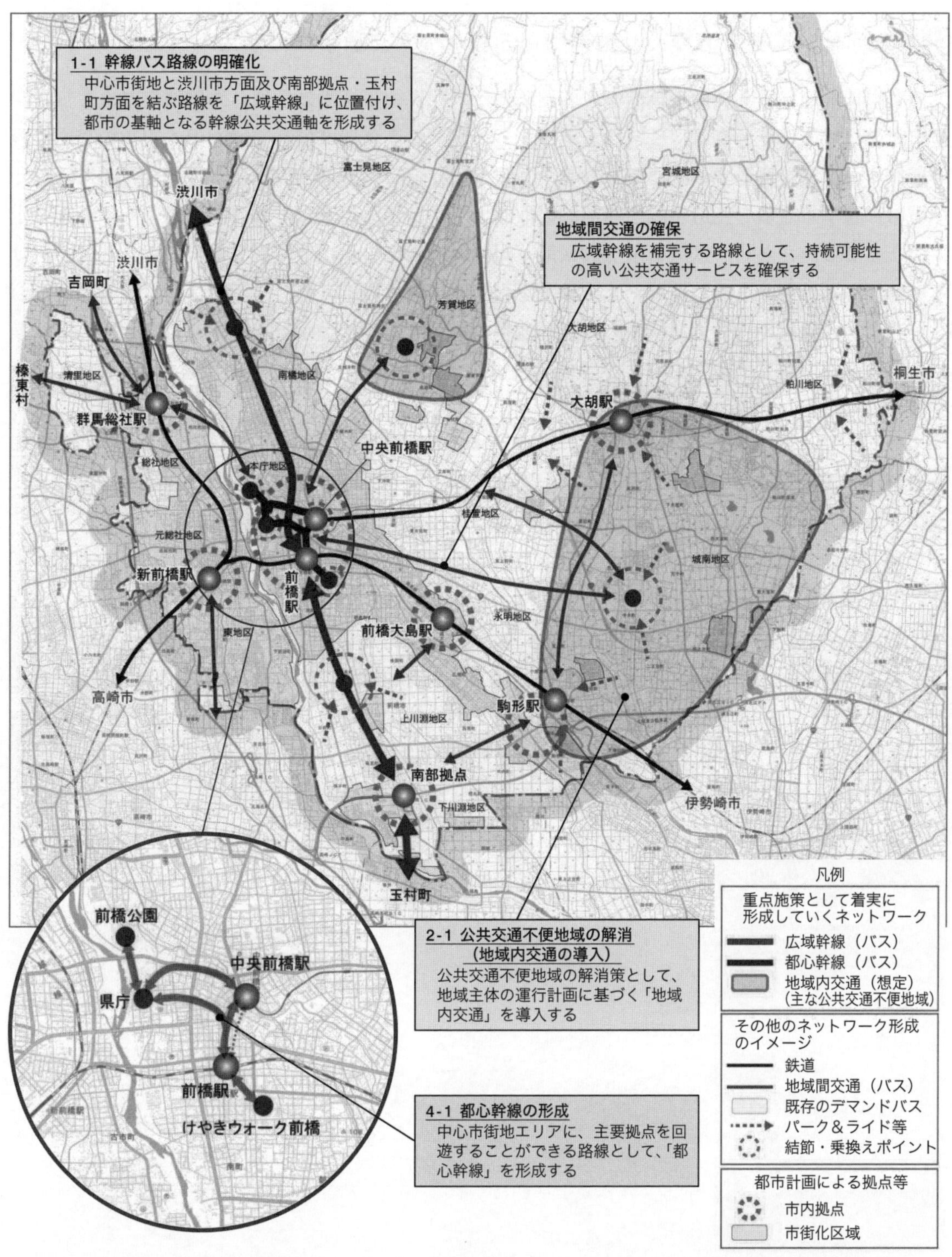

図 14·8　前橋市における施策の展開イメージと主な施策の概要（出典：前橋市『前橋市地域公共交通網形成計画』2018 年）

2 持続可能な交通まちづくりに向けた多様な公共交通手段の活用

持続可能な地域公共交通を再構築するためには、住民の生活圏に合致した区域を対象として、市町村の区域にこだわらず、広域性を確保すること、および地域公共交通を担う複数の交通手段の連携・分担等を検討する必要があります。さらに、特定の交通手段だけに特化するのではなく、地域に存在する複数の交通手段を横断的に取り扱うことが必要となります。もちろん、計画策定にあたっては、たとえば鉄道を重点的に取り組む、バスを中心に取り扱うなどのメリハリを付けることに問題はありません。ただし、鉄道を重点的に取り扱うために、バスは全く取り扱わないということではなく、鉄道とバスの相互の連携や役割分担等についても協議を行うなど、ネットワーク全体を対象に検討することが求められます。公共交通の役割分担については、5章で学びました。

また、路線バス、コミュニティバス、乗合タクシー、デマンド型交通だけでなく、交通空白地有償運送、福祉有償運送による運行も考えられます。さらには、スクールバス、企業送迎バスを活用することも考えられます。地域のモビリティ確保については、12章で学びました。

多様な公共交通手段を活用することにより、将来にわたり持続可能な交通まちづくりを築き上げる必要があります。

■ **演習問題14** ■　あなたの住んでいる都市やなじみのある都市、興味のある都市について、以下をインターネット等で調べてください。調べる内容は、計画の考え方・目標、計画の内容などです。自治体によって名称が異なる場合もあるため注意してください。

(1)　立地適正化計画

(2)　地域公共交通網形成計画

15章
これからの交通計画

1 新しい交通実態調査

2章で解説したように、交通計画を策定するためには、パーソントリップ調査等の交通実態調査を実施し交通実態を把握する必要があります。情報通信技術（ICT：Information and Communication Technology）の進歩に伴い、さまざまな調査方法が開発され実用化されています。ここでは、新しい交通実態調査について解説します。

1 Web 調査

パーソントリップ調査では、調査対象世帯を訪問し、紙の調査票を配布し調査を行ってきました。しかし、訪問調査では、不在の世帯が多い、マンションがオートロックになっていて対象世帯の人に会うことができないといった実施上の問題があります。また、紙の調査票では、回答者の誤回答、記入の手間があるため回答率が低下するなどの問題があります。こうしたことや、インターネット環境の普及により、近年は、社会調査においてWeb調査が導入されるようになってきました。**Web調査**を導入することで、たとえば単一選択しかできない設問では1つを選ぶと他を選べないなど、誤回答を予防する措置を講じることができます。また、Web調査を導入することで、回収後に調査票を入力する手間が省けるなど調査業務の効率化を図ることができるようになりました。

図15･1にWeb調査画面の例を示しました。世帯票は、調査対象世帯の構成員の属性を把握する調査票です。個人票は、1日の人の動きを把握する調査票です。

2 プローブ調査

プローブとは、調査、精査、探測などの意味をあらわす言葉です。プローブカーとは、タクシーやバス、一般車両にGPS等の測位計測機能を搭載した車両のことで、時々刻々の道路交通情報（車両がいつ、どこに所在したかの情報）を収集できます。

道路交通センサスの一般交通量調査では、人手による旅行速度調査に代わり、タクシーやバス等をプローブカーとして設定しプローブ調査を実施してきました。しかし、実走行による調査では、朝の通勤混雑時間帯の混雑方向のみなど、時間的にも空間的にも限られたデータしか得ることができませんでした。旅行速度は常に変化しています。混雑時間帯のみのデータでは、渋滞が終日発生しているのか、朝の時間帯だけ発生しているのか評価できません。

そこで、自動車メーカーやカーナビメーカーが、カーナビに搭載されたGPS機能を用い、一般車両のプローブ情報を取得し、ドライバーにリアルタイムの交通情報（民間プローブ情報）を提供しています。2010年の道路交通センサスでは民間プローブ情報を活用することにより旅行速

世帯数

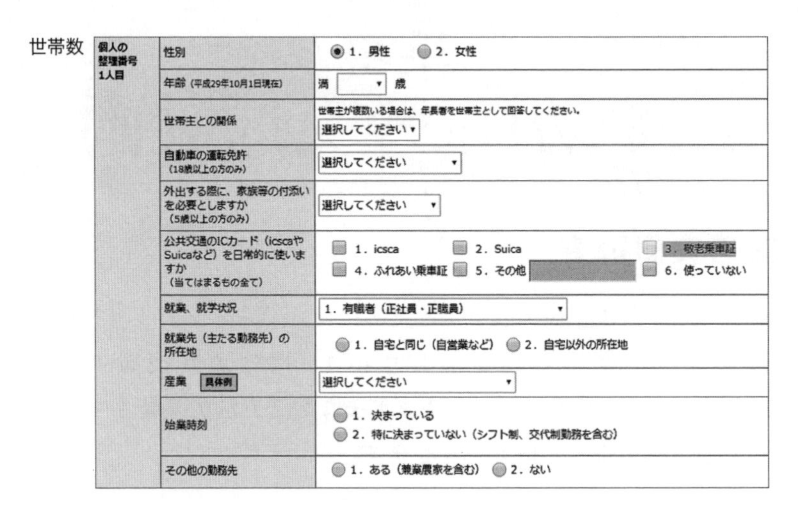

個人の整理番号 1人目		
	性別	1. 男性　2. 女性
	年齢（平成29年10月1日現在）	満　歳
	世帯主との関係	世帯主が複数いる場合は、年長者を世帯主として回答してください。 選択してください
	自動車の運転免許（18歳以上の方のみ）	選択してください
	外出する際に、家族等の付添いを必要としますか（5歳以上の方のみ）	選択してください
	公共交通のICカード（icscaやSuicaなど）を日常的に使いますか（当てはまるもの全て）	1. icsca　2. Suica　3. 敬老乗車証 4. ふれあい乗車証　5. その他　6. 使っていない
	就業、就学状況	1. 有職者（正社員・正職員）
	就業先（主たる勤務先）の所在地	1. 自宅と同じ（自営業など）　2. 自宅以外の所在地
	産業　具体例	選択してください
	始業時刻	1. 決まっている 2. 特に決まっていない（シフト制、交代制勤務を含む）
	その他の勤務先	1. ある（兼業農家を含む）　2. ない

個人票

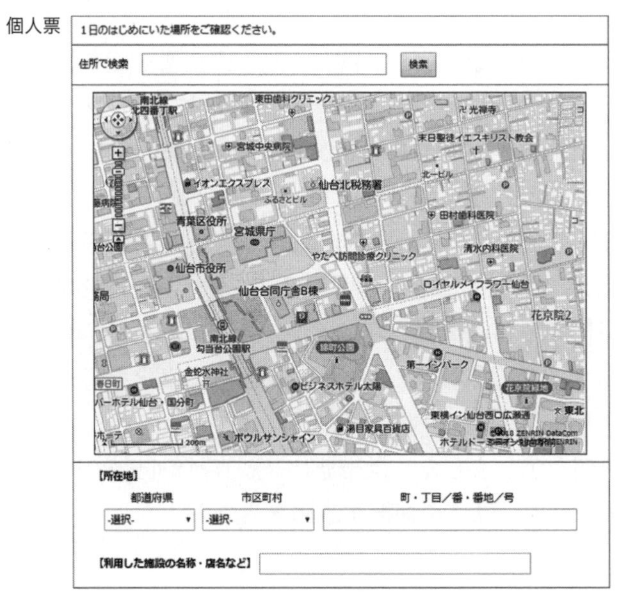

1日のはじめにいた場所をご確認ください。

住所で検索　検索

【所在地】

都道府県　市区町村　町・丁目／番・番地／号

-選択-　-選択-

【利用した施設の名称・店名など】

図 15･1　Web 調査画面（出典：（一財）計量計画研究所『第 15 回総合都市交通計画研修資料』2018 年）

度データを把握しました。

また、国土交通省では、2011 年より全国の高速道路、国道、道の駅に ITS スポットを設置してきました。ITS スポットとは、ITS（Intelligent Transport Systems：高度道路交通システム）による、路側に設置された通信装置です。市販されている ETC2.0 対応カーナビ搭載の車両が ITS スポットを通過することで、車両の緯度・経度、時刻、加速度が収集されます。ETC2.0 とは、料金収受のほか、ITS スポットをとおして集約される経路情報を活用した、渋滞情報や安全運転支援等のサービスを提供するものです。2015 年の道路交通センサスでは、ETC2.0 を活用した旅行速度調査が実施されました。

ETC2.0 プローブデータを用い車両の走行履歴を把握することにより、渋滞情報や旅行時間情報の把握がより精度を増すことになります(図 15･2)。また、急ブレーキを踏むような現象が多く

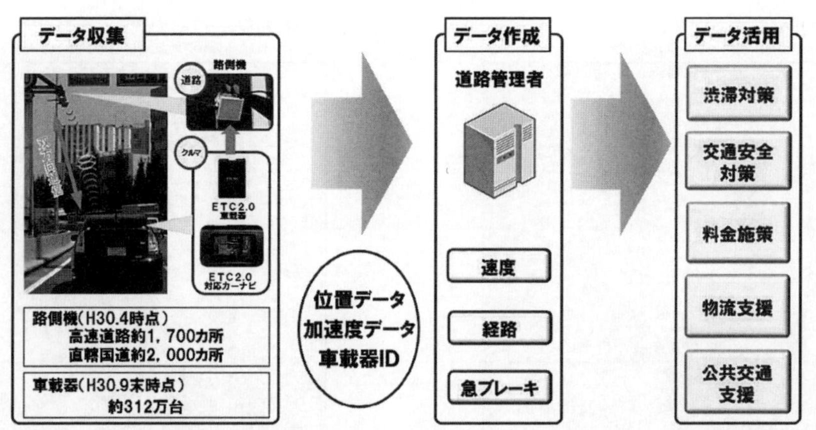

図 15･2　ETC2.0 の機能とデータの活用（出典：国土交通省『道路交通センサスのデータ収集の現状と課題』第 1 回「ICT を活用した新道路交通調査体系検討会」配付資料、2018 年）

発生する危険箇所の特定も可能です。これらの情報は、道路管理者が渋滞箇所の把握、危険箇所の把握、道路改善計画の立案などに活用できます。

3 ビックデータの活用

Web 調査は、調査協力に同意が得られた対象者のみのサンプル調査です。そのため、母集団の交通行動を把握するためには、多くのサンプル数が必要となります。そこで、交通行動の分析への活用に期待されているのが**ビックデータ**です。ビックデータは、巨大で複雑なデータの集合です。ビックデータのデータの形式はさまざまであり、多くの種類のデータがあります。交通系に着目すると、スマートフォンによる位置情報、交通系 IC カードによる公共交通の乗降履歴、前項で解説した ETC2.0 により取得されるデータなどが該当します。

スマートフォンの位置情報データを分析することで、ある時間にどこに人が滞留しているか知ることができます。そこに交通系 IC カードから取得された公共交通の乗降履歴データを組み合わせることで、どこでどのような交通手段に乗り、どこで乗り換えたのかなどの交通実態を分析することができます。図 15･3 にビッグデータを用いた歩行者の利用経路・滞在時間の分析例を示しました。路面電車利用者と自動車利用者の市中心部における移動経路を把握でき、回遊範囲が異なること、路面電車利用者のほうが回遊時間が長いことを把握しました。路面電車の辛島電停を利用した人は、商店街、熊本城とその周辺を平均 155 分回遊しているのに対し、自動車を利用しフリンジパーキングに駐車した人の回遊時間は平均 105 分となっています。また、交通系 IC カードによる店舗での購入履歴データなどを分析すると、「乗り換えの途中で飲料を買った」などの行動を詳細に分析することができます。

一方でこの分析の方法だと、携帯番号や交通系カードの ID から個人を特定できてしまいます。そのため、交通系ビックデータは、個人情報の秘匿処理がなされた集計データとして提供されます。この秘匿処理された集計データを用いることで、交通計画を立案するために、ある時刻にどこからどこへの移動が多いのかなどを分析することができます。

路面電車利用者
〈辛島町電停（市電）利用、サンプル数26〉

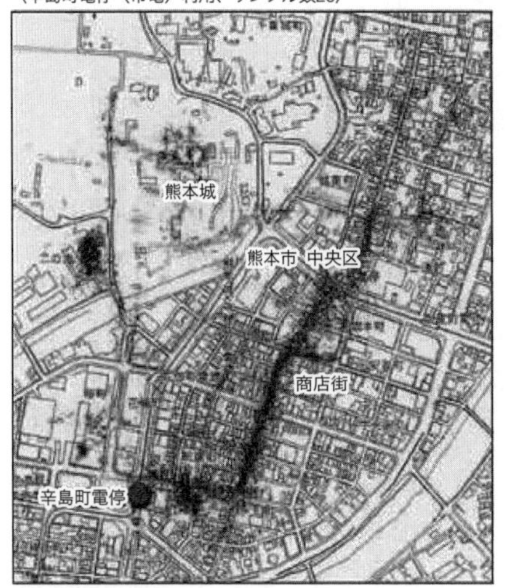

平均回遊時間：155分
最大：454分
歩行者を感知した地点を濃淡で表している

自動車利用者
〈フリンジパークング駐車場に駐車、サンプル数30〉

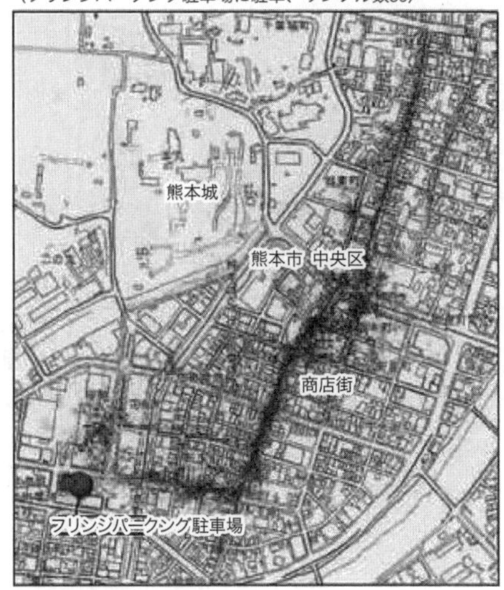

平均回遊時間：105分
最大：181分

図 15･3　ビッグデータによる歩行者の移動経路・回遊時間の分析例（出典：熊本市都市建設局都市政策課「スマートフォン等を活用した交通特性調査」『都市と交通』通巻 98 号（日本交通計画協会、2014 年）に著者が図中の文字を追加）

2 ICT を活用した交通計画

情報通信技術の進歩は交通実態調査だけではなく、交通システムを構築するための技術にも活用され、新しい交通計画の考え方を生み出しています。

1 ITS

ITS（Intelligent Transport Systems：高度道路交通システム）とは、人と自動車と道路の間で情報を受発信するシステムです。ITS を活用することにより、事故や渋滞、環境対策など、さまざまな課題の解決が可能となってきています。

最先端の情報通信等の ITS 技術を活用して道路交通の最適化を図り、交通事故や渋滞を解消し、安全・安心な移動の実現やシームレスで環境にやさしいモビリティ社会の実現がめざされています。日本において、ITS サービスが広く普及している例として、カーナビゲーション、VICS（Vehicle Information and Communication System：道路交通情報通信システム）による交通情報提供、ETC による通行料金自動収受などがあげられ、道路交通を安全・便利で快適なものとする必須の社会インフラとして広く普及しています。

今後は、情報通信技術を活用した安全運転支援サービス等のほか、V2I（車と道路）、V2V（車と車）、V2P（車と歩行者）通信を活用した自動運転システムなどへ進化しつつあります。図 15･4 にわが国の ITS サービスの展開を示しました。

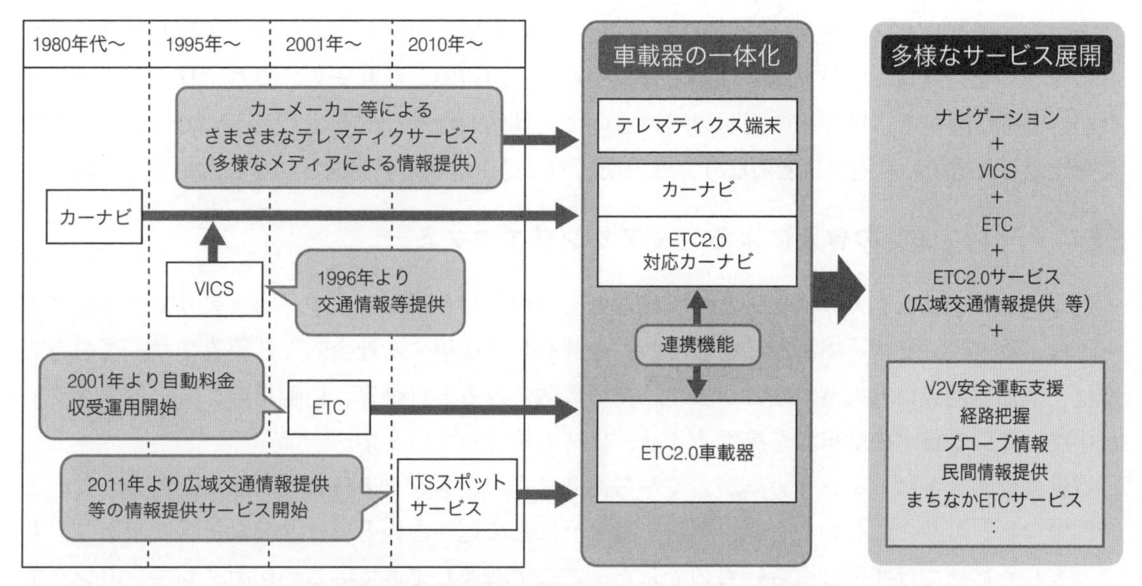

図 15・4 わが国の ITS サービスの展開（出典：（一財）ITS サービス高度化機構『ITS について』（https://www.its-tea.or.jp/its_etc/its_its.html））

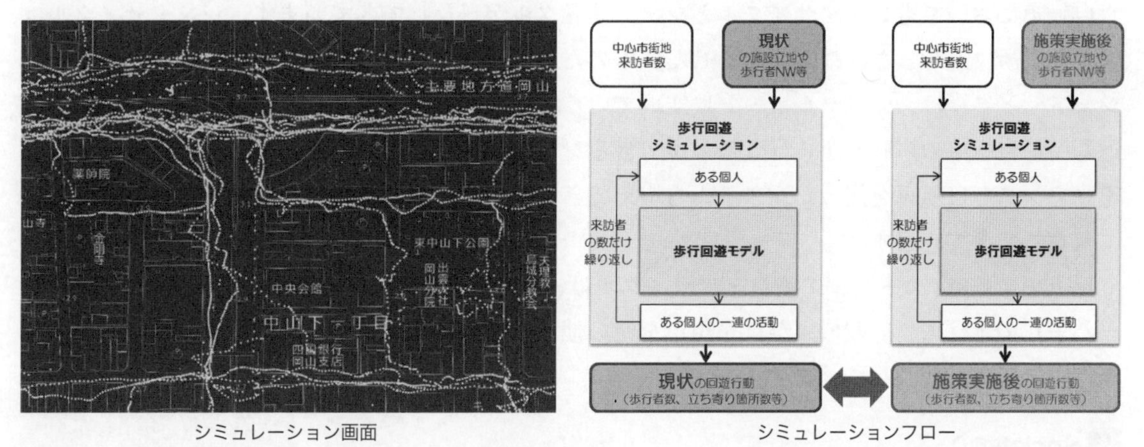

図 15・5 スマートプランニングの事例（出典：（一財）計量計画研究所『第 15 回総合都市交通計画研修資料－講習 6：プランニング』2018 年）

2 スマートプランニング

スマートプランニングとは、個人単位の行動データをもとに、人の動きをシミュレーションし、施策実施の効果を予測したうえで、施設配置や空間形成、交通施策を検討する計画手法です（図 15・5）。スマートプランニングでは、ビッグデータを活用して、個人の移動特性を把握し、施設配置や道路空間の配分を変えた時の「歩行距離」や「立ち寄り箇所数」、「滞在時間の変化」をみて、適切な施設の立地を検討できます。図 15・5 の右は、シミュレーションの方法を示しており、現状の回遊行動の予測と、歩行者ネットワーク（NW）等の施策実施後の予測を比較し、施策の効果を検証します。左は、歩行者のシミュレーション画面です。

スマートプランニングを用いることで、行政や民間事業者がデータに裏付けられた共通認識をもったうえで、最適な施設立地について議論することが可能になります。また、ワークショップなど、計画に関する市民等への説明の場において、具体的なデータを示したうえで、複数の立地案を比較した結果の説明が可能になり、施策検討の「見える化」が促進されることが期待されます。

3 スマートフォンの普及によるシェアリングエコノミー

近年、シェアリングエコノミーと呼ばれる考え方が提起されています。シェアリングエコノミーとは、物・サービス・場所などを多くの人と共有して利用する社会的な仕組みです。この考え方は、交通の世界にも入ってきています。交通機関でみると自動車、自転車のシェアリングや、日中空いている自宅の駐車場を提供するサービスも始まっています。

自動車に関しては、レンタカーが古くからありますが、レンタカー会社の窓口が営業している時間でないと借りられないことや、燃料を満タンにして返さないといけないなど手間があり、ちょっとした移動には利用しづらいものでした。そこで普及してきているのがカーシェアリングです。カーシェアは、短時間の利用が可能であり、店舗で借りる必要がありません。また、会員カードで解錠することができるなど手軽なため、利用が伸びています。

自転車においてもレンタサイクルとシェアサイクルが普及してきています。レンタサイクルは、借りた場所に返却しなければなりません。そのため、観光地などでの利用が多くなっています。シェアサイクルは、サイクルポートに空いている自転車があれば借りることができ、代金決済は返却時に自転車の車載器から行うことができるシステムです。特に、近年のシェアサイクルは、電動アシスト自転車を使ったシステムも増えてきています。そのため、都市内での交通機関として普及してきています。

以上のように、カーシェアやシェアサイクルは、交通手段をシェアします。海外では、Uber（ウーバー）のように、一般の人が自家用車を使い他人を運ぶ、オンデマンド型配車プラットフォームのシステムが普及しています。

4 Society5.0

2016年に内閣府による第5期科学技術基本計画が閣議決定されました。そのなかで「Society 5.0」という概念が提起されました。Society5.0は、サイバー空間（仮想空間）とフィジカル空間（現実空間）を高度に融合させたシステムによって、経済発展と社会的課題の解決を両立する、人間中心の社会とされています。

人間がたどってきたこれまでの社会を、狩猟社会（Society1.0）、農耕社会（Society2.0）、工業社会（Society3.0）、情報社会（Society4.0）とし、それに続く新たな社会としてSociety5.0と位置付けられています。

このなかでは、交通、医療・介護、ものづくりなどの分野ごとに事例が示されています。交通では、各自動車からのセンサー情報と、天気などのリアルタイム情報などのビックデータから、AIによる観光スポットの提案や移動方法の提案、観光に適したホテルやレストランの提案ができ

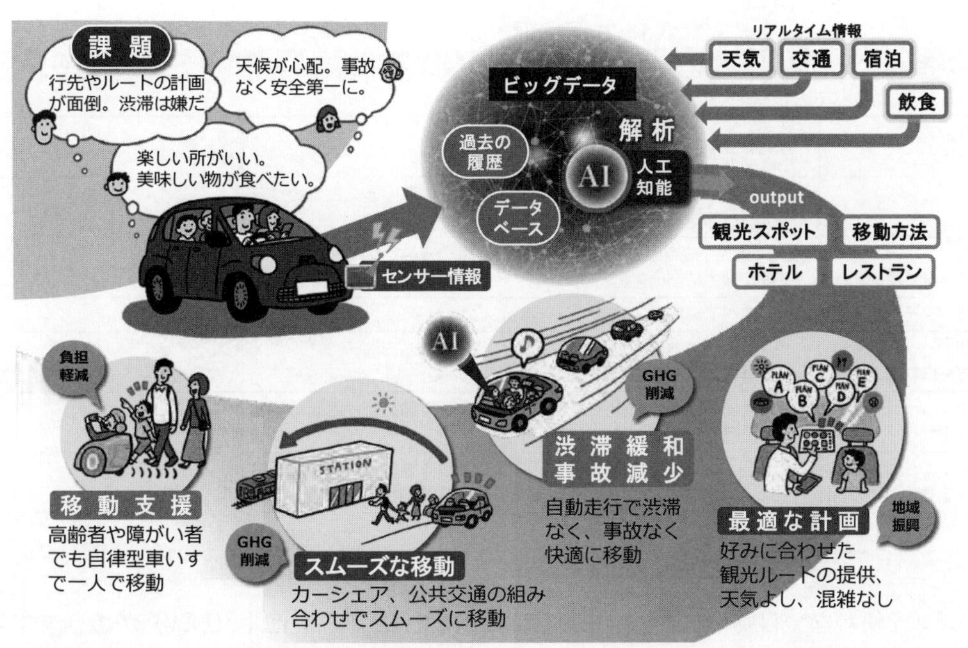

図 15･6　Society 5.0 における交通分野の新たな価値の創造（出典：内閣府『Society 5.0　新たな価値の事例（交通）』(https://www8.cao.go.jp/cstp/society5_0/transportation.html)）

表 15･1　エコカーの特徴

	ハイブリッド車（HV）	電気自動車（EV）	プラグイン型ハイブリッド車（PHV）	燃料電池車（FCV）
駆動方式	エンジン＋モーター	モーター	エンジン＋モーター	モーター
車両価格	安い ←→			高い
特徴	・ガソリン消費を抑えられる。	・走行時に CO_2 を排出しない（発電段階では排出）。 ・家庭用電源で充電できる。 ・災害時などには大型バッテリーとなる	・ガソリン消費を抑えられる。 ・家庭用電源で充電できる。 ・災害時などには大型バッテリーとなる	・走行時に CO_2 を排出しない（発電段階では排出）。

るとしています（図 15･6)。このように交通を取り巻く環境も大きく変化してきます。

3 新しい交通技術

自動車や情報通信の分野では、新しい交通技術が開発され実用化されています。ここでは、交通計画への寄与が期待されている新しい交通技術を解説します。

1 エコカー

二酸化炭素（CO_2）や窒素酸化物（NO_X）などの排出量が少なく、燃費もよい自動車のことを環境対応車（**エコカー**）と呼んでいます（表 15･1)。

エコカーには 3 つの種類があります。①エンジンを使わない自動車、②エンジンとモーターを組み合わせた自動車、③エンジンの環境性能を向上させた自動車です。

表 15・2　運転自動化レベルの定義の概要

レベル	概要	操縦※の主体
運転者が一部またはすべての動的運転タスクを実行		
レベル 0 運転自動化なし	運転者がすべての動的運転タスクを実行	運転者
レベル 1 運転支援	システムが縦方向または横方向のいずれかの車両運動制御のサブタスクを限定領域において実行	運転者
レベル 2 部分運転自動化	システムが縦方向および横方向両方の車両運動制御のサブタスクを限定領域において実行	運転者
自動運転システムが（作動時は）すべての動的運転タスクを実行		
レベル 3 条件付運転自動化	システムがすべての動的運転タスクを限定領域において実行 作動継続が困難な場合は、システムの介入要求等に適切に応答	システム （作動継続が困難な場合は運転者）
レベル 4 高度運転自動化	システムがすべての動的運転タスクおよび作動継続が困難な場合への応答を限定領域において実行	システム
レベル 5 完全運転自動化	システムがすべての動的運転タスクおよび作動継続が困難な場合への応答を無制限に（すなわち、限定領域内ではない）実行	システム

※認知、予測、判断および操作の行為を行うこと

（出典：高度情報通信ネットワーク社会推進戦略本部・官民データ活用推進戦略会議『官民 ITS 構想・ロードマップ 2018』2018 年）

エンジンを使わない自動車として、電気自動車（EV）と燃料電池車（FCV）があります。エンジンとモーターを組み合わせた自動車として、ハイブリッド車（HV）と、充電設備から充電できるプラグイン型ハイブリッド車（PHV）があります。

EV は、エンジンではなくモーター駆動の電気自動車です。FCV は、水素ガスと酸素を使って発電した電力を原動力としてモーターを駆動します。EV ならびに FCV は、電気や水素などを補充する必要があることからステーションが必要となります。EV 用のステーション数は増加傾向にありますが、FCV 用の水素ステーションの数は少なく、ステーションでは自動車に充電する時間が必要となります。

HV は、エンジンとモーターで駆動します。発進時や渋滞時などの低速走行はモーターで駆動し、その後はエンジンで走行するというものです。また、減速時には、モーターを介して発電を行ってバッテリーに充電も行います。

PHV は、エンジンとモーターで駆動しますが、モーターを駆動するための電力を外部から充電可能な自動車です。外部から充電できることからバッテリー容量を大きくすることができ、短距離の街乗りは EV として機能し、長距離になるとエンジン駆動をします。

2 自動運転

情報通信技術、人工知能（AI）の進歩により、自動車の**自動運転**の開発が進められています。自動運転には、運転手がすべて操作を行うものから、自動車に搭載された運転支援システムが一部の運転操作をする状態、運転手が関与することなく走行する状態があります。運転手が関与することなく走行する状態は、その状況に応じてレベルが設定されています（表 15・2）。レベル 3 は、条件付運転自動化であり、基本的にはシステムが運転を行うものの、緊急事態などの時には、人が即時に運転を交代するものとなっています。なお、2018 年 12 月には警察庁が、レベル 3 については、人が即時に交代できることを条件として、スマートフォンや携帯電話の利用、読書な

表 15･3　自動運転の実現により期待される効果

	交通事故の低減	渋滞の緩和	少子高齢社会への対応
自動運転技術	・自動ブレーキ ・安全な速度管理 ・車線の維持	・安全な車間距離の維持 ・適切な速度管理（急な加減速の防止）	・公共交通から目的地までの短距離の自動運転 ・高速道路での隊列走行など
期待される効果	・運転者のミスに起因する事故の防止	・渋滞につながる運転の抑止	・高齢者の移動手段の確保（公共交通の補完） ・ドライバーの負担軽減 ・生産性の向上

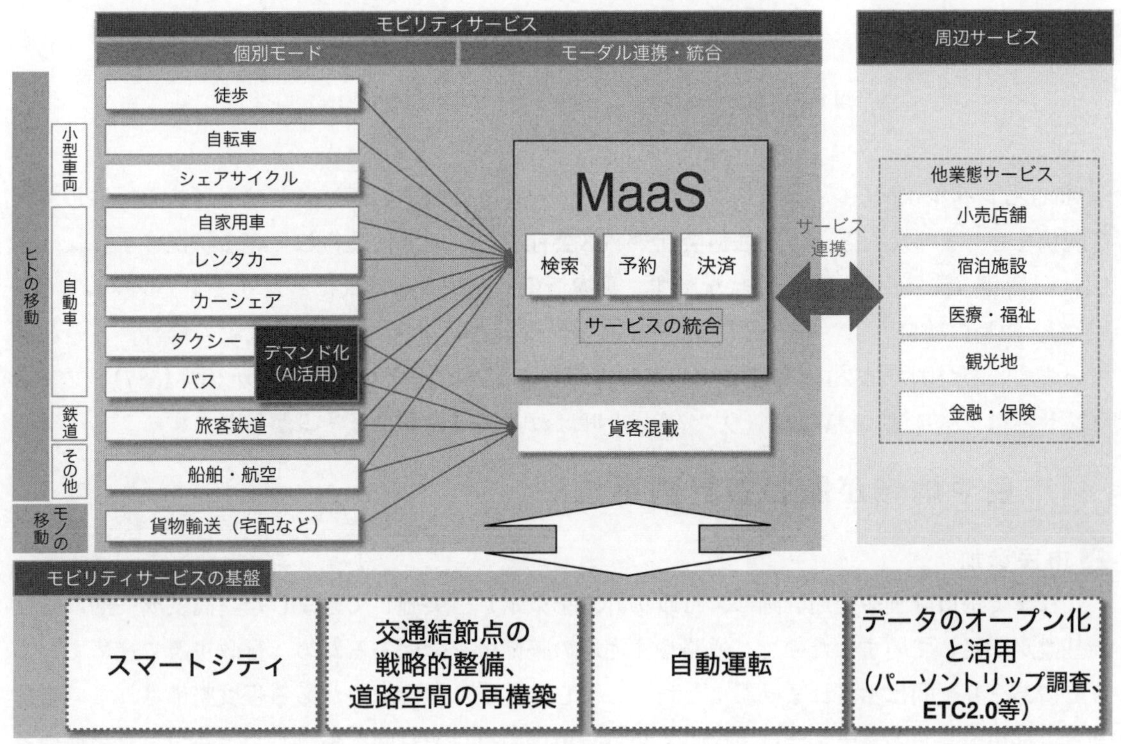

図 15･7　MaaS によるモビリティサービス（レベル 2 相当）（出典：国土交通省『第 1 回都市と地方の新たなモビリティサービス懇談会配布資料：8』2018 年）

どを認める方針を出しています。自動運転の社会実装においては、法的な整備と、それに対応したインフラ整備が重要となります。

すでに実現している技術、実現性の高い技術について期待されている効果を表 15･3 に整理しました。

3 MaaS

近年の新しい考え方として、MaaS（Mobility as a Service）があります。MaaS とは、情報通信技術を活用して交通をクラウド化し、公共交通か否か、またその運営主体にかかわらず、マイカー以外のすべての交通手段によるモビリティ（移動）を 1 つのサービスとしてとらえ、シームレスにつなぐ新たな「移動」の概念です。

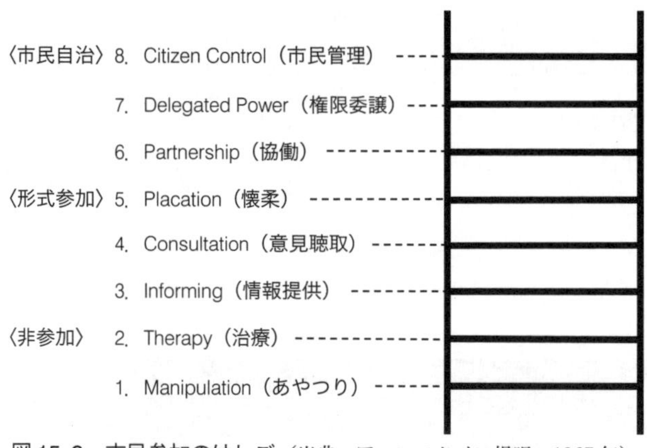

図 15・8　市民参加のはしご（出典：アーンスタイン提唱、1967 年）

Maas もレベル 0 からレベル 4 まであります。レベル 0 は個別の事業者がサービスを提供している現状をさします。たとえば、鉄道会社やバス会社などが個別に運行している状況です。レベル 1 は、「情報の統合」といわれる状況です。乗換情報サービスがこれにあたります。レベル 2 は、「予約、決済の統合」、レベル 3 は「サービス提供の統合」、レベル 4 は「政策の統合」といわれています。わが国では 2019 年時点でレベル 2 の実証がスタートしていますが (図 15・7)、フィンランドではレベル 3 の「Whim（ウィム)」と呼ばれるプラットフォームがあります。

4 市民や地域が関わる計画手法

1 市民参加

これまで都市計画や交通計画は、行政が計画を策定し、実施してきました。高度成長期には社会基盤が不足していましたので、道路や住宅地の整備量を確保するため、行政主導で進めていくことにあまり疑問は示されませんでした。しかし、現在は社会基盤がある程度整備されています。また、都市やまちのユーザーは市民ですから、市民の意見や意向を踏まえたまちづくりを進めるのは当然のことです。1967 年、アメリカの社会学者アーンスタインは、「市民参加のはしご (Ladder of Citizen Participation)」(図 15・8) を提案しました。

最下段の「あやつり」の段階から、一歩一歩はしごを登っていこうということを示しています。「あやつり」「治療」の段階は、行政の考えで計画を進めるという意味で、非参加の状態です。

広報紙等による「情報提供」、アンケート調査やパブリックコメント制度等による「意見聴取」、意見交換等により「懐柔」の段階は、形式的な参加の段階です。パブリックコメントとは、行政が作成した計画案に対し、広く市民から意見を求める制度です。まちづくりワークショップ等による市民と行政の作業による計画づくりである「協働」以上の段階は、市民自治の段階とされています。

現在の日本の段階は、第 4 段階の「意見聴取」から第 6 段階の「協働」にいると考えられます。どんな場合でも最上段の「市民管理」まで登ればよいというわけではありませんが、市民の意見や意向を踏まえ、市民の提案が採用される仕組みが求められています。

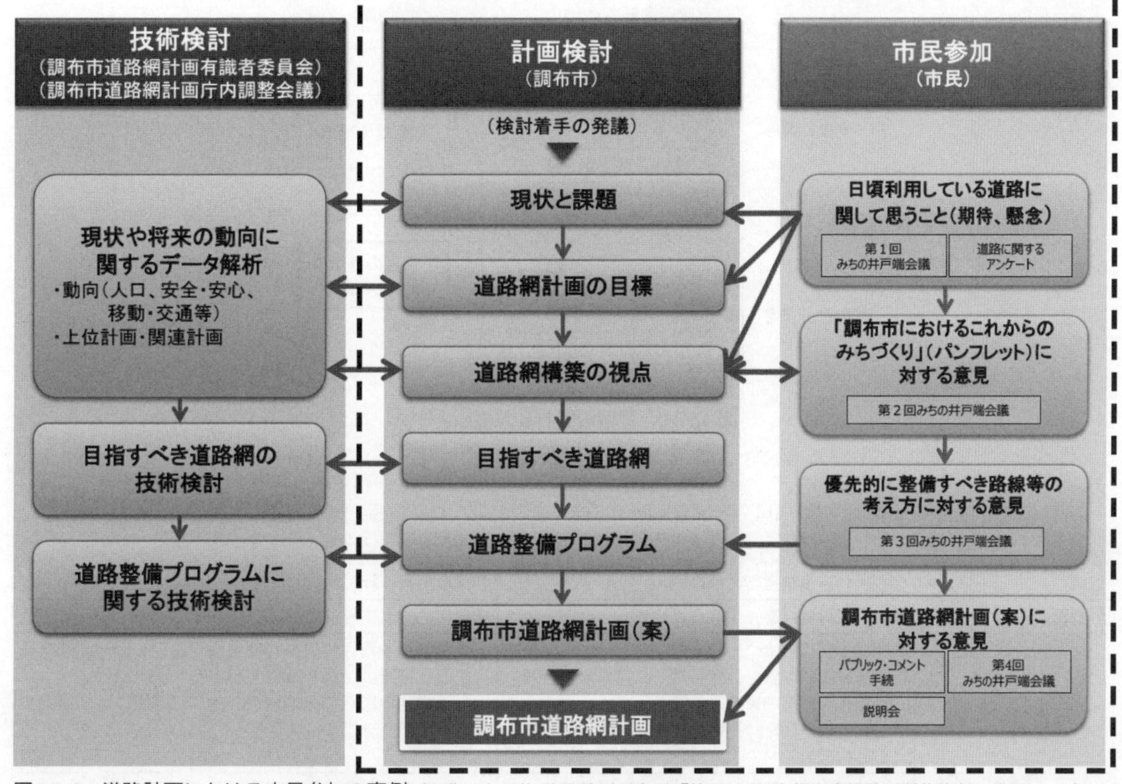

図 15･9　道路計画における市民参加の事例（出典：（一財）計量計画研究所『第 15 回総合都市交通計画研修資料－講習 6：プランニング』2018 年）

交通計画においても地域公共交通の停車場や運行経路の設定を市民とともに決めることが多くなってきています。これには、行政だけで決めてしまうことで、利用者である住民が無関心となり、運行後に利用者が減少してしまうことがあります。図 15･9 は、調布市の道路網計画における市民参加の事例です。市民参加の方法として、アンケート調査、ワークショップ（井戸端会議）、パブリックコメント、説明会を採用しています。このような取り組みにより、市民が交通計画を自身の問題としてとらえ、地域の状況に応じたきめ細やかな計画が策定されることを期待しています。

2 市民や住民から提案するまちづくり

1997 年 6 月の都市計画中央審議会答申では、今後の都市整備の方向性の 1 つとして、「今後は、都市整備を有効かつ円滑に進める視点から、公民がそれぞれの役割と責任を分担しつつ、協同して都市整備を推進する必要がある」と述べられていました。その際「特に、行政と住民の協同のあり方としては、行政が主導的立場に立ち、その考え方を積極的に住民に提示して意見を吸い上げていくという行政からのアプローチ（行政提案型）と、住民が主導的立場に立ってまちづくりの方向性をとりまとめ、行政に支援と協力を求めるという住民からのアプローチ（住民提案型）があり、都市整備の内容やスケールによって適切な方式を選択することが必要である」と、近年

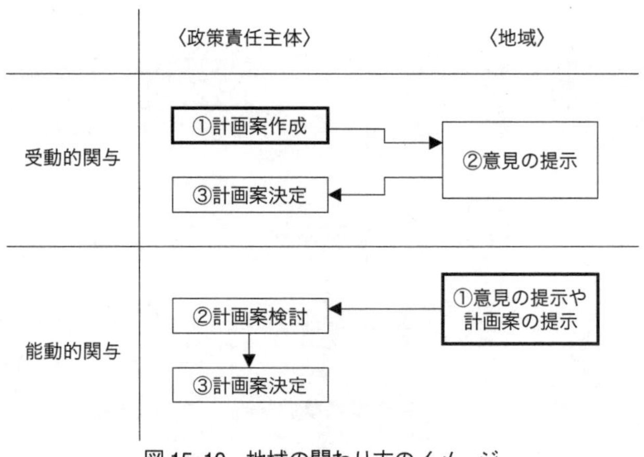

図 15･10　地域の関わり方のイメージ

表 15･4　地域発案型アプローチからみた交通計画の評価

	都市モノレール計画（那覇市）	地区内バス輸送計画（千葉市）
地域	市民、バス事業者	バス事業者（計画発案）、市民
計画責任主体	県・市（計画発案）、国	千葉市、国土交通省
1）地域が計画に関わった段階	・市民が関わり始めたのは提案の9年後の住民による協議会が設立した時期、バス事業者が関わったのは計画の最終段階である。 ・地域に根ざした計画関連主体による地域発案はみられない。	・計画当初から、バス事業者と地元住民・自治会は意見交換会を通じ計画に関わっていた。 ・計画の初期段階から地域のニーズに直結した地域発案型アプローチがみられる。
2）地域の計画への関わり方	・行政による市民アンケート、テレビ番組によるPR等により市民が計画に関心をもち始め、地域の実情・意向が反映された。	・バス事業者が定期的に地域住民・自治会と会合をもち、地域ニーズを把握した。バス事業者は新たな計画について、国に対し頻繁に要望を提出した。
3）計画への影響	・初期段階では地域の意向を反映した提案とはなっておらず、計画に長期を要した。	・地域の実情・住民の意向を反映した計画が策定された。 ・実現されたバスサービスは、地域住民によって活発に利用されている。

の動向を踏まえた市民・住民からのまちづくりを提案するという新しい方向性が明示されました。この方向性は、市民参加のはしご（図 15･8）の「協働」よりも上の段階です。

市民･住民からまちづくりを提案する方法を、「地域発案型アプローチ」として位置付けながらみていきます。ここでの「地域」は、①地元に根ざした活動、行為を行っている主体であり、②地元の問題を認識している主体とします。したがって、①と②の条件を満たす市民、市民団体、交通事業者、地元プランナー、行政等が相当します。ただし、当該地域以外に籍をおく団体であっても、専門的な見地から地元に密着した活動を行うコンサルタントや住民団体はこれに含むものとします。

地域発案型アプローチとは、「地域」に含まれる主体が自ら能動的に発案し、行政とその他関連主体に働きかけて発案内容の実現を図る行動とそのプロセスと定義することができます。まちづくりのプロセスへの地域の関わり方のイメージを図 15･10 に示しました。これまでのプロセスでは、行政などの政策責任主体が計画案を作成し、市民などの地域は意見を提示するといった関わり方であり、これを受動的関与とします。これに対し、地域から意見や計画案を提示する関わり方を能動的関与とします。「地域発案型アプローチ」は後者にあたり、計画の初期の段階において能動的に関わることが、後の計画プロセスあるいは計画実現後の状況に大きな影響を与える可能性があることを仮定しています。

いくつかの計画事例を調べたところ、地域発案型アプローチによるまちづくり計画は、①地元の実情を反映できる、②市民から受け入れられやすい、③計画プロセスが円滑になる、④不確実な社会状況にも対応できるなどの特徴があることがわかってきました。計画事例をみてみると（表15･4）、都市モノレール計画（那覇市）では、計画の初期は行政主導で進められていましたが、行政による市民アンケート、テレビ番組によるPR等により市民が計画に関心をもち始め、地域の実情・意向が反映されました。結果的に、計画が実行に移されるまでに長期を要しましたが、現在では多くの市民、観光客に利用されています。地域内バス輸送計画では、計画当初から、バス事業者と地元住民・自治会は意見交換会を通じ計画に関わっていました。その結果、地域の実情・住民の意向を反映した計画が策定され、地域住民によって活発に利用されています。

成熟社会においては、地域が自ら交通計画を発案し、行政とともに実現していく計画プロセスへの期待が高まっています。

■演習問題15■　あなたの住んでいる都市やなじみのある都市、興味のある都市で実施されている市民参加の取り組みについて、インターネット等で調べ、以下に答えてください。

(1)　公共交通網形成計画などに関するパブリックコメント
- ①計画（案）の内容をよく読んでください。
- ②計画（案）に対するあなたのコメントを作成してください。
- ③パブリックコメントに対する市の考え方や回答を読んで、あなたのコメントと比較してください。

(2)　公共交通や道路計画に関するワークショップ
- ①どのようなワークショップが実施されているか、いくつか調べてください。
- ②実施されたワークショップについて、開催目的、参加者、検討内容、成果について調べてください。
- ③開催前のワークショップがあれば、できれば参加してみてください。

演習問題４の解答

4･1. 生成交通量の予測

都市圏人口が増えなくても私用目的の交通は増加します。私用交通が増加すると、高齢者の交通、自動車交通、日中の交通量が増加する可能性があります。

	高齢者	高齢者以外	計	チェック！
都市圏人口　（千人）	200	800	1,000	高齢者比率 20%
私用目的の生成交通量（千トリップ）	240	400	640	
私用目的の生成原単位（トリップ／人）	1.20	0.50	（0.64）	高齢者の方が大きい

(1)【現況】

	高齢者	高齢者以外	計	チェック！
都市圏人口　（千人）	300	700	1,000	高齢者比率 30% 総人口は変化しないとする
私用目的の生成原単位（トリップ／人）	1.20	0.50	（0.71）	将来も変化しないと仮定 結果的に生成原単位は上昇
私用目的の生成交通量（千トリップ）	360	350	710	私用目的交通量は 11% 増加

(2)【将来】

	移動目的別の発生交通量（トリップエンド）		
	通勤目的	私用目的	通勤目的＋私用目的
現況	2,409	1,840	4,249
将来	2,307	1,944	4,251
変化率（将来／現況）	0.96	1.06	1.00

4･2. 発生交通量の予測

(1)【発生交通量の予測】

(2) 予測結果の考察のヒント

・将来人口で想定した社会状況は、将来の発生交通量にどのように影響していますか？

・通勤目的と私用目的を合計した交通量は変化しませんが、目的別にみると増減しています。
分布交通量、交通手段分担交通量の予測値にどのように影響する可能性がありますか？

4･3. 交通手段分担交通量の予測

(1) バスの所要時間短縮

バス利用の効用　：$V^{BUS}{}_{ij} = -0.07 \times 30 - 0.003 \times 200 - 0.65$

$= -3.35$

自動車利用の効用：$V^{CAR}{}_{ij} = -0.07 \times 20 - 0.003 \times 400$

$= -2.60$

バスの選択確率　：$P^{BUS}{}_{ij} = \dfrac{\exp(-3.35)}{\exp(-3.35) + \exp(-2.60)}$

$= 0.32$

自動車の選択確率：$P^{CAR}{}_{ij} = 1 - 0.32$

$= 0.68$

(2) バス運賃の低減

バス利用の効用　：$V^{BUS}{}_{ij} = -0.07 \times 40 - 0.003 \times 100 - 0.65$

$= -3.75$

自動車利用の効用：$V^{CAR}{}_{ij} = -0.07 \times 20 - 0.003 \times 400$

$= -2.60$

バスの選択確率　：$P^{BUS}{}_{ij} = \dfrac{\exp(-3.75)}{\exp(-3.75) + \exp(-2.60)}$

$= 0.24$

自動車の選択確率：$P^{CAR}{}_{ij} = 1 - 0.24$

$= 0.76$

索　引

著者略歴

●編著者

森田哲夫（もりた・てつお／担当：1章、3章、4章、7章、15章）
前橋工科大学 工学部 環境・デザイン領域　教授、博士（工学）（早稲田大学）
1991年 早稲田大学大学院 理工学研究科 建設工学専攻（都市計画分野）博士前期課程 修了
財団法人計量計画研究所、群馬工業高等専門学校、東北工業大学勤務を経て、2016年より現職

湯沢　昭（ゆざわ・あきら／担当：13章、14章）
前橋工学大学　名誉教授、工学博士（東北大学）
1971年 福島工業高等専門学校 土木工学科 卒業
株式会社横河橋梁製作所、東北大学、長岡工業高等専門学校、前橋工科大学教授を経て、2016年より現職

●著者

猪井博登（いのい・ひろと／担当：9章、10章）
富山大学 都市デザイン学部 都市・交通デザイン学科　准教授、博士（工学）（大阪大学）
大阪大学大学院 工学研究科 土木工学専攻 博士後期課程 単位取得満期退学
大阪大学大学院勤務を経て、2018年より現職

長田哲平（おさだ・てっぺい／担当：5章、6章、8章、15章）
宇都宮大学 地域デザイン科学部 社会基盤デザイン学科　准教授、博士（工学）（宇都宮大学）
2006年 宇都宮大学大学院 工学研究科 情報制御システム科学専攻 博士後期課程修了
宇都宮市総合政策部政策審議室市政研究センター、東京大学大学院、国際航業株式会社、日本大学、宇都宮大学助教を経て、2020年より現職

高柳百合子（たかやなぎ・ゆりこ／担当：2章）
富山大学 都市デザイン学部 都市・交通デザイン学科　准教授、博士（工学）（筑波大学）
1997年東京工業大学 工学部 土木工学科卒業、2014年 筑波大学大学院 システム情報工学研究科 博士後期課程 社会システム・マネジメント専攻修了
旧建設省、小山市、国土交通省、同国土技術政策総合研究所勤務を経て、2018年より現職

柳原崇男（やなぎはら・たかお／担当：11章、12章）
近畿大学 理工学部 社会環境工学科　准教授、博士（工学）（近畿大学）
近畿大学大学院 総合理工学研究科 環境系工学専攻 博士後期課程単位取得満期退学
兵庫県立福祉のまちづくり研究所、株式会社建設技術研究所、神奈川県総合リハビリテーションセンター、近畿大学講師を経て、2016年より現職

図説 わかる交通計画

2020年 4月25日 第1版第1刷発行
2023年 4月20日 第1版第2刷発行

編著者 森田哲夫、湯沢昭
著 者 猪井博登、長田哲平、高柳百合子、柳原崇男

発行者 井口夏実
発行所 株式会社学芸出版社
京都市下京区木津屋橋通西洞院東入
〒600-8216 電話075-343-0811
http: //www. gakugei-pub. jp/
E-mail info@gakugei-pub. jp

編集担当 神谷彬大、古野咲月

装 丁 KOTO DESIGN Inc. 山本剛史
編集協力 村角洋一デザイン事務所
印 刷 創栄図書印刷
製 本 山崎紙工

ISBN978-4-7615-2739-6 Printed in Japan